芯片安全导论

董　晨　刘西蒙　郭文忠◎编著

Introduction to
Chip Security

人 民 邮 电 出 版 社
北　京

图书在版编目（CIP）数据

芯片安全导论 / 董晨，刘西蒙，郭文忠编著．-- 北京：人民邮电出版社，2024.3
ISBN 978-7-115-61776-7

Ⅰ．①芯… Ⅱ．①董… ②刘… ③郭… Ⅲ．①芯片—信息安全 Ⅳ．①TN43②TP309.7

中国国家版本馆CIP数据核字(2023)第084495号

内容提要

本书系统地介绍了网络物理系统中常见芯片所面临的安全威胁，涵盖集成电路、生物芯片、人工智能芯片等常见芯片架构，并从安全角度出发介绍了已有的安全防范技术，包括知识产权保护、硬件木马预防及检测等。硬件是网络物理系统的基础，芯片是其核心部件，芯片安全对整个网络空间安全来说至关重要。本书内容全面、技术新颖，不仅包括作者原创科研成果，还囊括其他学者的前沿研究成果。本书在芯片基本知识的基础上，就现今较先进的研究成果进行归纳总结，对芯片安全领域的学习及研究有重要的启发意义。

本书的读者对象主要是网络空间安全、计算机科学、人工智能、微电子等信息类相关专业的高年级本科生及研究生。本书可以作为高等院校相关专业的教学参考书，也可以作为芯片及安全类兴趣爱好者及研究人员的阅读用书。

◆ 编　　著　董　晨　刘西蒙　郭文忠
　责任编辑　赵　旭
　责任印制　马振武
◆ 人民邮电出版社出版发行　　北京市丰台区成寿寺路 11 号
　邮编　100164　　电子邮件　315@ptpress.com.cn
　网址　https://www.ptpress.com.cn
　固安县铭成印刷有限公司印刷
◆ 开本：700×1000　1/16
　印张：17.5　　　　　　2024 年 3 月第 1 版
　字数：343 千字　　　　2024 年 3 月河北第 1 次印刷

定价：159.80 元

读者服务热线：(010)81055493　印装质量热线：(010)81055316
反盗版热线：(010)81055315
广告经营许可证：京东市监广登字 20170147 号

序

随着现代信息社会的发展，芯片逐渐融入各行各业，成为国家技术发展的核心，与人们生活愈加紧密。芯片作为集成电路的封装载体，是信息时代产业发展的基石。集成电路、生物芯片、人工智能芯片等更是当前的研究热点。它们在被广泛应用的同时，也存在着诸多安全隐患，一旦芯片被恶意利用，就可能给国家和使用者带来极大的损失。芯片安全主要研究与芯片相关的安全问题，研究领域包括但不限于硬件木马、漏洞挖掘、知识产权保护等。随着时代的发展，网络空间安全形势越发复杂，芯片安全甚至可能直接关系到国家安全，其重要性不言而喻。

我国对各类芯片的技术研究十分重视。国家发展改革委、科技部、工业和信息化部、中央网信办于 2016 年联合印发的《“互联网+”人工智能三年行动实施方案》中明确提出了要“支持人工智能领域的芯片”。生物芯片方面，国家卫计委于 2017 年组织专家制定了《个体化医学检测微阵列基因芯片技术规范》来提高微阵列基因芯片技术的规范化水平。集成电路产业是信息产业的核心之一，国务院于 2020 年印发《新时期促进集成电路产业和软件产业高质量发展的若干政策》，其中强调集成电路产业和软件产业是信息产业的核心，是引领新一轮科技革命和产业变革的关键力量。这些政策的出台是国内多种类型芯片高质量发展的有力支撑。无论哪种类型的芯片，其安全性都是一个不容忽视的主题，人们生活的方方面面都离不开安全芯片的保驾护航。随着工业 4.0、自主机器人等新兴概念的出现，芯片安全也迎来了全新的挑战，更加需要引起社会各界的重视。

近几年，随着国内研究者对芯片安全的关注，市面上陆续出版了少量关于集成电路安全的译著，一定程度上弥补了芯片安全中文图书的不足。尽管如此，涉及多种类的芯片安全方面的中文图书仍处于稀缺状态。现有译著主要介绍集成电路芯片的传统攻防技术，却少有涉及与人工智能技术相结合的新兴攻防技术，也未涵盖当前热门的生物芯片和人工智能芯片方面的攻防技术。从硬件安全角度出发，需要有涵盖集成电路、生物芯片和人工智能芯片，结合芯片结构、设计、制造等流程，从攻、防、版权保护、未来挑战等几个方面介绍芯片安全专业知识的中文图书来弥补稀缺，满足高等院校相关专业的学生及研究人员对芯片安全中文图书的新需求。

《芯片安全导论》一书就芯片存在的安全问题与相关知识展开讨论，从与人类生活息息相关的各种常见芯片的结构、设计、制造过程入手，深入浅出地向读者介绍了它们在实际被使用过程中可能遭受的攻、防、版权保护等问题。本书内容在涵盖了现今集成电路、生物芯片和人工智能芯片安全领域专业知识的同时，也关注了 5G、AI、工业 4.0 等新兴产业与技术背景下一些新的芯片攻防安全问题。在芯片安全方面的中文图书稀缺并且质量参差不齐的背景下，本书力图满足此窘境下的需要，为需要这类图书的读者及相关专业学生提供一个比较系统化的参考。

本书主要作者董晨自 2007 年于武汉大学攻读博士期间就跟随我开展集成电路物理设计及 EDA 算法研究，毕业后在高校任职，培养多位研究生，具有长期从事芯片设计与网络空间安全的科研、教学经历。本书内容完整，结构严谨，采用循序渐进的方式表述。我相信本书在满足读者新需求的同时，也能给对该领域感兴趣的研究者带来一些启发，使其系统地了解芯片安全的知识框架和新技术。我期待未来能有更多的研究人员重视芯片安全的研究，并希望未来能有更多的相关图书弥补芯片安全领域中文图书的不足。

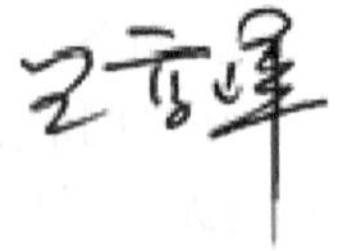

2023 年 4 月于杭州

前 言

随着人类社会步入信息时代，网络物理系统（CPS）成为人类赖以生存的第二空间。万物互联及人工智能等先进技术的应用，使人类的生活方式发生了巨大的改变。人类在享受信息化带来便利的同时，也承受着它带来的诸多安全风险。恶意代码带来的威胁，比如计算机病毒、特洛伊木马等，都是软件形式的安全威胁。人们对于恶意代码的防治，已经研究了相当长一段时间，掌握了一些有效方法，研发了相应的商业应用提供给普通用户使用，比如杀毒软件、防火墙、入侵检测等。

与此形成鲜明对比的是，信息社会依赖的基础——人类曾经信任的硬件设备，其自身就可能存在安全隐患，而人们对硬件存在的安全风险的了解几乎处于空白。近年来，人们从一桩桩安全事件中发现，硬件的安全风险不容小觑。硬件是网络物理系统的基础，芯片是硬件的核心部件，小到厨卫电器、智能手机、便携健康设备，大到计算机系统、生化协议操作设备等，无论是简单还是复杂的功能，均需要依靠芯片完成，芯片安全对于整个网络空间安全来说至关重要。然而，由于芯片设计及制造的过程复杂，人们对芯片相关知识了解甚少，对其潜在的安全风险的了解自然也更少。

本书以党的二十大精神为指导，秉承创新、协同、安全、开放的理念，紧密结合国家安全和网络空间安全的重要任务，在介绍与人们生活息息相关的常见芯片结构、功能、设计制造过程的基础上，重点关注它们在网络物理系统中被使用时易遭受的安全威胁及应对方法，为读者打开一扇认识芯片安全威胁的窗户。其重点在于勾勒整个芯片安全知识体系框架，同时介绍国内外现有的先进防御防范方法。本书内容共分为 3 个部分，第一部分为第 1 章～第 4 章，介绍集成电路安全；第二部分为第 5 章～第 8 章，介绍生物芯片安全；第三部分为第 9 章～第 12 章，介绍人工智能芯片安全。

第一部分是集成电路安全，首先介绍了集成电路制作过程、类型及工作环境；其次介绍了集成电路面临的主要安全风险——硬件木马，以及相应的检测技术；再次介绍了集成电路知识产权保护方法；最后由于安全问题和可靠性问题之间有很强的关联性，因此本书一并介绍了集成电路可靠性问题。

第二部分是生物芯片安全，首先介绍了多种生物芯片的结构和制作过程，以及它们的工作原理和应用领域；其次介绍了生物芯片面临的安全风险；再次介绍了生物芯片多种知识产权保护技术和生物芯片研究趋势；最后讨论了生物芯片可靠性问题。

第三部分是人工智能芯片安全，首先介绍了人工智能芯片的结构和制作过程，以及现有的人工智能芯片面临的安全风险；然后介绍了人工智能芯片硬件木马检测技术；最后讨论了现有的人工智能芯片知识产权保护方法。

全书由董晨统稿并审核，其中，董晨撰写了集成电路安全各章节内容，董晨和郭文忠共同撰写了生物芯片安全各章节内容，董晨和刘西蒙共同撰写了人工智能芯片安全各章节内容。感谢参加本书编著工作的研究生，他们是许熠、郭晓东、刘泽易、陈妍、吴巧文、鲍瑞燊、刘雨婷、程栋、林璇威、黄培鑫、姚毅楠、杨忠燎、罗继海、刘灵清、柳煌达、陈潇、张媛媛、郑琪峰。

通过十年潜精研思，国产芯片企业奋起直追，在部分关键领域已实现领先性的自研技术，中国芯片产业在各个关键环节均取得了实质性突破。唯有在科技上实现自主创新，才能够在国际竞争中处于更加有利的地位，并确保自身的强盛和安全。因此，在新时代新征程上，我们要团结奋斗、苦干实干，通过不断努力，争取实现关键核心技术的自主可控，确保能够牢牢掌握创新和发展的主导权。本书能让读者建立硬件安全意识，预防硬件带来的安全隐患；能给相关专业的本科生及研究生建立芯片安全知识体系；能促使国内芯片产业相关人员关注芯片安全问题，带动更多国内研究人员从事芯片安全方面的研究，促进人类信息社会良性发展。

由于时间仓促和作者学识有限，文中遗漏和不妥之处在所难免，还望读者批评指正。

笔　者

2023 年 3 月

目录

第 1 章 集成电路基础

当今时代，集成电路（IC）早已广泛应用在人们生活中的方方面面。在物联网中的网络物理系统里，IC 与传感器以及无线设备等共同为人们揭示了智能生活的未来。例如，自动驾驶的逐步实现，智能家居的自动工作等。IC 早已从原有的个人计算机（PC）平台上突破，走入了嵌入式设备、智能手机，甚至与其他传感设备一同实现“万物互联”的庞大场景。IC 的发展如此迅猛，并快速地应用于许多行业，其带来的威胁风险令人担忧。研究安全问题不能脱离 IC 的基础结构去泛泛而谈，深入了解 IC 的制作过程、多平台架构和工作环境的应用场景将对后面的安全研究打下基础。作为引领本书芯片安全主题的起始章节，本章从对 IC 的全面了解入手，为 IC 安全领域入门的读者提供一个清晰的认识。

从近几年的学术发表文献中可以看出，IC 制作过程中的每个环节都具有潜在的威胁，正因为如此，要尽可能地看清 IC 设计、IC 制造和 IC 封测的主要过程。同时，各种类型的芯片，如片上系统（SoC）、片上网络（NoC）等在硬件结构上有各自的特殊性。基于这样的事实，在面对这些芯片上存在的安全风险时要预先知道它们的特殊性所在。工作场景的运用说明，在苛刻和恶劣环境下，IC 正常运作的措施应该被强调，以体现出 IC 的泛用性，从而进一步扩宽其在这些特殊环境下的安全考量。

1.1 集成电路制作过程

商品生产都是从需求开始的，芯片也不例外。作为集成电路的载体，一块芯片从市场需求变为待售产品的过程总体分为 3 个部分：设计、制造、封测。

1.1.1 集成电路设计

IC 设计指根据预定好的设计需求在设计前端完成对门级网表的文件制作，在设计后端将门级网表转换为物理版图的 GDSII 文件的过程。

随着芯片制程的不断缩短，制造工艺的难度逐步提升，把芯片全部的生产过程（从设计到封测的全过程）全部都托付在一家企业身上早就是难以为继的事情。故而集芯片设计、制造、封测等环节于一体的 IDM 企业逐渐转变为仅负责芯片设计的企业，芯片的制造则交给第三方的芯片生产代工厂负责，甚至芯片封测的环节也开始转给不同于第三方制造晶圆厂的封测厂。

IC 设计的主要流程为需求规范、算法和架构设计、功能模块设计、逻辑设计、版图设计、版图验证，如图 1-1[1]所示。集成电路的规模越来越大，需要实现的功能越来越繁杂，这也使对应的元器件数目越来越多。如果采用传统的自下而上的方式直接从一个一个的晶体管或者逻辑门就开始布局设计，将导致设计效率变低以及进行验证检查的时候寻找错误节点困难。所以取而代之的是采用自顶向下的设计层次，先考虑好整体要实现的功能和布局参数，再根据所需的功能去划分各个模块，进而将各个模块细化成具体的门电路组合。具体到每个逻辑门或者触发器（FF）里面再考虑如何选用晶体管实现，不过在这个层面上很多制造厂商已经有成熟的逻辑单元库，里面是配好的晶体管实现的逻辑单元。除了特殊的需要，直接使用这些单元库基本上就可以满足设计的需要。

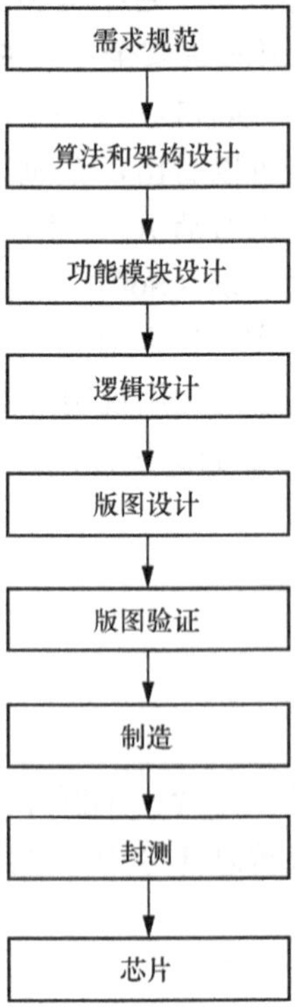

图 1-1　IC 设计流程

1.1.1.1 需求规范

根据摩尔定律，芯片可以容纳的晶体管数量每隔 18～24 个月就会翻一倍。这虽是经验之谈且半导体的发展正逐步进入后摩尔定律的时代，却也从侧面体现了集成电路领域更新换代的速度很快。因此，集成电路原厂设计的产品必须符合市场需求，同时能对市场变化做出快速的反应。

在 IC 设计的开始阶段，首先需要定义设计的总体目标和高级需求，包括芯片实现的功能、大致的性能参数、物理尺寸和采用的生产技术，并按照设计的目标和需求编写产品规格说明书（SPEC）。总体来说就是要为芯片的整个需求建立一个框架，所实现的和所采用的技术要在这个框架范围内。框架的确定相当重要，可为芯片的成型指明大方向。在设计前期，框架就要大致确定好，一旦进入流程的后期，框架基本上仅能进行适当的调整而不能大幅度变化。

1.1.1.2 算法和架构设计

根据设计所需求的功能、性能来选择或者设计算法，即算法设计。这里的算法指的是实现芯片需求的功能所采用到的或者设计出的算法，例如，实现加密功能的芯片需要选用高级加密标准（AES）算法或者是其他非对称加密算法（如 RSA 算法、椭圆曲线加密算法等），又或者是根据原有的一些算法针对自身的需求改良或改进的算法。

有了初步的算法之后，设计人员需要设计一个能够匹配这种算法并且在软硬件层面上可以具体实现的架构，主要通过采用软硬件划分、硬件功能模块划分、IP 核选择和设计、总线与模块互连方式的选择和设计、架构的建模和仿真验证等步骤，设计一个能实现该算法的架构，即架构设计。以实现 AES 加密的电路为例，在一般情况下会考虑运用 IP 核去实现一套完整的 AES 加密的过程，尽管如此，输入的数据是通过存储器或者处理器传递过去的，而经过 AES 的 IP 核加密后输出的密文内容还要经过输出端口返回到存储器存储起来或者是进一步通过网线接口传递出去，这些过程中就要考虑架构的划分和它们之间的协同运作关系。设计人员需要确保数据在处理器、存储器、IP 核和网线接口等元器件之间正常流通和处理。为了实现这一目标，设计人员需要在每个环节确定好使用哪些元器件来实现相应的功能，以确保数据的正常通信。

算法和架构设计完成后，便会得到各自的规范说明，里面会记录着划分好的模块信息和部分参数。这些规范将成为下一阶段设计的依据。

1.1.1.3 功能模块设计

首先，对顶层设计进行划分，将其分成多个较小的功能模块。模块划分可以简化设计，同时便于数据管理和模块复用。以系统芯片上的模块划分为例，系统芯片本身是由诸多的 IP 核构成的。例如，处理器可以由一个 IP 核来负责，系统控制可以由一部分的 IP 核来把握等。以这些 IP 核为划分单位逐个分配给设计人员去细化逻辑门电路的构建就是一种模块划分的方案。当然，模块的划分可以有多种依据，但这些依据从本质上来说是为了让设计人员分别负责各自的模块任务。只有他们顺利完成自己手头的模块，整个芯片才可以更好地衔接起来。划分还有一个更重要的地方在于它会影响到设计后端中版图设计负责的布局布线优化。

模块划分完成后，就要对各个模块进行功能设计，包括模块的具体功能、接口时序、性能要求等，最终得到模块的设计规范。

1.1.1.4 逻辑设计

因为当下集成电路的集成度已经达到超大规模集成电路（VLSI）甚至特大规模集成电路（ULSI）的阶段，设计工作正面临着不小的困难。采用自顶向下的方式可以从全局出发，高效地把握预定的所有功能需求来构建模块，进而逐级向下细化来实现设计后端整体的电路物理布局。逻辑设计可以说是这种细化过程的详细体现，从行为级层面的功能理解，再到寄存器传输级（RTL）的门电路构建，最后递进至晶体管层面。逻辑门电路的构建则是这里面的重要内容。

从功能模块设计的过程可知，设计人员依照各自的划分依据产生模块，每个模块可能包含一个功能或多个功能。但是不管怎么说，模块在逻辑设计里面的目标就是细化成一种特定的门电路组合，然后通过二进制数据流在这些门电路组合的数据处理中达到实现模块功能的目的。

1. 基本的逻辑门元器件

基本的逻辑门元器件有与门、或门、非门、与非门、或非门、异或门、同或门这 7 种，如图 1-2 所示。

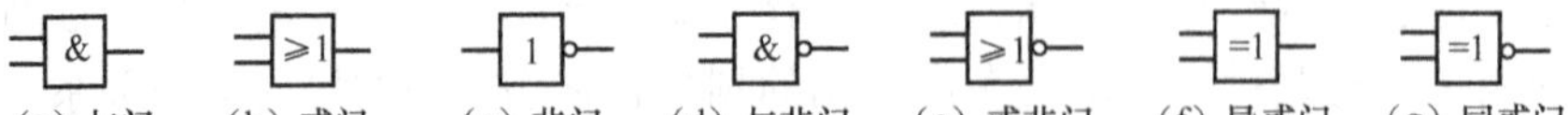

图 1-2 基本的逻辑门元器件

大多数的逻辑门都提供至少二输入（可以多输入）和单输出，输入逻辑门元器件里面的二进制数据（0 或 1）会遵循相应的逻辑运算规则以形成唯一的输出数据。

（1）与门

与门的逻辑运算就是当所有的输入均为 1 时，输出为 1；否则都为 0。与门的所有二输入的输出情况（与门真值表）如表 1-1 所示。

表 1-1　与门真值表

输入 A	输入 B	输出 Y
0	0	0
0	1	0
1	0	0
1	1	1

（2）或门

或门的逻辑运算就是当输入中有 1 时，输出均为 1；否则为 0。或门的所有二输入的输出情况（或门真值表）如表 1-2 所示。

表 1-2　或门真值表

输入 A	输入 B	输出 Y
0	0	0
0	1	1
1	0	1
1	1	1

（3）非门

非门的逻辑运算仅支持单输入和单输出，输入和输出互为相反。当输入为 1 时，输出为 0；当输入为 0 时，输出为 1。此外，非门元器件还有反相器这一叫法。非门真值表如表 1-3 所示。

表 1-3　非门真值表

输入 A	输出 Y
0	1
1	0

（4）异或门

异或门的逻辑运算会稍微有点特殊，所有输入必须两两进行异或运算以后才能得出最终的输出结果。以最简单的二输入为例，如果两个输入相同，则输出为 0；如果两个输入不相同，则输出为 1。那么扩展到多输入的情况就是要先将任意两个输入进行异或运算，所得的结果再与下一个输入进行异或运算，如此反复下去可得最终结果。异或门的所有二输入的输出情况（异或门真值表）如表 1-4 所示。

表 1-4　异或门真值表

输入 A	输入 B	输出 Y
0	0	0
0	1	1
1	0	1
1	1	0

（5）与非门、或非门和同或门

与非门、或非门和同或门都是分别对与门、或门和异或门的输出进行取反运算（即 0 变为 1 或者 1 变为 0）便可获得相应的结果，这 3 种逻辑门的真值表是对上述 3 种逻辑门取反，因此不再赘述。

以上这些基本元器件可以根据设计人员的设计需求而组合成一种电路，称为组合电路，如图 1-3 所示。

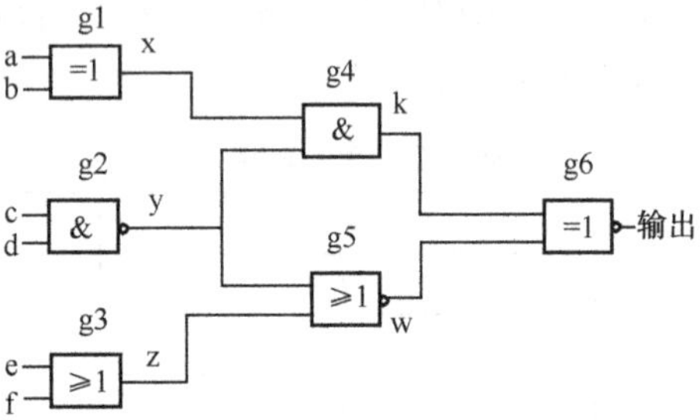

图 1-3　组合电路示意

类似于图 1-3 这样的组合电路在 I/O 上可以实现之前提到的模块里面的功能，有关内容在后面还会详细介绍。除了组合电路，还有一种时序电路。通常，时序电路与时钟信号密切相关，而且时钟信号要与触发器这类存储元器件放在一起才能构成时序电路。

触发器主要是作为一种具有存储（或者记忆）数据功能的元器件。基本的触发器有 4 种：RS 触发器、D 触发器、JK 触发器和 T 触发器。其中经常见到的是 D 触发器，支持多个输入值，有两个互为相反的输出值，通常把图 1-4 中的 Q 认定为主要考察状态的输出值。Q 具有两种状态，一种是现态，另一种是次态。在触发器上面追加一个时钟信号脉冲，当输入的时钟信号处于高电平时，Q 的下一个状态值跟随 D 的输入而变化，当 D 为 1 时，Q 的下一个状态值就是 1；当 D 为 0 时，Q 的下一个状态值则为 0。当输入的时钟信号处于低电平时，Q 的下一个状态值与前一个状态值一样，保持不变。D 触发器示意如图 1-4 所示，其中 CP 是时钟信号端口。

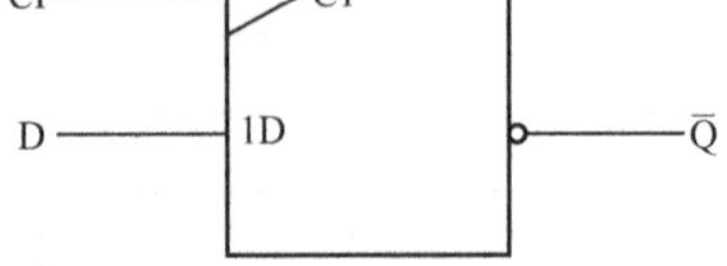

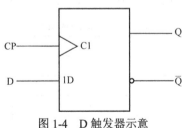

图 1-4　D 触发器示意

由触发器构成的时序电路能完成很多模块里面要求的功能，比如计数器以及有限状态机等。只要对计数器的时钟信号端口输入合适的脉冲，就能根据时钟沿的变化实现各触发器中的位翻转，以有序地计数。维持阻塞 D 触发器构成的异步二进制加法计数器的电路结构和时钟脉冲的变化与输出的计数值之间的关系如图 1-5[1]所示。

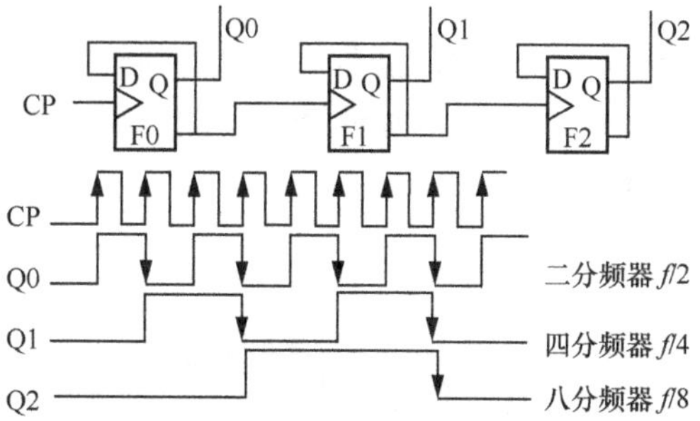

图 1-5　维持阻塞 D 触发器构成的异步二进制加法计数器的电路结构和时钟脉冲的变化与输出的计数值之间的关系

可以说，组合电路和时序电路都是实现模块功能所需的电路。设计人员需要借助这些电路去处理存储的数据。

2．逻辑设计实现的概念框架

逻辑设计实现的概念框架如图 1-6[1]所示。

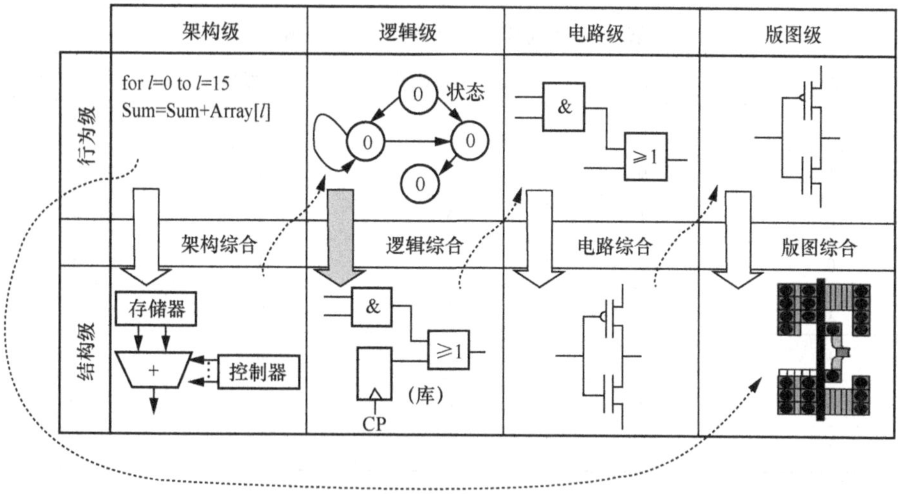

图 1-6　逻辑设计实现的概念框架

寄存器是由具有存储功能的触发器构成的。在此处可以先想象一个简单的场景，比如有个模块的功能实现需要对一个一维数组里面所有的元素进行求和运算，那么在模块里面可以考虑构建一个存储器（可以考虑由触发器组成）用于存放一维数组的数据，以及一个加法器用于对从一维数组中提取出来的元素进行累加，而控制器可以由有限状态机（由时序电路构成）来实现以产生信号控制。存储器只要用复数的触发器就可以轻松地保存数据了，每一个触发器可以保存一位二进制数。上述的过程就是对行为级开始理解并形成结构级的综合过程，可为后面逻辑设计的实现起到铺垫作用。

对数组里面的元素进行求和前，需要先把十进制数映射为对应的二进制数才能放入硬件层面上的加法器去计算。加法器（全加器和半加器）本质上是个组合电路，具体如图 1-7 所示。

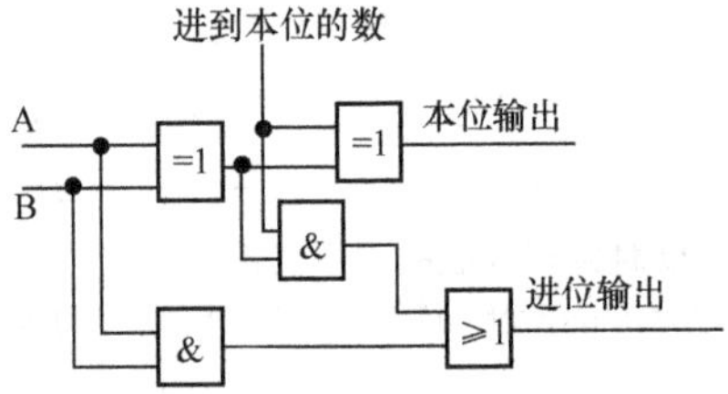

图 1-7　全加器的组合电路

对于需要进行相加的两个相同位数的二进制数，要各自逐位地选取一位分别放入输入 A 和输入 B，然后经过组合电路的逻辑运算以后得到本位输出和进位输出。本位输出与进位输出如表 1-5 所示。

表 1-5　全加器中本位输出与进位输出

A	B	进到本位的数	本位输出	进位输出
0	0	0	0	0
1	0	0	1	0
0	1	0	1	0
0	0	1	1	0
1	1	0	0	1
1	0	1	0	1
0	1	1	0	1
1	1	1	1	1

每一次所得的一位本位输出可以放入存储器中，直至最后计算出完整的求和结果。然后控制器去控制这个求和的循环就可以实现数组的求和运算了。整个逻辑设计过程就是逻辑级电路图在 RTL 代码层面上的实现。编写代码需要相应的语言工具来完成，常用的就是 Verilog HDL。

3．Verilog HDL

逻辑电路的布置需要依靠 RTL 代码的编写，Verilog HDL 编程工具就是从代码的角度去描述逻辑电路内部详细构建的，这便是逻辑设计过程的核心内容。RTL 代码的编写是生成门级网表的必要环节。通过代码去描述整个逻辑电路的布置场景是一种便捷有效的方式。以图 1-8 为例，其中图 1-8（a）是用 Verilog HDL 语言描述图 1-8（b）所示逻辑电路布置的代码。

```
module example(
input wire a,
input wire b,
input wire c,
output reg out
);
always@*
out=(a&b) | c;
end module
```

（a）门级网表

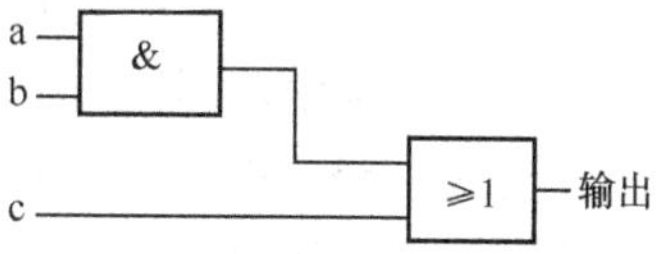

（b）逻辑电路

图 1-8　门级网表及其对应的逻辑电路

每一个有确定的 I/O 的逻辑电路在代码中描述为一个 module，在开头要定义好 I/O 端口，并给出相应的标识符。同时在 module 的结尾需要加上 end module，表明对一个完整逻辑电路结束编写。input 和 output 的变量设置用于说明 I/O 端口，整个逻辑电路要实现的数据处理需要用逻辑表达式及逻辑运算符表达清楚，这样电路功能在行为级层面上就有了更直观的理解。逻辑门之间还有数据传递的连线，利用 wire 变量灵活地借助相连的逻辑门的 I/O 标识以形成数据传递的前后关系，虽然该例子没有清晰地体现，但在随后的门级网表说明中还会展开提及。当然，这里只是说明了一个简单逻辑电路的代码编写例子，实际上超大规模集成电路的代码是相当复杂的，甚至还有诸多的专用编程语法、语句完成特定功能，比如定义经过逻辑门的延迟和对敏感信号种类的反应等。由于此处涉及相当多的内容，有兴趣的读者可以去翻阅相关书籍学习，这里不再展开。

4．IC 前端设计的两个验证流程

门级网表的最终生成是划分 IC 前后端设计的分水岭，在 RTL 代码综合成门级网表之前以及根据门级网表映射成版图设计之前还需要分别进行两个验证——功能验证和形式验证，流程如图 1-9[1]所示。

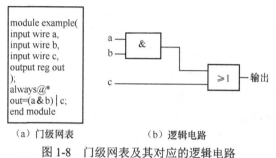

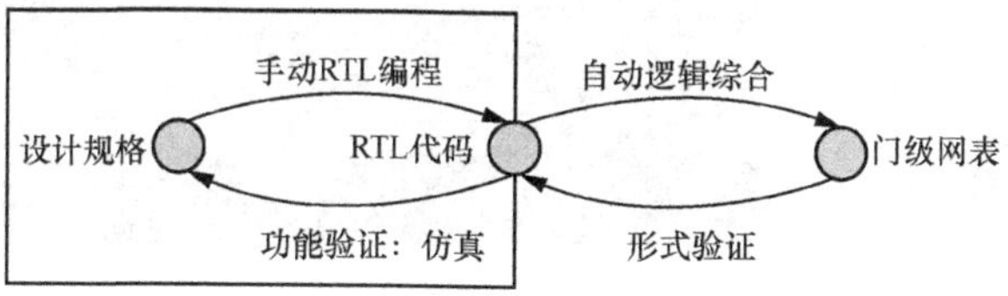

图 1-9　功能验证和形式验证的流程

功能验证主要是对编写好的 RTL 代码的行为功能进行验证，以保证其符合设计需求。而形式验证更多是对生成好的门级网表再次进行校验，看其所表达的功能效果是否满足已经验证过的 RTL 代码。

5. 功能验证

对于已经完整编译好的电路 RTL 代码来说，验证其功能的正确性是必须的。而已完成的 RTL 代码并没有在其中给定具体的 I/O，那么设计人员无法直观地辨识所写代码的正确性。此处需要引入一个测试工具——Testbench 来判断代码的运行结果，以便更好地修改和调整非预期的代码。Testbench 能让设计人员自定义输入端口的测试向量，类似于模拟输入那样对 RTL 代码进行测试，且测试结果的反映需要依靠仿真工具去展现。展现的形式是在预设好的脉冲信号影响下，输出端口的值根据时间轴的推移而产生变化。

Testbench 不仅能让设计人员自定义待测 RTL 代码输入端口的测试向量，还可以自定义时钟信号和复位信号的延迟和上下沿的变化情况，甚至可以把其他已经保存好的测试向量文件调用过来直接使用。Testbench 代码要与待测 RTL 代码之间定义好接口，使测试模块可以将数据传递到待测代码中实现交互作用，顺畅地反映测试结果。测试模块和待测模块的交互原理如图 1-10[1]所示。

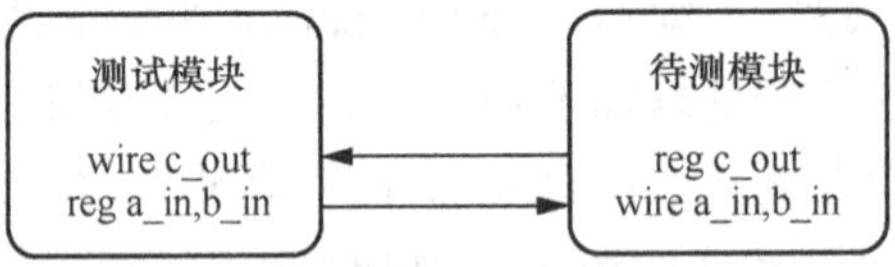

图 1-10　测试模块和待测模块的交互原理

Testbench 所用的编程语言与 Verilog HDL 基本一致，设计人员测试程序也不会有什么困难。写好的测试代码要以文件的形式保存下来放入仿真工具中运行才能有具体的结果。ModelSim 对仿真 Testbench 所生成的代码有着出色的测试效果，它是 Model Technology 公司开发的一款使用便捷、功能强大的软件。只要导入测试代码并设置好支持平台，ModelSim 就会依照所给代码文件仿真出所写的 RTL 代码输出结果，如图 1-11 所示。

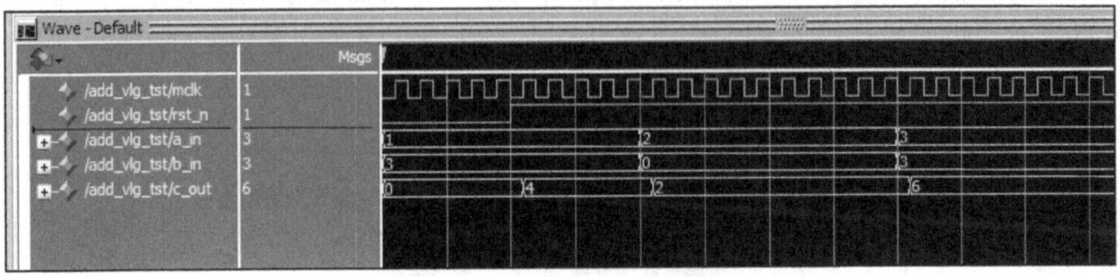

图 1-11　ModelSim 仿真软件输出结果

功能验证从软件层面验证了 RTL 代码的设计正确性，同时利用了 Testbench 和相关仿真软件的相互配合共同反映测试效果。验证好的 RTL 代码需要进一步在逻辑综合之后生成门级网表。

6. 门级网表

RTL 代码只是在数据信号处理上运用表达式去说明逻辑运算关系，然而这样的代码文件无法直接作为版图设计的依据。因为如果没有将逻辑表达关系映射成一个个具体的逻辑门元器件组合，就无法将其细化到晶体管层面上的版图实现。版图是集成电路从设计走向制造的桥梁，它包含布局布线和每一个元器件的结构信息。那么门级网表比 RTL 代码多的便是把逻辑表达关系映射成逻辑门元器件的组合，如图 1-12 所示。

```
1:module sample(a,b,c,d,e,f,cout);
2:input a,b,c,d,e,f;
3:output cout;
4:wire      x,y,z,k,w;
5:XOR       g1(x,a,b);
6:NAND      g2(y,c,d);
7:OR        g3(z,e,f);
8:AND       g4(k,x,y);
9:NOR       g5(w,y,z);
10:NXOR g6(cout,k,w);
11:end module
```

（a）门级网表

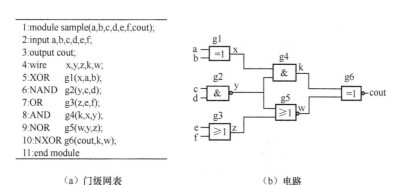

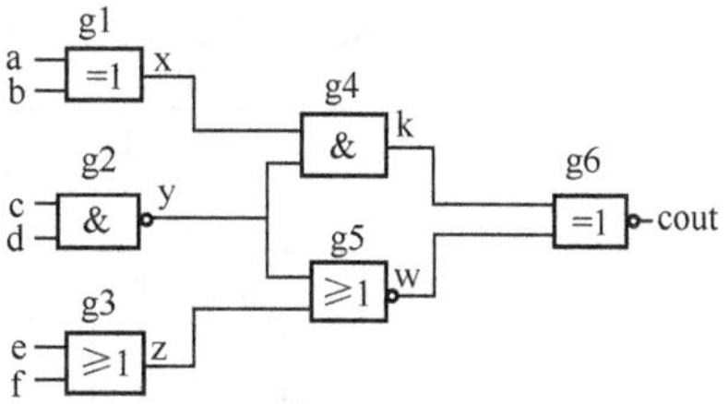

（b）电路

图 1-12　门级网表及其对应的电路

所有的与或非的逻辑运算都用逻辑门符号（图 1-12 中的 XOR 或 NAND 等）来表达，而这些逻辑门符号并不是固定唯一的，它们的标识符定义主要是根据制造厂商工艺中的元器件库来确定的。不同的制造厂商有着不一样的标准，但是都能实现相同的逻辑功能。RTL 代码到门级网表的逻辑综合过程只需交给专门的逻辑综合软件工具去实现即可，主要是电子设计自动化（EDA）工具，早已不需要依靠人工进行手动更改，这也大大加快了门级网表的生成速度。生成的门级网表还需再次进行验证，以确保门级网表的正确性。此处不再赘述验证的详细内容。至此，IC 前端设计的内容便介绍完了，之后进入 IC 后端设计的内容。

1.1.1.5　版图设计

以门级网表的生成为界线，IC 设计被分为前端设计和后端设计。上述过程中，从编写产品规格说明书上的需求规范到用逻辑综合工具生成门级网表的过程为 IC 前端设计。IC 后端设计又被称为版图设计或物理设计，是从已成型的门级网表出发到最终得到版图文件 GDSII 的过程。版图设计和验证的流程如图 1-13[1]所示。

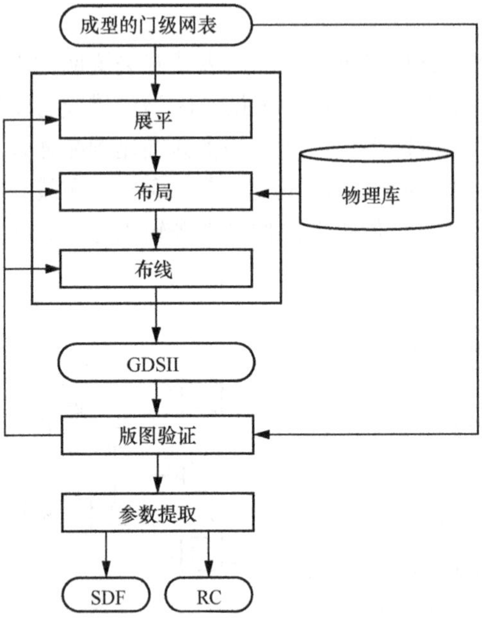

图 1-13　版图设计和验证的流程

在版图设计中，门级网表从晶体管层级上映射到版图，这一步是版图综合的过程。以 IC 前端划分好的模块为单位，设计人员需要对它们进行布局，合理的布局效果也会影响布线效率，同时还要根据布局模块单元的功能和空间展开工作。完成布局工作之后要开始布线工作，布线要考虑各个模块之间数据通信的方式并有效地运用所给的布线空间。一些强有力的布局算法可针对各个模块的布局情况生成最优的布线方案，这是辅助布线工作强有力的工具。

布局布线过后就能够生成一个基本的物理版图了，该版图只有经过版图综合、版图验证（验证过程相对复杂）才具备生成合格可靠的版图文件 GDSII 的资格。成功的 GDSII 是构成 IC 制造阶段中掩膜版的依据，而 GDSII 的验证过关也意味着整个 IC 设计过程的结束。

1. 版图综合

从门级网表的代码到对应工厂的元器件库，设计人员能轻松地解读出该代码模块的晶体管布置形式。而每一种晶体管都有固定的版图结构样式，类似于套公式那样生成一个个模块版图。图 1-14[1]显示了一个从逻辑电路图到制造版图映射的半加器。

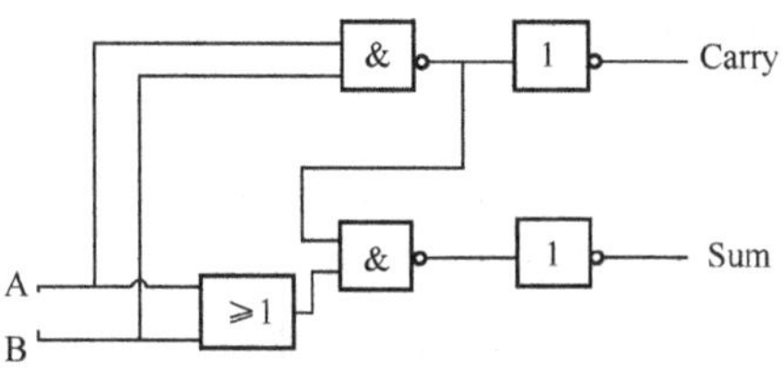

（a）半加器逻辑电路图

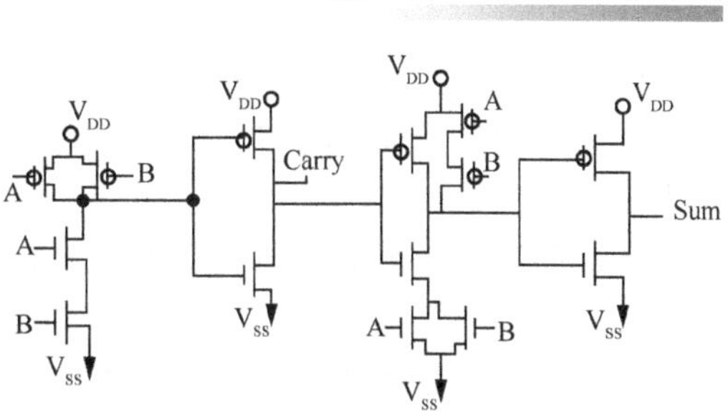

（b）半加器晶体管级电路图

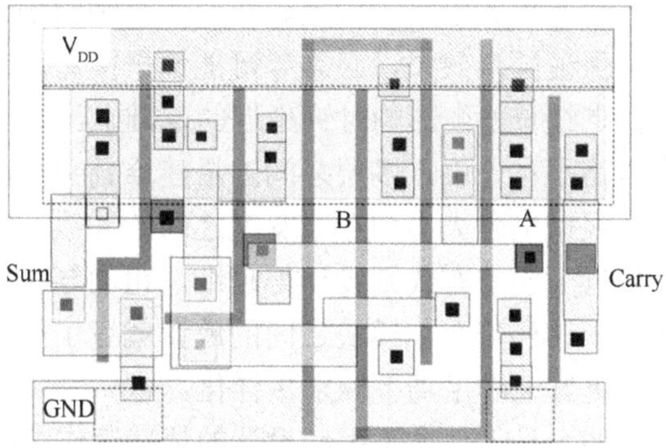

（c）半加器制造版图

图 1-14　一个从逻辑电路图到制造版图映射的半加器

门级网表的代码本质上就是一幅实际的逻辑电路图，也就是图 1-14（a）的半加器逻辑电路图，可以看作对应的门级网表代码的表现形式。由于形成逻辑门的基本组成单元就是现代数字电路广泛应用的互补金属氧化物半导体（CMOS）晶体管，而所有的与或非逻辑门元器件都要映射为在晶体管级别上的布置形式，形成晶体管级电路图并直接整合成版图样式。

如今的逻辑门单元在晶圆制造厂商都有收纳在专门的元器件库，具有逻辑门单元功能的元器件本身就集成了晶体管。这样就大大降低了设计、制造成本，提高了芯片的生产效益。

2. 布局布线

版图综合生成的版图只是以模块为单位，芯片中包含着很多的模块，需要进行合理的空间分配和放置。这就犹如在一个毛坯房里设计书桌、衣柜、床等硬件的摆放位置那样，模块则类似于根据这些硬件设计的需求来确定位置。只要确定了布局中模块的位置，那么模块间的布线基本上就确定了。布局和布线其实是个一体化的工作，它们之间的相互影响非常密切。布局的规则可以从以下两个方面来考虑。

（1）从电源走线的角度看，每一个模块在正常供电的情况下可以保证有效运作。通电导线的粗细程度和布线的拓扑结构要合理，因为每一个模块上的晶体管类型和总数各不相同，其所支持的功率下限并不一致。为了保证最低的功率需求，各模块之间连线的粗细需要事先通过计算来确定。一般来说，布线的拓扑结构选用树形，这样不仅能把多个模块布置在同一平面上，还能节约布线资源。

（2）从时钟延迟的角度看，针对一些有较为严格的延迟限制要求的路径，需要建立一种循环时序验证的布局机制。当然，这样的机制承担的繁重的计算工作往往是交给 EDA 工具来实现的。EDA 工具经常用于自动布局布线的场景中，逐渐适应了规模不断扩大的集成电路的发展。在同步时钟的场景里，拥有时钟信号接口的模块之间为了保证同步效果，必须尽可能地平衡它们之间时钟信号的走线长度，但是这建立在走线长度会影响时钟延迟的基础上。

芯片上的版图电路不止一层，多层之间的搭建堆叠会给布局布线带来更多的可能性和调整空间。根据电阻大小和布线宽度之间的关系，把越靠近上层的布线设计得越粗，而越接近下层的布线则设计得越细。粗的导线有更小的电阻，细的导线则有更大的电阻。这样来看，模块之间的放置就有了更多的选择，这种层级梯度式的布线方案能更好地满足功率需求多样化。

布局布线的工作如今早已从人工手动设计的烦琐工作中解放出来。EDA 工具很好地承担了这些工作的自动化运行，以便设计人员把更多的精力放在对版图验证的工作中。正因为如此，芯片验证的工作在当下往往占据了大部分的工作量。以上烦琐的工作经过 EDA 工具的自动化处理可得到文件 GDSII，但是利用该文件制作的掩膜版在成为制造芯片之前还需通过版图验证以确保可靠性。

1.1.1.6 版图验证

版图设计得到的版图在交给晶圆制造厂商之前，需要经过版图验证，以确保正确的电气参数和逻辑功能。

版图验证的主要内容包括以下几个方面。

（1）设计规则检查。使用物理验证工具，将上述所得的文件 GDSII 和代工厂提供的芯片制造规范进行比较，用于发现文件 GDSII 中导线间的距离、导线本身的宽度、层与层中间孔里的器件是否有偏差等基本工艺问题。这就类似于在制造产品之前先检查产品图纸里面包含的零部件参数是否使用了国家标准。

（2）版图与网表的一致性检查。这里的网表指的是 IC 前端设计派生出来的网表信息，将其与版图中的提取信息对比，并从两个角度着手检查。一个是逻辑器件的连接检查以保证逻辑功能的完整，使用 EDA 工具从版图提取晶体管层级的网表信息，再与门级网表对比，查看它们在线路连接上是否一致，从逻辑门的结构去观察各个晶体管器件的连接与否可以正确地实现 RTL 代码里预设的功能。另一个则是考察每个电路节点是否具备正常的电气状态，将电路节点的网表信息与版图中的提取信息同样在晶体管层级上进行对比，如果相同则通过检查。

（3）静态时序分析。时序分析是版图验证的重要工作，涉及电气参数的提取。参数提取是为了将电气元器件上的延迟进行量化，且线路上的延迟也需要进行同样的量化。线路延迟一般与长度有关，线路越长则延迟越大。在各个路径上计算延迟时还需要注意对虚假路径的判别，如图 1-15[1]所示。

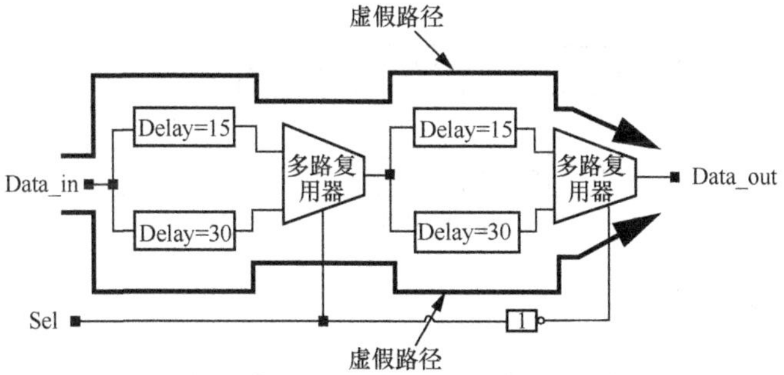

图 1-15　虚假路径案例

从图 1-15 可以看出，上下两条路径都是电路信号不会经过的路径，它们的线路延迟分别为 30 和 60。在考虑延迟约束的时候，如果错误地包含了这些路径的延迟信息，将会造成不必要的设计改动，因此判别虚假路径的存在尤其重要。如果时序分析发现电路中存在与 IC 前端设计的延迟验证不相符等导致的时序违例，就必须要对物理设计进行改进。针对静态时序分析中出现的问题，可以使用工程修改（ECO）技术对电路进行小范围的改进，避免不必要的重复工作。

版图验证的内容详细展开还有很多，但大体上可以分为上述这 3 个方面。如果验证出现错误，有时候不只是要返工到 RTL 代码层面上进行修改，甚至需要重新考虑设计需求的变动。

经过这一系列的验证过程以后，文件 GDSII 就可以从设计人员手中交付到晶圆制造厂商，进入 IC 制造阶段。

以目前的制造工艺来说，集成电路上的元器件数目高达数十亿。面对如此庞大的元器件数目，人工去一一布局布线显然是不现实的。此时，除去需要人工手动布局的关键器件，剩余的都可以使用 EDA 工具实现自动布局布线。

EDA 利用计算机辅助设计软件，自动完成芯片设计。EDA 工具可以在集成电路设计的多个阶段为设计人员提供辅助。除了自动布局布线，EDA 工具还提供电路仿真、逻辑综合、后端物理验证等辅助功能。EDA 工具的出现不仅能提高芯片设计的效率，还能控制设计成本。

常见的 EDA 工具有实现电路仿真的 SPECTRE、实现逻辑综合的 GENUS、实现后端物理验证的 PVS 等。

1.1.2 集成电路制造

根据IC设计公司提供的物理版图文件GDSII，晶圆制造厂商将通过薄膜制备、光刻、刻蚀等工艺进行流片制造，最终生产出合格的芯片。

IC 制造的主要流程为单晶制备、薄膜制备、光刻、刻蚀、掺杂、去胶等，如图 1-16 所示。

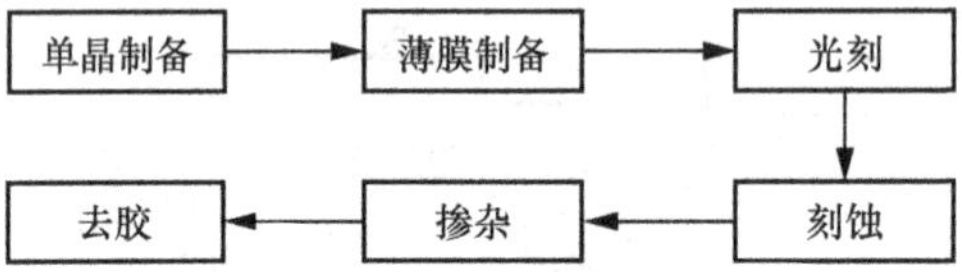

图 1-16 IC 制造的主要流程

1.1.2.1 单晶制备

IC 制造的第一步便是衬底材料的制备，即将用作衬底的材料经过切割、研磨、刻蚀、抛光、清洗等步骤制备，以供后续使用。

根据制造材料的不同，芯片有硅基、碳基等分类，其中最常见的芯片制造材料便是硅。硅是沙子的主要成分，沙子通过净化熔炼可以得到用于半导体制造的高纯度的单晶硅锭，这种硅锭中的硅纯度可以达到 99.9999%[2]。

单晶硅锭经过处理得到单晶硅片的基本制备流程如图 1-17[1]所示，具体介绍如下。

（1）整形处理：缺陷更容易聚集在硅锭两端不规则处，因此要先将两端不规则的部分去除，再将硅锭研磨成一定的尺寸，同时研磨出定位槽，以便后续用于流水线制造，并为之后的光刻工艺提供基准点。

（2）单晶切割：硅锭经过整形处理后，需要通过切割形成一定厚度的单晶硅片。单晶切割的主要方法包括线、内圆、外圆切割。线切割通常用于大尺寸硅片的切割，能更好地控制硅片平整度，减少切口损失。内圆切割可用于直径为 200 mm 及以上硅片的切割，与外圆切割相比，内圆切割在切割时更稳定，切割出的硅片质量更好。外圆切割刀片较厚，切割时刀片处于固定状态，因此切割效果不如前两种方法好，一般只用于特殊晶向的硅片切割。

（3）研磨：通过研磨去除切割造成的表面损伤和形变，使硅片达到高度平整、光洁。常见的研磨方法有单/双面研磨法、平面磨床法、行星式研磨法等。

（4）刻蚀：整形会使硅片表面产生沾污和损伤，可以使用化学刻蚀来去除一定厚度的表面硅层，从而去掉沾污和损伤。

（5）抛光：抛光是对表面细微损伤的进一步加工，可以分为化学抛光、机械抛光、化学–机械抛光。机械抛光的原理与研磨相同，但是效率低且耗材大。化学抛光则是在硅片表面利用化学作用进行加工，速度快、光洁度高，但是平整度差。化学–机械抛光则是结合前两种方法的优势，所得抛光质量高。

（6）清洗：硅片在被送交流水线生产时必须达到超净状态，因此需要清洗硅片以去除以上工序加工残留的杂质、试剂等。

（7）硅片检查：当单晶硅锭经过以上工序加工之后，需要按照芯片制造厂商要求的质量规范对硅片表面进行检查。

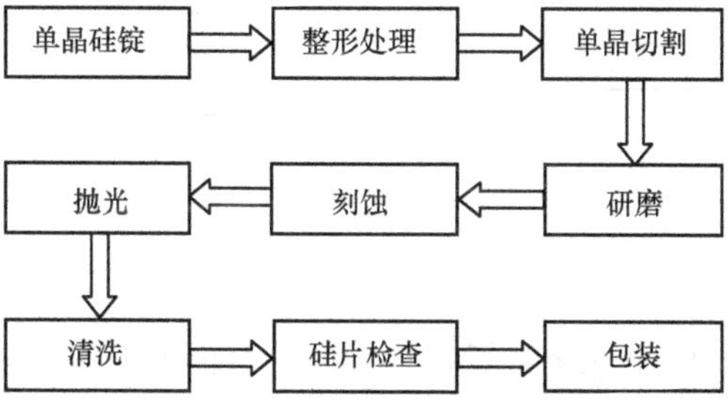

图 1-17　单晶硅锭经过处理得到单晶硅片的基本制备流程

1.1.2.2　薄膜制备

二氧化硅膜对集成电路的制造而言至关重要，可以用作电容和 MOS 场效晶体管中绝缘栅的介质，在器件之间起到隔离和电绝缘的作用。除此之外，二氧化硅膜还具有掩蔽杂质的功能，对器件表面起到保护和钝化的作用。除了二氧化硅膜，IC 制造过程中还包含了许多其他不同的材料和工艺，如薄膜制备等。薄膜制备的主要方法有薄膜生长和薄膜淀积。

薄膜生长技术需要与特定的衬底互相作用来完成，主要有氧化和外延两种。氧化是硅片表面与氧化剂发生反应，不断生成新二氧化硅层的过程。而外延是在硅片表面向外延伸生长出相同晶向的新单晶层。

薄膜淀积与薄膜生长不同，它不需要与衬底互相作用，一般根据性质可以分为气相和液相两大类。IC 制造过程中主要使用的是气相淀积法，而气相淀积法又可以分为物理和化学两种。其中，物理气相淀积法是利用磁控和离子溅射等技术将靶材上的金属原子离子化，再淀积到衬底表面。物理气相淀积法的优点是镀膜温度低、淀积原子能量高、制备合金薄膜时成分控制性好、可大面积制备薄膜等。化学气相淀积法则是通过高温、光辐射等方法，使液态或气态的反应剂通过化学反应产生淀积物，并覆盖到衬底表面的过程。化学气相淀积法具有淀积成分易控、操作过程温度低、薄膜材料范围广等优点。

薄膜淀积的基本步骤如图 1-18[1]所示。

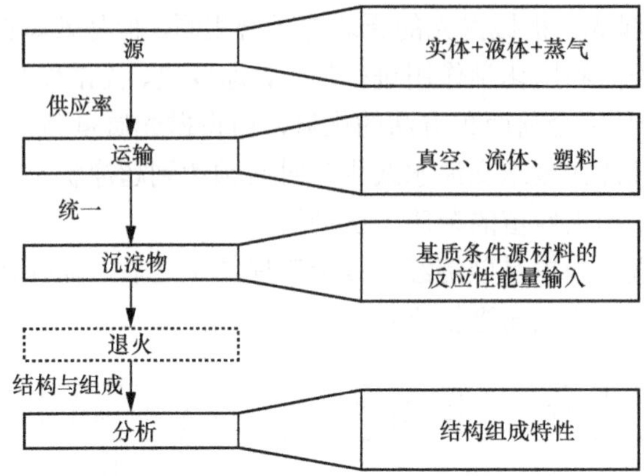

图 1-18　薄膜淀积的基本步骤

1.1.2.3　光刻

光刻是将电路结构通过掩膜版转移到硅片表面的光刻胶上的过程。光刻精度直接影响芯片的最小线宽和成品率，因此光刻工艺是集成电路制造基本工艺中最重要的一个。

在集成电路的制造流程中，通常需要多达数十次的光刻操作，每一次的光刻操作都需要独立的光刻掩膜版帮助。光刻掩膜版对应芯片的电路结构，以图形形式制作而成。

光刻工艺的基本流程为气相成底膜、涂胶、前烘、对准和曝光、显影、坚膜，如图 1-19[1]所示。

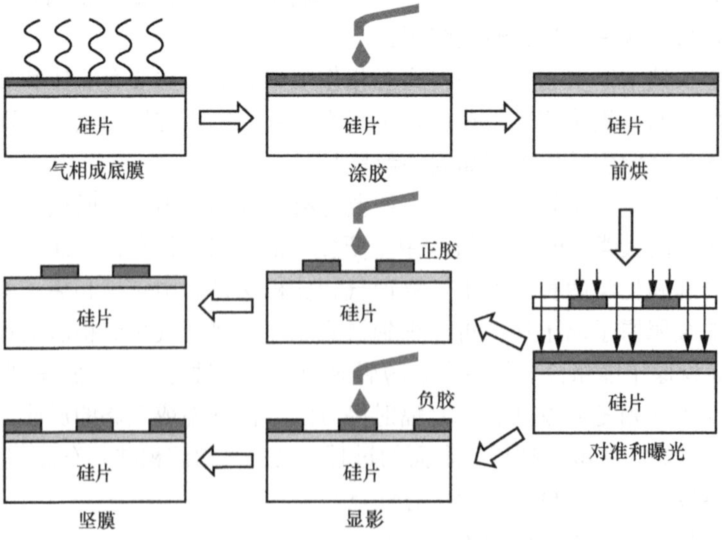

图 1-19　光刻工艺的基本流程

（1）气相成底膜

在 IC 制造过程中，满足高分辨率需求的正性光刻胶存在黏附能力差的问题，因此为了提高硅片表面和光刻胶之间的黏附性，需要在涂胶之前用一层底膜六甲基二硅烷（HMDS）作为连接剂覆盖在硅片表面。

底膜形成的方法有浸润液分滴和旋转法、喷雾分滴和旋转法，以及最常用的气相成底膜法。气相成底膜法的操作过程是用真空烘箱将硅片烘烤至高温，再由氮气将 HMDS 蒸气送入烘箱中并达到一定的压力，此时 HMDS 可在 30 s 左右沉积到硅片表面。气相成底膜法具有处理时间短、避免材料浪费和不会引入颗粒杂质等优点。

（2）涂胶和前烘

光刻胶又称光致抗蚀剂，是一种对光敏感的混合液体，其在 IC 制造过程中的作用是将电路结构图形从掩膜版上转移到硅片表面以及在后续刻蚀或掺杂工艺中保护抗蚀剂之下的材料。

根据不同光刻胶材料的化学反应机理不同，光刻胶可以分为正性和负性两种。负性光刻胶在紫外线照射下凝固而难以被显影液溶解，从而硅片表面最终形成的图形与掩膜版上的图形相反。与负性光刻胶的化学反应机理不同，正性光刻胶在紫外线曝光后变得更容易溶于显影液，因此经显影后硅片表面所得的图形与掩膜版上的图形相同。

根据不同的分类依据，可以将光刻胶分为许多种类。根据组成光刻胶的成分——光感树脂的结构不同，可以将光刻胶分为光交联型、光聚合型（对应为负性光刻胶）以及光分解型（对应为正性光刻胶），如图 1-20[1]所示。

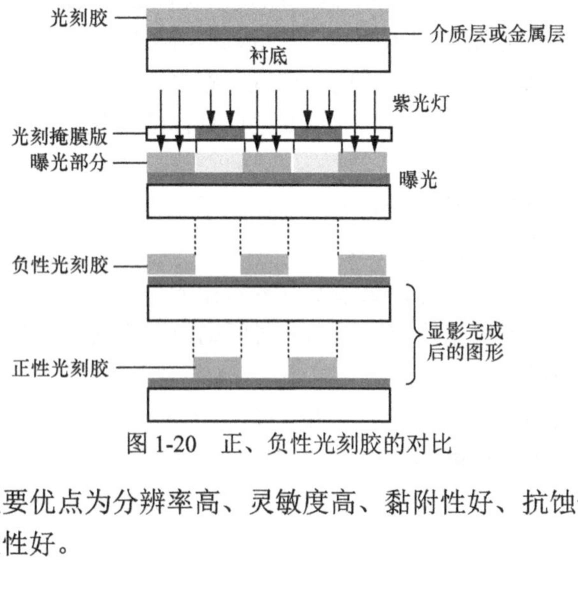

图 1-20 正、负性光刻胶的对比

光刻胶的主要优点为分辨率高、灵敏度高、黏附性好、抗蚀性好、针孔和杂质含量少、稳定性好。

由于光刻胶的厚度直接影响了后续的曝光效果，因此光刻胶的涂抹要求厚度适中且均匀。常见的有旋转涂胶法，该方法先按设定好的转速旋转硅片，同时将光刻胶按照事先确定的时间滴在硅片中心，再加速旋转硅片，利用旋转的离心力将滴落在硅片中心的光刻胶向四周均匀铺开并甩掉多余的光刻胶，旋转直至溶剂挥发、胶膜干燥。旋转涂胶法的基本步骤如图 1-21[1]所示。旋转涂胶法的优点有涂胶均匀、胶膜一致性好。

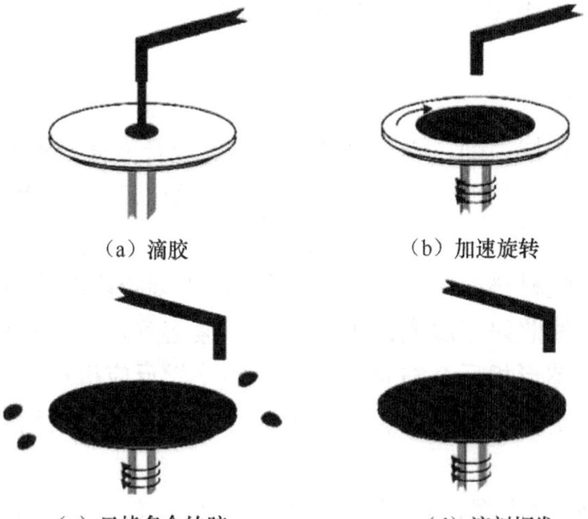

（a）滴胶　（b）加速旋转

（c）甩掉多余的胶　（d）溶剂挥发

图 1-21　旋转涂胶法的基本步骤

由于光刻胶中含有多余的溶剂，因此涂胶完成后还需要经过前烘操作。除了去除溶剂，前烘还具有提高涂胶均匀性、提高胶膜与硅片表面之间的黏附性等作用。

前烘的温度过高会导致光刻胶的热交联，温度过低又会导致溶剂残留、妨碍光交联反应。因此前烘的温度和时间需要根据具体的实验要求来设定。

（3）对准和曝光

在使用紫光灯对光刻胶进行曝光之前，为了保证多次光刻的精确性，要将掩膜版上的标记与硅片上的标记对准。

曝光使用的光源为紫光灯，其波长需要根据光刻精度的不同要求来决定，曝光量需要根据胶膜的厚度来决定，而曝光时间则取决于衬底材料的特性。

（4）显影和坚膜

显影是将应去除的光刻胶膜区域溶解掉，从而得到与掩膜版上相同（或相反）的图形。因此，为了保证能够有效去除应去除的区域，同时保留区域不被溶解，所选择的显影液要在满足对应去除的区域溶解度极大的同时对保留区域的溶解度趋于零。

显影时间的把控也十分关键，时间过长，显影液会软化光刻胶，导致光刻胶体积膨胀，从而影响分辨率。时间过短又会导致显影的图形边缘残留未溶解的过渡区，影响腐蚀质量。两种显影失败的现象如图 1-22[1]所示。

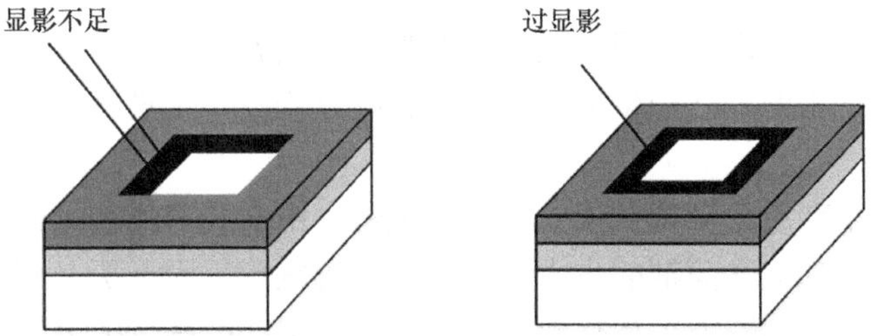

（a）显影不足　　（b）过显影

图 1-22　两种显影失败的现象

坚膜是使显影后留下的部分光刻胶膜更坚固、黏附性更好、抗蚀性更高的过程，对后续的刻蚀起到更好的遮蔽作用。

1.1.2.4　刻蚀

刻蚀是根据设计要求去除硅片表面不需要的部分，将光刻胶膜上的图形转移到下层材料上，从而得到与掩膜版图形对应的立体图形的过程。

在集成电路制造过程中，最常见的刻蚀方法有湿法和干法两种。湿法刻蚀是利用化学腐蚀液去除硅晶圆表面不需要的部分，适合对多晶硅、氮化物、金属等进行腐蚀。干法刻蚀则是利用等离子体与暴露的硅晶圆表面发生物理或化学反应。与湿法刻蚀相比，干法刻蚀的优点有提高侧壁刨面控制、减少光刻胶脱落或黏附问题、提升刻蚀均匀性、降低化学药剂的使用与处理成本。

1.1.2.5　掺杂

掺杂是将所需要的杂质引入晶片中，通过掺入杂质的类型与数量不同，使晶片的电气属性改变的过程。掺杂的区域大小由光刻、刻蚀和去胶等步骤决定。

掺杂的杂质类型可以与晶片材料类型相反，如 PN 结；也可以与晶片材料类型相同，如 P+、N+掺杂区。目前，常用的杂质类型有元素周期表中第Ⅲ主族和第Ⅴ主族的元素，常见的方法有热扩散和离子注入两种掺杂方法。

热扩散是在高温环境下将杂质扩散到晶片中。然而，随着集成电路的不断发展，集成规模不断扩大，其中的器件不断缩小，具有横向扩散这一缺点的热扩散方法逐渐被淘汰。而离子注入是将离子化后的原子轰击进入半导体中，从而达到改变掺杂区域物理或化学性质的目的。相较于热扩散，离子注入具有更多优点，例如，可精确控制杂质的分布与浓度、提高杂质分布的均匀性、杂质单一性好、低温过程、有利于缩小器件等[3]。

1.1.2.6 去胶

刻蚀和掺杂完成之后，用作遮蔽层的光刻胶膜就完成了任务。为了避免残留的光刻胶对接下来的工艺产生影响，需要去除光刻胶，常见有湿法去胶和干法去胶两种方法。

湿法去胶是利用化学试剂使光刻胶膜脱落，由于要消耗大量的化学溶剂，因此存在管理和处理化学药剂的成本高、有毒性等缺点。而干法去胶则是使用氧气和等离子体去除光刻胶膜，具有操作方便、效率高、不使用化学溶剂等优点。

1.1.2.7 晶圆测试

晶圆是已经形成芯片阵列的圆片。晶圆测试是通过探针台对功能、直流参数、极限参数以及部分低速低频芯片的低精度交流参数进行测试。

1.1.3 集成电路封测

集成电路封装是把集成电路装配为芯片最终产品的过程。集成电路的封装过程通常可以分为两个阶段：前道工序，即封装材料成型之前的工艺步骤；后道工序，即封装材料成型之后的工艺步骤。其中，前道工序所要求的环境整洁度高于后道工序，不过随着芯片复杂度的提高，工艺的整体操作环境要求也得到了提高。

芯片封装一般在集成电路晶圆完成后开始进行，封装工艺流程包括芯片切割、芯片贴装、芯片互连、成型、去飞边毛刺、切筋成型、上焊锡、打码等主要过程。芯片封装流程如图 1-23 所示。

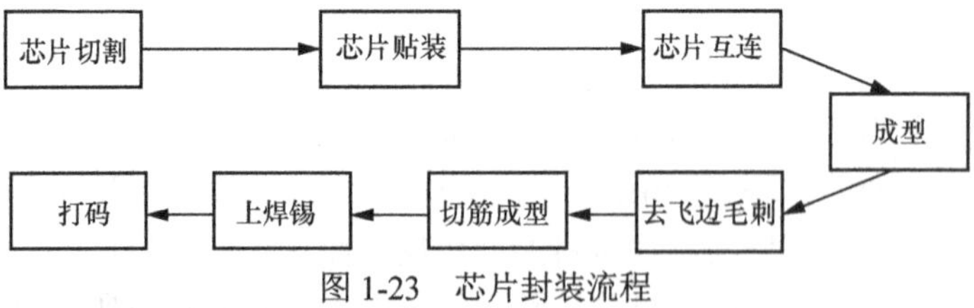

图 1-23　芯片封装流程

芯片切割：晶圆切割涉及三道工序，即磨片、贴片以及划片。磨片是指对硅片进行减薄处理，使其达到封装工艺所要求的厚度。在磨片之前需要在硅片的表面贴一层保护膜，保护硅片表面电路不受损，磨片后将保护膜去除。贴片则是在晶圆的背面贴上称为蓝膜的胶带，并将其放在钢制引线架上，这一操作也可称作晶圆贴片。贴片后将芯片送至切割机进行切割，也就是接下来的划片工序。划片是指将硅片进行切割，得到单个的芯片，并对其进行检测，检测合格的芯片才可用。

芯片贴装：又称芯片粘贴，也可简称为装片或粘晶，是指将 IC 芯片固定于封装基板或者引脚架承载座上。将切割得到的芯片贴装到引脚架的中间焊盘上，焊盘的尺寸大小要与芯片相适应，如果焊盘过大，那么会使引线跨度过大，成型过程会使引线变得弯曲，并且造成芯片位置移动等情况。芯片贴装的方法包括共晶粘贴法、导电胶粘贴法、玻璃胶粘贴法以及焊接粘贴法。

芯片互连：是指将芯片焊区与封装外壳的 I/O 引线或者基板上的金属布线焊区相连接的操作技术，该技术可使芯片的功能得以实现[4]。常用的芯片互连技术包括引线键合技术、倒装芯片键合技术以及载带自动键合技术 3 种。

成型：即将芯片与引线框架包装起来。成型主要有金属封装、塑料封装、陶瓷封装等方式。其中，塑料封装虽然在散热、导热、密封性上不如另外两种封装方式，但其最大特点是工艺简单、成本低。在综合考虑下，塑料封装成为目前最常用的封装方式，占 90%的市场份额，应用极其广泛。随着材料与技术的不断发展，塑料封装的可靠性得到了改善，在电子封装领域发挥着越来越大的作用。塑料封装所用到的主要技术包括转移成型技术、喷射成型技术、预成型技术。塑料封装成型中使用较多的是热硬化型与热塑型高分子材料。在热硬化型塑胶中，酚醛树脂、硅胶等成为塑料封装最主要的材料。塑料封装的完成与工艺技术、材料等因素密切相关，设计时必须就这些因素的影响进行全面的考虑。塑料封装的工艺流程如图 1-24 所示。

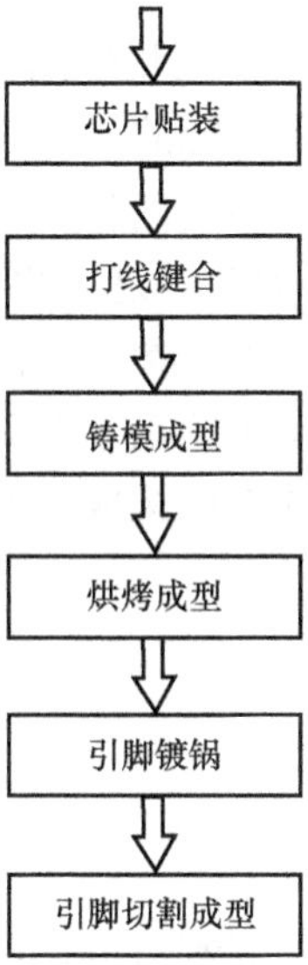

图 1-24　塑料封装的工艺流程

去飞边毛刺：模具设计、注模条件等原因会造成毛刺或者溢料，毛刺会给后续的工序带来麻烦，甚至可能损坏机器，因此在剪切成型工序之前，要进行去飞边毛刺工序。去飞边毛刺工艺包括介质去飞边毛刺、溶剂去飞边毛刺、水去飞边毛刺。

切筋成型：包含切筋和打弯两道工序，一般是同时完成，有时候在一台机器上完成，有时候也会分开完成。切筋是指切除框架外引脚之间的堤坝以及框架上连在一起的地方[5]。而打弯是将引脚弯到一定的形状，从而可以满足后续装配的需要。在打弯工序中，尤其要注意引脚的变形问题。

上焊锡：使用电镀或者浸锡工艺进行上焊锡，从而增加保护性镀层，提高引脚抗腐蚀的能力，并且增加可焊性。电镀工艺流程是先进行引脚的清洗，接着在电镀槽中进行电镀，冲洗并吹干后放入烘干机烘干。浸锡工艺流程是先去飞边、去除油和氧化物，然后浸助焊剂、加热浸锡，最后清洗后进行烘干。

打码：指在封装模块的顶上印上字母和标志，这些印字无法去掉。打码的内容包括制造商、商品规格等信息，从而有利于芯片的识别与追踪。打码也是封装过程中很重要的一道工艺，良好清晰的标识给人以产品可靠性高的感觉，反之，若是印字不清晰或字迹断裂，可能会导致产品退货的情况。打码的方式有多种，如直印式、转印式、激光刻印式。在打码过程中，选择恰当的印字方式与印料、做好集成电路胶体的清洁非常重要，这样才能确保印字清晰并且不容易脱落。

在完成上述工序后，所有器件都要进行全面测试，以检测芯片的各项指标。测试完成后，根据得到的测试结果将等级一样的器件进行相同包装。

接下来简单介绍集成电路的测试。成功的测试通常产生合格的芯片。在生产设计过程中，测试是必不可少的环节，产品经过严谨有效的测试，合格后才能投入市场。根据不同的目的，IC 测试包括特性测试、生产测试、老化测试以及成品测试。集成电路所处的阶段决定了实际的测试选择。

一般来讲，集成电路的芯片要经过两种类型的测试，一个是参数测试，这类测试主要对芯片的 DC 参数、AC 参数等进行测试，DC 参数测试包括最大电流测试、短路测试、阈值电压测试等，AC 参数测试包括访问时间测试、传输延迟测试等，这类测试一般与制造过程所用的工艺有关；另一个是功能测试，这类测试由输入的矢量以及针对输入得到的响应构成，通常在较高的温度下进行，以保证功能指标的要求[6]。

1.2 集成电路类型

集成电路类型大致如下：现场可编程门阵列（FPGA）、专用集成电路（ASIC）、片上系统（SoC）、片上网络（NoC）、射频集成电路（RFIC）。

1.2.1 现场可编程门阵列

现场可编程门阵列（FPGA）作为专用集成电路（ASIC）领域中的一种半定制电路，它选用了逻辑单元阵列（LCA）的概念，内部由可配置逻辑模块（CLB）、输入输出模块（IOB）、嵌入式块随机存储器（RAM）、底层嵌入式功能单元、内嵌专用硬核和布线资源等部分组成。FPGA 利用小型查找表（16×1RAM）来实现组合逻辑，每个查找表连接到一个 D 触发器的输入端，然后触发器驱动其他逻辑电路或驱动 I/O，由此构成了既可实现组合逻辑功能又可实现时序逻辑功能的基本逻辑单元模块，这些模块利用金属连线互相连接或者连接到 IOB。

1.2.1.1 工作原理

FPGA 的运行逻辑是通过向内部静态存储单元加载编程数据来实现的，存储单元中的值决定了逻辑单元的逻辑功能以及各模块之间或模块与 I/O 间的连接方式，并最终决定了 FPGA 所能实现的功能[7]。FPGA 既解决了定制电路设计周期长、改版投资成本大以及灵活性差等不足，又克服了原有可编程器件门电路数有限等缺陷。

FPGA 芯片通过存放在片内的 RAM 中的程序来设置它的工作状态，因此，工作时就需要对片内的 RAM 进行编程处理。过程如下：加电时，FPGA 芯片将可擦可编程只读存储器（EPROM）中的数据读入片内编程 RAM 中，配置完成后，FPGA 就进入了工作状态。掉电之后，FPGA 芯片内部的逻辑关系就随之消失，因此，FPGA 支持反复使用。FPGA 的编程不需要专用的 FPGA 编程器，只需使用通用的 EPROM 和 PROM 编程器。当需要修改 FPGA 的某些功能时，只需更换一片 EPROM 就可以了。那么，不同的数据编程在同一片 FPGA，就可以有不同的电路功能。当然，用户也可以根据不同的配置模式而采用不同的编程方式。

FPGA 芯片需要被反复烧写，且它所实现组合逻辑的基本结构不像 ASIC 那样由固定的与非门来实现，而只能采用一种易于反复配置的基本结构，其中，查找表就可以很好地满足这一要求。目前已知的主流 FPGA 芯片均采用了基于静态随机存取存储器（SRAM）工艺的查找表结构，也有一些宇航级 FPGA 芯片采用熔丝与反熔丝工艺或者 Flash 的查找表结构，这些都是通过烧写文件改变查找表内容的方法来实现对 FPGA 的重复配置。

1.2.1.2 芯片结构

FPGA 的内部结构主要由六大部分组成，分别是 CLB、IOB、嵌入式块 RAM、布线资源、底层嵌入式功能单元和内嵌专用硬核，具体介绍如下。

CLB：CLB 是 FPGA 内的基本逻辑单元，可以根据设计灵活地改变内部连接与配置，从而完成不同的逻辑功能。FPGA 一般都是基于 SRAM 工艺，CLB 基本都是基于查找表和一些寄存器（主要是 D 触发器）。

IOB：IOB 是提供 FPGA 芯片外部封装与内部逻辑引脚之间的接口，用于完成不同电气特性下对 I/O 信号的驱动和匹配。

嵌入式块 RAM：大部分 FPGA 均具有内嵌的块 RAM，这不仅大大拓展了 FPGA 的应用范围，也提高了灵活性。块 RAM 可被配置为单端口 RAM、双端口 RAM、FIFO 和内容地址存储器等常用存储结构。

布线资源：布线资源连通 FPGA 内部所有的单元布线，信号在连线上的驱动能力和传输速度取决于连线的长度和工艺。IOB、CLB、BRAM、DCM 等都使用相同的内连阵列。

底层嵌入式功能单元：指的是在 FPGA 芯片内部集成的一些通用程度较高的嵌入式功能模块，比如延迟锁定环（DLL）、锁相环（PLL）、数字信号处理器（DSP）和 CPU 锁相环等软核。

内嵌专用硬核：这一部分较少使用，因为硬核的功能比较单一，在实际开发中使用得不多，内嵌专用硬核是相对底层嵌入软核而言的，指 FPGA 处理能力强大的硬核，等效于 ASIC。为了提高 FPGA 性能，芯片生产商在芯片内部集成了一些专用硬核。

补充说明：CLB 在芯片内部以二维阵列结构的形式存在，如图 1-25 所示，这也是 FPGA 被称为现场可编程门阵列的原因。CLB 在实际生成数字电路的时候，使用布线资源进行连接，当需要输出或者输入时，可以将 CLB 连接到 IOB。

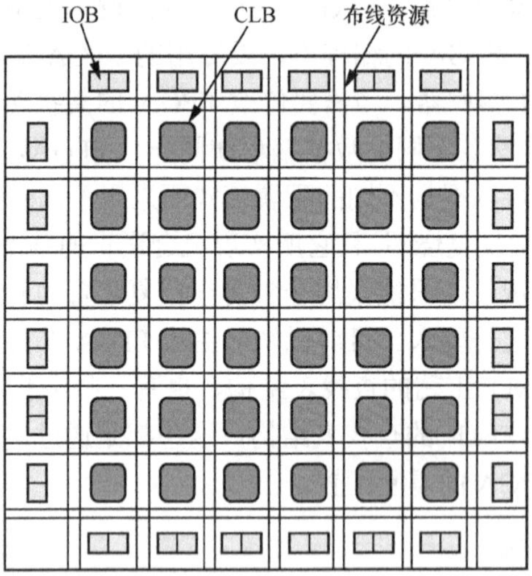

图 1-25　CLB 二维阵列结构

1.2.1.3　特点优势

① 采用 FPGA 进行 ASIC 设计，用户不需要投片生产，就能得到合用的芯片。

② FPGA 可作为其他全定制或半定制 ASIC 的中试样片。

③ FPGA 内部有丰富的 I/O 引脚和触发器。

④ FPGA 是 ASIC 中设计周期最短、开发费用最低、风险最小的器件之一。

⑤ FPGA 采用高速 CMOS 工艺，功耗低，可以实现与 CMOS、TTL 电平兼容。

可以说，FPGA 芯片是小批量系统提高系统集成度、可靠性的最佳选择之一。FPGA 依靠硬件来实现所有的功能，速度上可以与专用芯片相比，但设计的灵活性与通用处理器相比有很大的差距[8]。

1.2.2　专用集成电路

专用集成电路是指为了某种特定的需求而专门定制的集成电路的总称。ASIC 不仅有面向特定用户的需求的特点，而且其在批量生产时与通用集成电路相比具有微小型化、功耗低、可靠性高、保密性高、成本低等优点。

1.2.2.1　工作原理

ASIC 通过把指令或计算逻辑固化到芯片中，获得了很高的处理能力，因而被广泛地应用于各种安全产品中。这些电路是专用的，即为特定应用量身定制的 IC，通常是根据特定应用程序的要求从根级别设计的。一些特定应用的基本集成电路示例包括玩具中使用的芯片、存储器和微处理器接口的芯片等，这些芯片只能用于设计了这些芯片的特定应用。这种类型的 IC 仅对那些生产量大的产品来说是首选。

CPU 在 ASIC 架构 UTM 中是必不可少的。CPU 所发挥的作用是很复杂的应用层逻辑。例如，有新的 P2P 需要载入 ASIC 芯片，这就需要 CPU 来处理。

ASIC 芯片集内容处理和网络包处理于一身，首先完成流重组，然后直接在网络层执行匹配规则，并执行动作处理安全事件，最后需要进一步分析的才送入 CPU。在网络中，有 90%以上的数据是在 ASIC 芯片中直接完成处理的。

1.2.2.2　工作特点

集成电路规模越大，组建系统时就越难以针对特殊要求加以改变，为解决这些问题，出现了以用户参加设计为特征的 ASIC，它能实现整机系统的优化设计，降低产品的综合成本和功耗，提高产品的可靠性、保密程度和竞争能力，以及工作速度，与此同时，又大大减小产品的体积、减轻产品的重量。IC 的前端设计不需涉及过多的布局布线专业知识和经验，使得设计人员都可以接受这种技术。

ASIC 的优点介绍如下。

① ASIC 尺寸较小，是大型复杂系统的理想选择。

② ASIC 在单个芯片上就构建了大量的电路，因此可以高速应用。

③ ASIC 功耗低、成本低。

④ ASIC 是芯片上的系统，因此电路并排存在，连接各种电路所需的布线很少。

⑤ ASIC 没有时序和后期制作配置的问题。

ASIC 的缺点介绍如下。

① ASIC 是定制芯片，因此它们的编程灵活性较低。

② ASIC 芯片必须从根本上设计，因此它们的单位成本较高。

③ ASIC 开发需要的初始投资较高，因此需要更长的上市时间才能收回成本。

1.2.3 片上系统

片上系统是信息系统核心的芯片集成，可以将系统的关键部件集成在一块芯片上，具有集成度高、功耗低、成本低、体积小等优点，已经成为超大规模集成电路系统设计的主流方向。

1.2.3.1 应用背景

SoC 通常应用于小型的、日益复杂的电子设备。例如，声音检测设备的 SoC 是在单个芯片上为所有用户提供包括音频接收端、模数转换器（ADC）、微处理器、必要的存储器以及 I/O 逻辑控制等设备。此外，SoC 还应用于单芯片无线产品，比如蓝牙设备，支持单芯片 WLAN 和蜂窝电话解决方案。

SoC 的优势在于功耗低、体积小、系统功能容易集成、速度快以及成本低。由于空前的高效集成性能，SoC 是替代集成电路的主要解决方案，并且已经成为当前微电子芯片发展的必然趋势。

1.2.3.2 芯片结构

一个典型的 SoC 通常由微处理器、存储器、I/O 通信控制器、片上总线、存储控制器、定时器、通用 I/O 接口和中断控制器组成，此外，SoC 还可以包含视频译码器、通用异步接收发送设备（UART）等[1]。SoC 架构如图 1-26[9]所示。

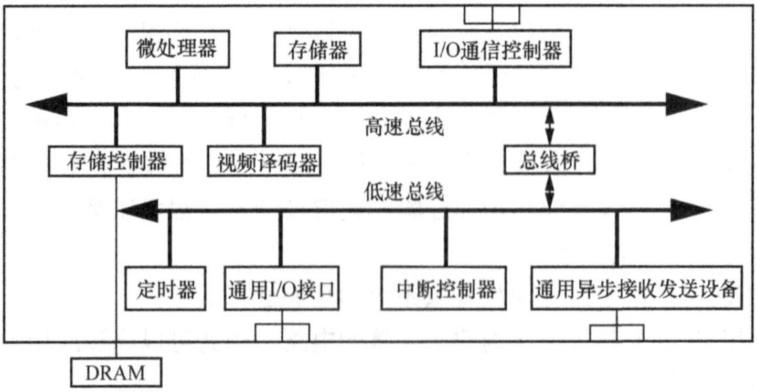

图 1-26　SoC 架构

微处理器：执行控制部件和算术逻辑部件的功能，如 ARM。

存储器：用来存放数据和程序的器件，如 SRAM。

I/O 通信控制器：用于控制数据传输的通信接口设备，如 PCI-E 控制器。

片上总线：指高速和低速总线及其桥接模块，可为各内核之间提供数据通路。

存储控制器：控制外部的存储器。

视频译码器：指一个能够对数字视频进行压缩或者解压缩的可重用专用模块。

外围互连设备：包括通用 I/O 接口、UART、定时器和中断控制器。

1.2.3.3　工作原理

SoC 中的结构器件或者模块可以分为三类，具体介绍如下。

逻辑核：CPU、定时器、中断控制器、串并行接口、I/O 端口以及用于各种 IP 核之间的黏合逻辑等。

存储器核：各种易失、非易失以及缓存等存储器。

模拟核：ADC、DAC、PLL 以及一些高速电路中所用的模拟电路，包括视频解码器。

逻辑核类比计算机中的运算器和控制器，尤其是 CPU 模块进行运算，同时控制芯片上的各部件有条不紊地工作。存储核如同计算机中的存储器，进行数据的存储。通过输入设备输入数据，输入设备包括 I/O 端口等一些外围互连设备，这其中会运用模拟核进行一些信息的转换。

1.2.3.4　IP 核

IP 核是知识产权模块的意思，在系统芯片方面指预先设计好的能实现某一具体功能的电路功能模块。上述中的 CPU、存储控制器等都是 IP 核，只不过是实现功能不同。SoC 性能越来越强、规模越来越大，以及其他原因（如深亚微米工艺带来的设计困难），使 SoC 设计的复杂度大大提高，而 IP 核的设计重用大大加速了这一过程，所以后来 SoC 电子系统设计人员的所有设计工作都以 IP 模块为基础。由此可见，SoC 是以 IP 模块为基础的设计技术，IP 模块是 SoC 应用的基础。

1.2.4　片上网络

片上网络是 SoC 的一种新的片上通信方式，它是多核心技术的主要组成部分，性能显著优于传统总线式系统。

1.2.4.1　应用背景

NoC 可以解决复杂 SoC 片上通信这一问题。NoC 借鉴了分布式计算系统的通信方式，采用数据路由和分组交换技术替代传统的总线结构，从体系结构上解决了 SoC 总线结构中地址空间有限导致的可扩展性差、分时通信引起的通信效率低，以及全局时钟同步引起的功耗和面积等问题。

1.2.4.2 芯片结构

NoC 是将宏观网络的通信措施应用于芯片上，每个核当作一个独立的单元，IP 核经过网络接口与特定的路由器相连。由此，将 IP 核之间的通信转换为路由器与路由器的通信。典型的 NoC 架构[1]如图 1-27 所示。

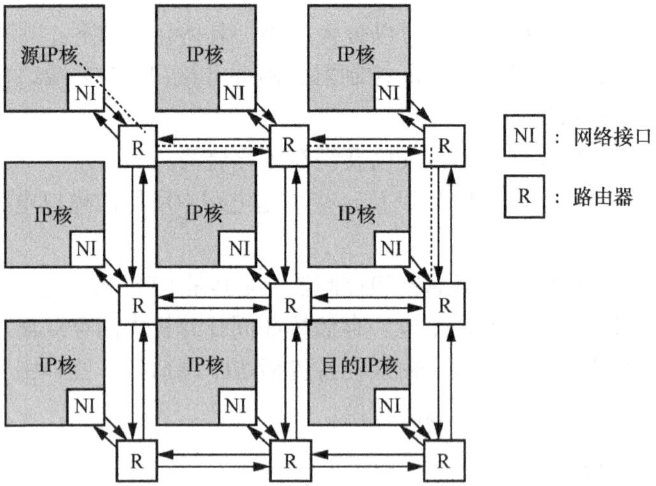

图 1-27 典型的 NoC 架构

典型的 NoC 架构主要由资源节点、路由器节点、资源网络接口、通道组成。

资源节点：主要包含计算节点和存储节点。计算节点即 IP 核（CPU、DSP 等），存储节点包含 ROM、RAM、DRAM、SDRAM 等。

路由器节点：主要负责完成 IP 核之间的数据通信任务。网络中的多个路由器节点可以同时利用网络中的不同物理链路进行信息交换，支持多个 IP 核并发地进行数据通信。

资源网络接口：作为通信节点与功能节点之间的接口，主要功能有完成数据包的封装与解封装，在源节点的资源网络接口中将源地址信息以及目的地址信息等封装到数据包的头微片中，在目的节点的资源网络接口中将源地址信息以及目的地址信息等删除。

通道：实质为双向金属链路，用以保证节点间的数据传输，分为内部通道和外部通道。内部通道指资源节点和通信节点之间的金属链路，外部通道指通信节点之间的金属链路。

1.2.4.3 工作原理

NoC 中的资源节点产生一个数据包后，通过特定的接口发送到源路由器中，源路由器读取数据包头部中的地址信息，并通过特定的路由算法计算出最佳路由路径，从而建立到目的节点的可靠传输，最终由目的 IP 核接收此信息。其中，在源节点的资源网络接口中将源地址信息以及目的地址信息等封装到数据包的头微片中；在目的节点的资源网络接口中将源地址信息以及目的地址信息等删除[10]。

1.2.4.4 特点

NoC 的优点介绍如下。

① 较高的通信效率：通过并发和非阻塞交换获得更高的带宽；通过分组交换获得更高的链路利用率。

② 可靠的传输：通过分层协议、差错控制方法等实现数据传输可靠性。

③ 低功耗：NoC 中采用全局异步、局部同步的时钟机制，时钟树设计复杂度也低于 SoC。

④ 良好的可扩展能力：不再局限于总线架构，可以扩展任意数量的计算节点；扩展系统功能时，只需将新添的功能模块通过资源网络接口植入网络，不需要重新设计网络整体架构。

NoC 的缺点介绍如下。

① 交换电路和接口增加了电路面积。

② 数据打包、缓冲、同步和接口增加了延迟。

③ 缓冲和增加的逻辑造成了功耗增加。

④ NoC 与原有 IP 核使用的接口的协议可能存在兼容性问题。

1.2.5 射频集成电路

射频集成电路（RFIC）是随着 IC 工艺改进而出现的一种新型器件，射频通常包括高频、甚高频和超高频，其频率为 300 kHz～300 GHz，是无线通信领域最活跃的频段。在无线通信技术飞速发展的 20 世纪，射频器件快速代替了使用分立半导体器件的混合电路。

1.2.5.1 应用背景

模拟电路在发展的过程中应用的领域越来越少，最大的原因在于数字电路的发展竞争。以数字电视为例，其因轻量化和高清晰度使基于模拟电路的粗大笨重的电视机已经没有什么市场优势，而涉及这样类似的领域例子还有很多。但在模拟电路中，射频集成电路在微波领域的运用还难以被数字电路取代。一方面是因为受制于数字信号有限的信道传输类型，另一方面是 RFIC 传输的微波信号可以轻松地在空气等媒介中传播，具有远距离传输的优势。未来随着 5G 时代的发展，物联网的实现变得更加触目可及，射频技术及其芯片在其中占据的地位不可漠视，因为其在蓝牙、无线连接、手机信号、雷达等领域贡献巨大。

RFIC 被广泛应用于多个领域，如电视、广播、移动电话、雷达、自动识别系统等。这些领域都用到了射频芯片或者技术。射频识别（RFID）指应用射频信号对目标物进行识别。RFID 的应用包括电子收费（ETC）、铁路机车车辆识别与跟踪、集装箱识别、贵重物品识别、认证及跟踪、商业零售、医疗保健、后勤服务等的目标物管理、出入门禁管理、动物识别、跟踪、车辆自动锁死防盗等。

1.2.5.2 芯片结构

RFIC 就是将无线电信号通信转换成一定的无线电信号波形，并通过天线谐振发出的一个电子元器件，包括功率放大器、低噪声放大器和天线开关等。RFIC 架构包括发射通道和接收通道两大部分，可用基于 RFIC 的无线电广播结构来说明，如发射机和接收机。图 1-28[9]显示了发射机和接收机的基本架构。

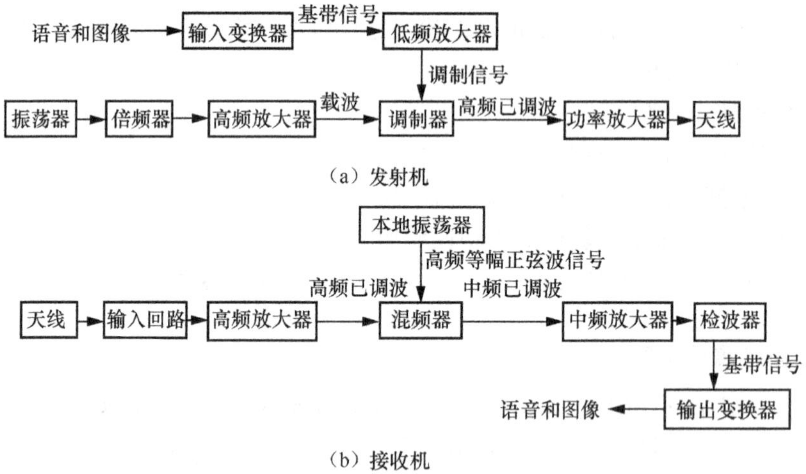

图 1-28　RFIC 中发射机和接收机的基本架构

（1）发射机的结构

发射机主要由输入变换器、低频放大器、振荡器、倍频器、高频放大器、调制器、功率放大器和天线组成。

① 输入变换器：将语音和图像的信息转换为基带信号。

② 低频放大器：获得足够功率，将基带信号转换为调制信号。

③ 振荡器：将直流电信号转换为具有一定频率的交流电信号。

④ 倍频器：使输出信号频率等于输入信号频率的整数倍，可以提高频率稳定度。

⑤ 高频放大器：放大高频信号。

⑥ 调制器：将低频数字信号（如音频、视频、数据等）调制到高频数字信号中，进行信号传输。

⑦ 功率放大器：在给定失真率条件下，能产生最大功率输出以驱动某一负载。

⑧ 天线：将传输线上传播的导行波变为在无界媒介（通常是自由空间）中传播的电磁波。

（2）接收机的结构

接收机主要由天线、输入回路、高频放大器、本地振荡器、混频器、中频放大器、检波器和输出变换器组成。

① 输入回路：从诸多信号中选择输出需要的高频已调波，这里是在输入信号幅度变化很大的情况下，使输出信号幅度保持恒定或仅在较小范围内变化。

② 高频放大器：获得足够功率。

③ 本地振荡器：产生一个比接收信号高一个中频（我国规定为 37 MHz）的高频等幅正弦波信号。

④ 混频器：将高频等幅正弦波信号和高频已调波混频后获得中频已调波。

⑤ 中频放大器：获得足够功率。

⑥ 检波器：检出波动信号中某种有用信息，用于识别波、振荡或信号的存在或变化，这里是用于恢复出基带信号。

⑦ 输出变换器：将基带信号转化为语音和图像。

1.2.5.3　工作原理

RFIC 可分为两部分来讨论其工作原理。

发射通道。首先，将语音和图像传入输入变换器，输入变换器通过量化等级划分标准将模拟信号进行量化，按照数值标准进行编码，形成基带信号，再经过低频放大器，获得足够的功率，成为调制信号。其次，振荡器产生频率稳定度较好的信号，经过倍频器后，获得符合要求的高频信号，再经过高频放大器，获得足够的功率，成为载波。再次，调制器用调制信号改变载波的参数，使输出信号参数反映调制信号的变化规律，从而携带调制信号的信息，成为高频已调波。最后，经过功率放大器，送到天线进行发射。

接收通道。首先，天线的感应电流经过输入回路，输入回路从诸多信号中选出需要的高频已调波，经过高频放大器提高功率。其次，本地振荡器产生一个高频等幅正弦波信号，将其与高频已调波进行混频，形成中频已调波，中频已调波的频率为前两者的频率之差。在具体操作中，可以通过调整振荡器使最后获得的中频已调波的频率固定，便于电路性能的优化。最后，中频已调波经过功率放大，送入检波器，恢复出基带信号。接收通道与发射通道的变换正好相反，基带信号经过输出变换器变成模拟信号，即语音和图像信息[9]。

1.3 集成电路工作环境

集成电路广泛应用于人们的日常生活，覆盖范围十分广阔。由于集成电路自身具备较多的优势，且其工作的环境多种多样，因此在不同领域都可以灵活地应用。接下来简单地介绍集成电路所工作的部分领域与环境。

1.3.1 高温环境

一个喷气式涡轮发动机拥有大约 20 个燃料喷嘴，每个喷嘴都需要传感器配合协调运行。性能较好的传感器能够准确地感应到喷嘴处的压力等参数，从而避免“贫油熄火”的发生，同时优化燃料和空气的配比，减少排放量，节省燃油。

但是，燃料喷嘴的运行温度极高，喷口处的温度甚至会超过 1000℃，而安放传感器的位置处于喷嘴内部，此处的温度会降至 600℃以下。在高温环境中，普通硅的电子会冲入导带，形成不规则的电流，从而导致错误的逻辑操作。传统的硅传感器在温度超过 350℃时就会分解，无法正常获取信息。

碳化硅的带隙比普通硅宽很多，具有化学性能稳定、导热系数高、热膨胀系数小等特点，因此广泛用于制作耐火材料。凯斯西储大学研制的碳化硅集成电路将集成电路的耐受温度提高至 550℃，如图 1-29 所示[11]，但是仍无法确定电子元器件在 550℃环境下的具体可靠运行时长。

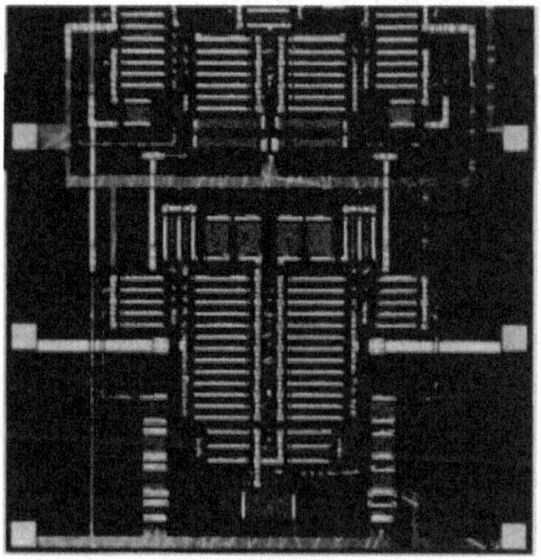

图 1-29 碳化硅集成电路

集成电路的耐受温度发展仍然受到互连金属层、芯片包装层等其他元器件的影响，要实现能够在极端高温环境中长时间可靠运行的集成电路，依然有许多困难亟待解决。

1.3.2 低温环境

在航天领域中，月球背阴处的温度会低于零下 180℃。因此，许多电路需要在保温箱中运行，以保证系统正常工作。但是，保温箱的使用不仅使系统更加复杂，同时还增加了航天器本就高昂的制造成本。在医疗领域中，IC 在极端低温环境下的可靠性和稳定性直接影响了核磁共振成像仪中高温超导技术的使用[12]。因此，在航天和医疗等诸多领域中，对器件与电路的极端低温特性的研究都有十分重要的意义。

由于体硅器件会在极端低温环境中出现载流子冻结效应等许多新特性，因此，功耗以及工作电压更低的 SOI 器件与体硅器件相比，在面对极端低温环境时更具优势。

虽然当前在极端低温下的电路性能已大大提高，但是还存在诸如热载流子老化等缺点。温度范围为 246K～398K 的设备在室温下的热载流子老化时间约为 10 年，但是在极端低温下，老化速度会大大加快。

1.3.3 海洋环境

热带海洋通常温度高、湿度大、氯离子浓度高且霉菌生长活跃，环境极其恶劣，这些特点都会影响电子设备中的常用材料。电子系统中环境适应性设计的关键在于印制电路板防护，因为电路板在湿热、霉菌和盐雾等海洋环境条件下容易腐蚀从而降低性能。图 1-30[13]是海洋环境下大气自然暴露的电子样品腐蚀情况。

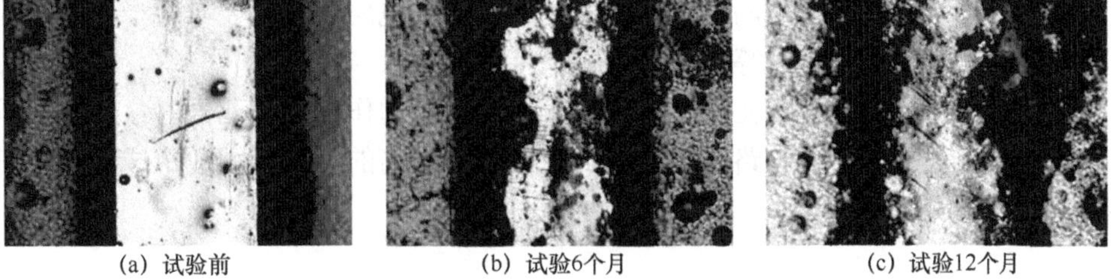
(a) 试验前　　(b) 试验6个月　　(c) 试验12个月

图 1-30　海洋环境下大气自然暴露的电子样品腐蚀情况

在海洋环境中，印刷电路板表面的保护涂层可以有效隔离环境因素对电路以及电子元器件的直接影响。因此，保护涂层通常应该选择具有较好电气性能、物理机械性能和耐候性的材料，例如丙烯酸、聚氨酯、硅氧烷和 Parylene C 等[13]。但是，仅仅使用常规工艺的保护涂层仍然不能起到良好的防护作用，还需要通过密闭设计来改善印制电路板所处的微环境，同时进一步提高涂覆工艺。

1.3.4 太空环境

自 21 世纪以来，人类对宇宙太空有了更进一步的探索。世界各国对不同功用航天产品的需求不断增加，这促使着航天研发水平的进一步提高，推动各类航天卫星产品向高精度、多功能方向发展[14]。

作为航天领域技术中不可缺少的部分，集成电路应用越来越广泛。然而，太空环境中存在着大量对电路器件具有影响，甚至可能危及航天器使用寿命以及可靠性的中子和重离子等物质。因此，需要不断改进和发展相应的技术，以更好地适应严苛的太空环境，从而应对更高需求所带来的新挑战。

辐射效应是集成电路在太空环境下面临的首要问题。常规的 IC 设计方法无法保证航天器在辐射环境下的正常工作，需要在设计方法中采用抗辐射版图来进一步提高电路的可靠性，常见的抗辐射版图的设计方法有倒比例器件、抗总剂量的环形栅等[15]。

除了辐射效应，太阳中紫外线与氧分子作用形成的原子氧也会对低地球轨道卫星电池的电路造成损伤。其中，组件之间的电连接是对卫星电池造成伤害，进而影响电池使用寿命的重要原因。组件之间的电连接所使用的互联片的主要成分是银，银会与太空环境中的原子氧发生氧化作用变为氧化银，导致银互联片被不断侵蚀，最终失去导电能力。为了提高太阳电池的寿命，可以选择可伐互联片代替银制互联片[16]，或者采用涂敷胶等相应的防护措施。

就当前发展模式来看，高性能、高集成度、多功能化仍然是航天领域集成电路的主要发展趋势。航天产品系统复杂、工作环境艰难并且特殊，这决定了在航天领域所运用的大规模集成电路也应具备相应特殊的性能，高可靠性以及长寿命始终是设计与试验所追求的理念。除此之外，集成电路还必须要具备一定的耐候性，可以在真空、强辐射等恶劣环境中保持可靠性。

总而言之，集成电路在航天领域有着极其重要的作用，与此同时，未来航天进一步的探索也对集成电路的设计与封装提出了更高的要求，因此集成电路还有很多困难与挑战需要解决。

参考文献

[1] 李广军, 郭志勇, 陈亦欧. 数字集成电路与系统设计[M]. 北京: 电子工业出版社, 2015.
[2] 杨发顺. 集成电路芯片制造[M]. 北京: 清华大学出版社, 2018.

[3] 张亚非, 段力. 集成电路制造技术[M]. 上海: 上海交通大学出版社, 2018.
[4] 吕坤颐, 刘新, 牟洪江. 集成电路封装与测试[M]. 北京: 机械工业出版社, 2019.
[5] 李可为. 集成电路芯片封装技术[M]. 北京: 电子工业出版社, 2007.
[6] MICHAEL L B, VISHWANI D A. 超大规模集成电路测试: 数字、存储器和混合信号系统[M]. 蒋安平, 冯建华, 王新安, 译. 北京: 电子工业出版社, 2005.
[7] 冯建文, 章复嘉, 包健. 基于 FPGA 的数字电路实验指导书[M]. 西安: 西安电子科技大学出版社, 2016.
[8] 李洪涛, 李春彪, 胡文. 数字信号处理系统设计[M]. 北京: 国防工业出版社, 2017.
[9] 赵建勋, 邓军. 射频电路基础[M]. 2 版. 西安: 西安电子科技大学出版社, 2018.
[10] 叶以正, 来逢昌. 集成电路设计[M]. 北京: 清华大学出版社, 2011.
[11] 佚名. 高温下仍可正常运作的碳化硅逻辑电路[J]. 科技纵览, 2013(2): 1.
[12] 解冰清, 毕津顺, 李博, 等. 极端低温下硅基器件和电路特性研究进展[J]. 微电子学, 2015, 45(6): 789-795.
[13] 袁敏, 张铮, 关学刚, 等. 海洋环境下印制电路板涂层的性能表现[J]. 电子产品可靠性与环境试验, 2020, 38(2): 1-6.
[14] 朱恒静. 宇航大规模集成电路保证技术[M]. 西安: 西北工业大学出版社, 2016.
[15] 田海燕, 胡永强. 体硅集成电路版图抗辐射加固设计技术研究[J]. 电子与封装, 2013, 13(9): 26-30.
[16] 朱立颖, 乔明, 曾毅, 等. LEO 卫星太阳电池电路原子氧效应分析及试验研究[J]. 航天器工程, 2019, 28(1): 137-142.

第 2 章 集成电路安全风险

IC 在诞生之初就面临着安全风险问题，如今随着以第四次工业革命为标准的智能化时代到来，IC 的使用和投资都在逐年增长。美国半导体业协会（SIA）的报告[1]中指出，在未来 10 年中，全世界关于芯片的投资将超过 3 万亿美元。目前，芯片这一产业链已经有许多第三方设计和制造厂商参与。这样的现象使得在外包厂商中一旦存在恶意的攻击者往芯片里植入硬件木马（HT），将会给芯片的使用带来不小的隐患和破坏。芯片信号的篡改及敏感信息的泄露都是攻击者使用硬件木马经常达到的破坏效果。

除此之外，IC 还存在着其他类型的风险问题，比如 IP 核盗用。这涉及将知识产权集成在 IC 中并以芯片的形式呈现，在没有认证签名之类的措施保护下很容易被不良厂商盗版牟利。另一种则是 IC 伪造，主要是恶意商家为了降低成本，把已使用过的老旧 IC 芯片通过种种方式翻新，使其看上去像是全新的 IC 产品来欺骗消费者。

总体来说，以上 3 种 IC 安全风险问题（硬件木马、IP 核盗用、IC 伪造）中经常讨论的是对硬件木马的检测防范。因为硬件木马的植入途径多、手段广、相对容易实现等特点，硬件木马这一课题引起了不少研究人员的重视。

2.1 集成电路中的硬件木马

早在 2008 年，IBM 研究中心就对硬件木马做了一个标准的定义[2]：硬件木马是指从芯片设计阶段到芯片测试阶段存在的恶意电路或对原电路的有害修改。可以进一步说，硬件木马是对电路芯片上的组件施行恶意的增删操作造成的。

硬件木马主要包含了 3 个特性[3]：恶意性、难检测、稀发性。

恶意性：硬件木马本质就是对电路造成破坏，且实施者基本上都是具有不良目的的恶意攻击者。

难检测：硬件木马在高度集成化的电路中占用的面积开销和资源开销相当小，这使木马本身引起的异常波动很难与其他因素带来的正常扰动区分开。

稀发性：硬件木马并不是时刻处于被激活的状态，反而经常表现为与正常电路无异。由于激活概率极低，硬件木马拥有很强的隐蔽性，给检测工作带来困难。

从 IC 的生产流程上看，可分 3 个阶段来讨论植入渠道分类：设计阶段、制造阶段和测试阶段。

设计阶段植入木马：目前来说，这一阶段是最容易植入硬件木马的阶段。恶意的内部设计人员可以利用硬件描述语言（HDL）对门级网表写入硬件木马的代码程序，也可以使用 EDA 工具在电路设计时添加木马信息等。目前，该阶段成为硬件木马着手应对的重点关注对象。

制造阶段植入木马：包括从设计的硬件版图上进行恶意改动来加入硬件木马、在光照刻蚀的实体流片上注入木马等。然而，现在在制造阶段想要植入木马已经很难了，由于工业化的流水一体化制造再加上电路规模庞大复杂，实体流片上注入木马不易操作。

测试阶段植入木马：该阶段考虑对芯片做成品测试时，检测机构与攻击者篡改检测数据来隐瞒硬件木马存在的情况。如果测试成品电路的机构只有一个的话，就难以保证芯片的安全可信。不过这样的情况目前还较少被研究人员考虑进去，毕竟通过多检测机构可以缓解。

正如电路分为数字电路和模拟电路一样，硬件木马也可以分为数字型硬件木马和模拟型硬件木马。

数字型硬件木马：以逻辑门元器件作为硬件木马的基本构成单元，通过一个或者多个这样的元器件组成的小型木马电路。这种硬件木马也被称为逻辑型木马，通过影响以“0”和“1”组成的二进制信号来输出木马攻击。

模拟型硬件木马：以电容、电感或者环形振荡器之类的电气元器件为单元所构成的硬件木马，这样的元器件通常比逻辑门还要小。所以比起数字型硬件木马，模拟型硬件木马往往更难被检测，目前业内对模拟型硬件木马的研究也较少。

由于数字电路在市面上的需求巨大，硬件木马多以数字型的形式呈现。SoC、NoC 等在 1.2 节提到的芯片平台都是硬件木马入侵的对象。这也造成硬件木马更加的多元化和复杂化。

2.1.1　集成电路硬件木马简介

硬件木马的破坏性往往难以估计，小到可能只是细微的篡改，大到令电路功能瘫痪。其中，破坏的效果主要可分为以下几个方面：信号篡改、信息泄露、拒绝服务（DoS）、性能下降。

信号篡改：信号篡改是硬件木马实现的最简单攻击，它会在传递过程中对电路内部预定需要输出的信号进行非预期的更改。比如一个电路本应输出信号 S，但在经过激活了的硬件木马的作用下，变成了 S'，这将会使用户获取到不正确的结果。

信息泄露：对于硬件木马来说，信息泄露比信号篡改开销大，然而却不会引起用户的察觉，因为信息泄露是在暗地里进行的。比如密钥电路上的硬件木马会通过无线电模块以声音信号的形式将敏感信息发送到攻击者手中[4]，这种类型的硬件木马为攻击者所需要。

拒绝服务：有的硬件木马会阻塞电路部分功能使其无法正常实现，拒绝服务便属于此类。在 NoC 芯片上，有种硬件木马会令该芯片上的路由数据传输不停地受到重发数据的错误命令，导致带宽资源被极大地占用，进而严重影响其他数据输出的需要[5]。

性能下降：这是一种系统级别上的攻击，有时候不只是单纯的性能下降，甚至会造成非法的控制权流失。有一种名为 A2 的模拟型硬件木马[6]，该木马仅依靠电容从硬件层远程遥控到软件层的程序，而受木马攻击的程序会获得权限提升来操控整个处理器。

以上的破坏性程度可以说是从小到大，同样防范的难度通常也会相应地提升。但是总体来说，比较常见且易实现的还是信号篡改和信息泄露型硬件木马。

2.1.2 集成电路硬件木马结构

硬件木马的电路结构有两个部分：触发器和有效载荷，如图 2-1[7]所示。

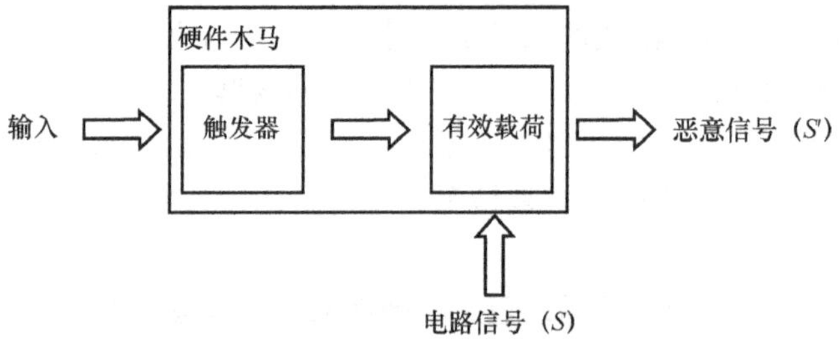

图 2-1 硬件木马的电路结构

触发器：硬件木马中监视并接收满足触发条件信号的元器件结构。

有效载荷：硬件木马中负责接收触发器传来的激活信号，并输出带有破坏性的恶意信号的元器件结构。

在图 2-1 中，触发器时刻监听传递到木马电路的信号是否符合触发条件的要求，一旦接收到可以触发木马的信号，就将该信号继续传递给有效载荷电路。有效载荷便开始发起木马预定的攻击模式来对电路展开破坏输出。

硬件木马的结构普遍又分为两种类型，一种是组合型硬件木马，另一种是时序型硬件木马，如图 2-2[8]所示。

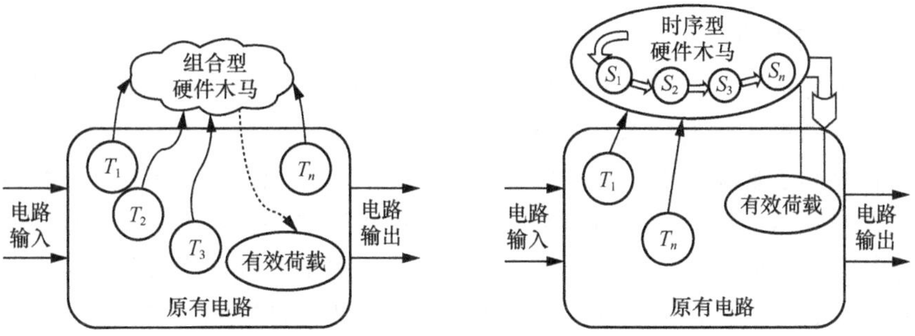

（a）组合型硬件木马　　（b）时序型硬件木马

图 2-2　硬件木马的结构

组合型硬件木马：仅依靠逻辑门元器件之间的组合来满足对木马触发条件的构建，可以用一个与门、一个或门和一个非门构成的组合电路作为简单的木马逻辑电路。

时序型硬件木马：触发条件是依赖存储元器件构成（如计数电路）以及逻辑状态变化的硬件木马，通常这些木马的触发与时钟信号息息相关。

以上这两种是针对数字型硬件木马，而模拟型硬件木马目前还未有清晰的结构划分。此外，还存在数字型和模拟型混合的硬件木马。

2.2　硬件木马检测技术

对于硬件木马的安全问题处理，在业内大部分采用检测的手段，即芯片上是否存在硬件木马的身影，通过排除这样的木马芯片来保证安全。检测技术可以分为侧信道分析、逻辑检测、静态检测和逆向工程（RE）。有时候不仅可以采用其中一种检测技术来找寻硬件木马，还可以采用两种检测技术相辅相成来提高检测效率，比如侧信道分析可以和基于机器学习的静态检测结合在一起来实现比其中一种更加智能化的检测方式。

侧信道分析是最常被提及且使用的技术，其研究的历史也已达 20 多年。目前随着智能化时代的发展，新兴的静态检测技术开始进入研究人员的视野中，其高效智能化的检测性能成为当下的热门技术。另外的两种检测技术分别具有不错的延展适用性和高检测率。

除了上述提到的 4 种检测技术以外，还有其他几种比较特殊的检测技术，比如运行时监控、辅助式检测等偏门技术也被研究人员提到过。不过本书只介绍以上这 4 种检测技术，它们是作为主流检测手段而常被研究的。

2.2.1 侧信道分析

侧信道分析技术一直以来都是检测硬件木马的经典技术，是许多芯片安全研究人员关注的重点检测技术。该技术检测方式简单且高效，不要求对电路内部的结构有详细的了解和认识，只需要对电路的全局进行把握。利用仿真软件或者高精度的测量仪器，仅仅通过对待测芯片电路中个别的物理参数信号（如功率、电流、路径延迟、温度等）进行收集，再经过一系列的降噪去干扰处理以及数据修正过程后，把所获得的参数数据与在同等条件下测得的“金片”（不包含任何硬件木马感染的纯净芯片）数据进行比对。研究人员观察并根据这两者的数据差异来判断待测芯片中是否包含硬件木马。

侧信道分析技术发展至今已经有 20 多年的历史了。该技术在发展的前期主要是以测量功率或者电流的差异来判断硬件木马的存在，收集的信号方式简单，但是并不能实现对木马位置的定位。近几年，已经有个别研究人员从 GDSII 文件中提取出纯净的电路布局信息并将其作为黄金参照物（类似于“金片”这种纯净的无木马芯片），在此基础上适当修改成木马芯片并与黄金参照物用基于温度的侧信道分析技术去比对，很容易在差异热力图上明显显示出木马的位置。侧信道分析技术工作原理如图 2-3 所示。

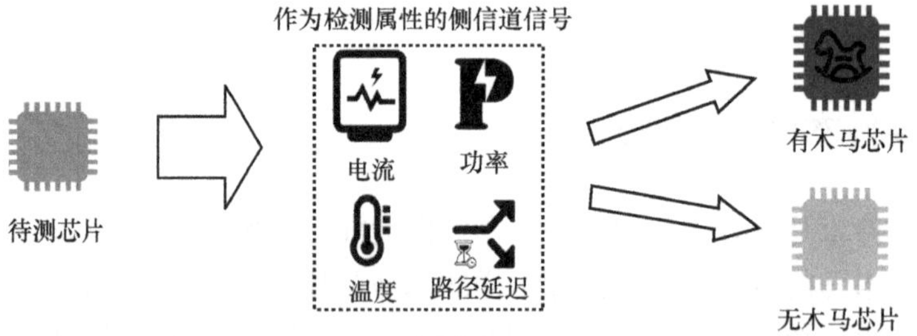

图 2-3　侧信道分析技术工作原理

侧信道分析技术并不是一直停留在过去只能检测硬件木马的存在与否，随着技术的发展其也可以完成对木马位置的精准锁定。

然而，侧信道分析技术作为一种传统的检测技术，面临的攻关问题仍要引起关注。在运用该检测技术的时候，首先要考虑的就是怎么克服工艺变化和环境噪声对采集数据造成的不利影响。工艺变化是芯片制造过程中不可避免的误差，而环境噪声是检测技术在采集数据的过程中受到自然环境的干扰引起的数据波动。这两者的影响在该技术实施检测前极难克服，更多的是对采集后的数据展开合适的修正处理。所以侧信道分析的研究人员需要耗费一部分的精力去考虑运用什么样的方式去抵消这样的影响或者是在事后怎么去修正数据。如果不能正确地处理好这些数据，很可能会造成假阳性（检测样本被误判为木马）或者假阴性（检测样本被误判为无木马）的检测漏洞，使检测的灵敏性打折扣。

第二个问题就是对“金片”的依赖。“金片”作为一种纯净的无木马芯片在实际情况下是很难被获取的。因为确定芯片能否作为“金片”需要进行层层的严格筛选，如果有必要还需要 RE 对每层的芯片金属层进行层层检验。在没有严格把控整个芯片周期的过程下，很难保证“金片”的可靠性。过大的“金片”获取代价使研究人员开始转而使用黄金参照物去代替实体“金片”，很多黄金参照物来源于设计阶段中的电路设计文件。对于研究人员来说，在实验中使用预先准备好的这种纯净的电路设计文件比实体“金片”容易得多，但是对于购买芯片的终端使用者而言，弄到这样的电路设计文件是相当困难的。这种状况对于技术的推广并不是特别方便，所以对黄金参照物这个概念的依赖也是未来需要去突破的地方。

最后一个限制在需要较高测量精度的设备准确地度量出电流、功率或者温度这些物理参数的准确数值。尤其是温度，一些检测实验还需要依靠比较好的冷却设备（比如液氮冷却等）降温、用真空封装设备去屏蔽空气干扰的芯片等。类似这样的设备在一定程度上会使采用侧信道分析技术检测硬件木马的复杂度很高。

侧信道分析技术有自身的高效之处，在条件允许的情况下不失为快速检测木马的有效技术。基于电流或者基于功率的检测法如今为许多研究人员所发展应用，在未来甚至可以与其他检测技术相结合达到事半功倍的效果。

2.2.1.1　基于电流的侧信道分析技术[9]

1. 检测框架

基于电流的侧信道分析技术就是从电流这个物理参数出发，利用测量仪器或者是仿真软件的监控来提取待测电路的电流，并与无木马芯片的“金片”去比对差异后来判定硬件木马。这种差异的比对不一定是这两者在数据图像上直接的简单比对，还可以从“金片”中提取出一个基于数学定义的公式基准并考察待测芯片上所获取的参数数据是否满足这个基准。如果满足，则说明芯片是纯净无木马的；反之，则认为是包含木马的。

2. 实验布局

有研究人员运用 65 nm 工艺的 80×50 待测电路矩阵构成的芯片去证明基于电流的侧信道分析技术的效果，如图 2-4 所示。

如图 2-5 所示，某芯片一共由 4 000 个待测的小电路单元组成，每个小单元上布置着扫描触发器、短路逆变器和木马仿真晶体管。

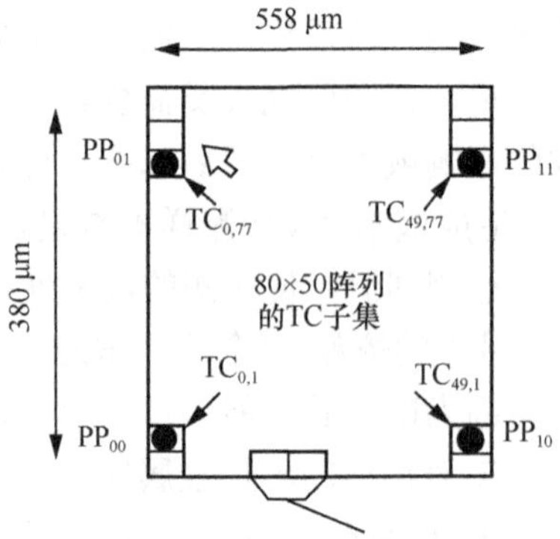

图 2-4　待测电路矩阵

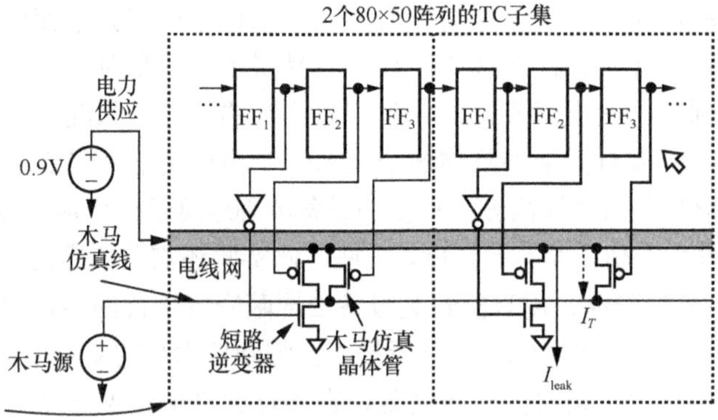

图 2-5　两个待测电路的设计布局

扫描触发器有 3 个，短路逆变器与第一个扫描触发器和第二个扫描触发器构成了一种小短路电路。当前两个触发器构成的电路发生短路的时候，电流仅经过该电路，使木马失效。若令与第三个触发器组成的木马电路短路，则使电流只对该木马电路通电，前两个触发器构成的电路失效，等同于让木马运作。以上两个检测场景通过芯片上的端口连接到外部的测量仪表上便可以直接读取记录下相应的电流数据。同时，为了让整个芯片在检测场景中更加贴近实际的电路状况，研究人员把整个芯片分成了 4 个大小相同的区域：左上区域、左下区域、右上区域、右下区域，并约定好右上区域为高泄漏区域，左上区域和右下区域为中泄漏区域，左下区域为低泄漏区域。这些泄漏区域都是以概率大小的形式进行划分的，例如高泄漏区域的泄漏概率相对较高，而低泄漏区域的泄漏概率则相对较低。

整个实验过程中，研究人员都预先定义好 9 个木马的具体位置，如图 2-6 所示。在图 2-6 中，在高泄漏区域的对角线上分布着等间距的 3 个木马，按照同样的法则和同样的木马个数在中泄漏区域的对角线上进行类似的布置（因为两个中泄漏区域是关于整个芯片的中心点对称分布的，所以只需要考虑其中一个中泄漏区域的情况)，低泄漏区域也同样布置。该芯片测量端口共有 4 个，分别分布在整个芯片的 4 个角点。每两个测量端口可以构成一个测量对，这样就有 6 个测量对。挑选任意两个不同的测量对分别在坐标模型上画轴建系，把无木马的数据点和有木马的数据点一一标注在坐标系上并通过统计学上的概率分布去约定划分界限来识别木马。在 45 个芯片上选取 10 种在 0.80～0.89 V 等步长的电压并同时对 9 个木马测量以获取 4 050 个木马数据，在同样的 45 个芯片上也可以获取相应的无木马的黄金参照数据。通过回归分析可以发现，无木马数据点集基本上沿着回归线分布。根据概率论正态分布提到的 3σ 原则，在 3σ 这个极限上划分边界线。如果木马数据在坐标系上的落点在该边界线之外，则表明该木马能被检测到。具体的实验结果如图 2-7 所示。

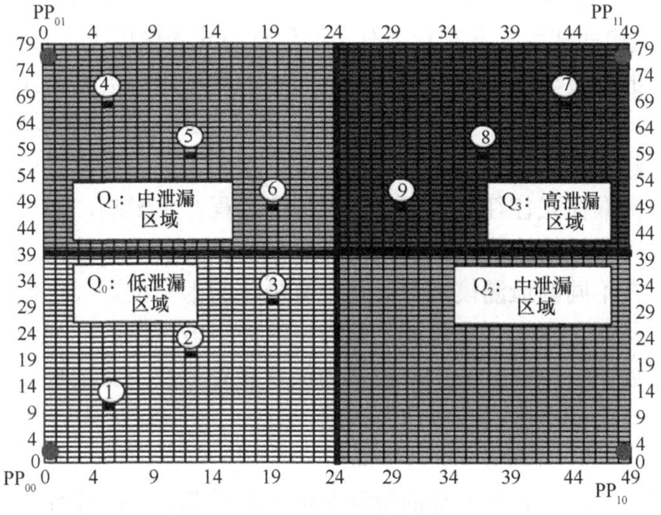

图 2-6　待测电路上的木马分布

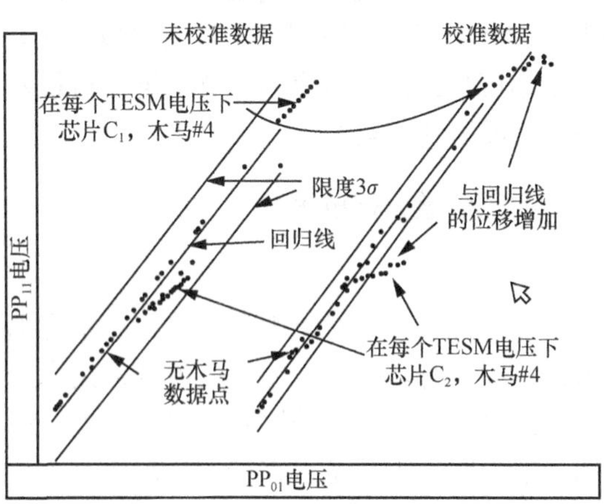

图 2-7　依照 3σ 原则划分出的判断木马边界的实验结果

正如本节开头提到的，侧信道分析技术容易受到工艺变化和环境噪声引起的测量波动，需要进行相应的去噪处理才可以进一步做好数据比对工作。在这个实验中，首先要修正的就是受到来自电网电阻和测量端口的串联电阻的干扰影响的数据。在未处理这些干扰之前，受木马分布的数据点集也会落在 3σ 边界线内，这样会造成错误的检测结果。数据修正的过程主要是通过一系列的矩阵变换完成的。芯片 C_x 的逆矩阵乘以模拟模型的矩阵 $\boldsymbol{S}$ 就可以得到变换矩阵 $\boldsymbol{X}$，再将变换矩阵 $\boldsymbol{X}$ 乘以一个线性变换的操作数，就可以得到校准后测量端口的电流了。相比于修正前，修正后的木马数据点集会有一部分偏移到边界线之外，以此可以快速判定出木马的存在。除了受到电阻的干扰，还有局部区域的泄漏电流变化会增加测量的噪声并使无木马数据点集更加分散，降低测量的灵敏度。然而这种泄漏电流变化的影响无法用上述数学变换的方式消除，该实验中考虑用回归分析的方法去解决这个问题。泄漏模式和木马在芯片中分布的位置的共同作用也会影响检测的走向。通常来说木马的位置越靠近测量端口，则对应的数据点集会更明显地偏移，并更好地被检测到。关于这一点，不论是高泄漏区域还是其他泄漏区域都遵循这样的结果。反之，越远离测量端口的木马越难被检测到，因为由木马引起的异常信噪比变得更低。泄漏模式往往不是孤立地对检测过程产生影响，而是木马所在的位置与该位置对应区域的泄漏模式的共同作用直接影响了木马的检测效果。所以对于木马来说，在不同的泄漏模式下可能会有最佳的木马位置（也可以称为泄漏电流中心），在这样的位置上所测量到的端口电流大小与该模式下测量无木马的端口电流大小最接近。该位置上的木马被认为最具有隐蔽性，反过来说这样的最佳位置也可以作为最大概率检测到木马的根据。

3．总结

在该实验中，提高硬件木马的检测率可以通过在合适的位置添加测量端口来实现。要注意的是，即使用多测量端口检测法，如果没有经过修正处理（泄漏修正和回归修正），其检测率实在令人不敢恭维。同时可以看到，这些噪声干扰的处理对于该技术来说是必不可少的，在研究其他侧信道分析技术的时候，找到合适的方法克服噪声也是不可或缺的要点。

2.2.1.2 基于功率的侧信道分析技术[2]

1．检测框架

基于功率的侧信道分析技术就是对无木马电路与有木马电路在信号测试的时候进行功率信息的追踪提取。与基于电流的侧信道分析技术一样，需要根据“金片”上采集到的信息去比对。然而，这种比对在比较简单的情况下不一定需要通过划分出一个明显的界限去判别木马是否存在，只需要“金片”和有木马电路在处理后的数据上表现出明显的差异就可以证明存在木马。硬件木马电路属于植入性的电路，在嵌入纯净电路以后一旦使用这样的电路，硬件木马本身一定会带来某种额外的开销（不管是否处于被激活的状态），侧信道分析技术就是通过发现这种开销的存在从而间接地表明硬件木马的存在。与基于电流的侧信道分析技术不同的是，基于功率的侧信道分析技术的对象就是硬件木马电路的泄漏功率。泄漏功率的大小决定了侧信道分析技术发现木马的难易程度，一般来说，木马的规模越大，泄漏的信息量也越大。那么对于小规模的木马（大概占总电路的万分之一），检测起来则相对困难，而如今在学术界不少检测木马的技术大部分停留在万分之一比例的数量级上。当然基于功率的侧信道分析技术也是需要处理噪声问题的，当小规模的木马产生的功率被噪声带来的干扰效果全面掩盖时，一种合适的数据处理是以清晰的方式分离数据集。

2. 实验布局

以 RSA（一种非对称式的加密算法）电路为例，从功率的角度讨论如何检测到木马，甚至是如何在较大的过程噪声影响下检测到上述提到的小规模的木马。这里用的是三类大小规模有着数量级差异的木马，第一类是由几百个逻辑门组成的计数器式的木马，第二类是由几十个逻辑门组成的组合比对器式的木马，第三类是由几个逻辑门组成的组合比对器式的木马。在使用同一系列芯片的情况下，检测的难度随着逻辑门个数的减少而增大。计数器式的木马在满足某个时间条件下会被触发，而组合比对器式的木马则要根据接收到的数据与木马自身预先定义好的常量去比对，一旦配对成功则直接被触发。该实验中使用的是软件工具仿真的电路，分别是 256 位的 RSA 电路和 512 位的 RSA 电路，尽管位的大小不同，但是它们的电路面积几乎是一样的。而过程噪声的比例参数也是通过仿真软件去调整的，分别选取 2%、5%和 7.5%的比例。

整个实验分别对每一个待测电路进行功率信息的提取，并把这些信息都作为电路的分类依据。这种依据来源于电路测量的功率在理论上都具有非一致性。对于“金片”来说，测量到的功率主要由整个无木马电路本身的功率、测量噪声带来的功率和过程噪声带来的功率构成。而刚才提到的非一致性就来源于过程噪声带来的功率，因为每一个制造的芯片都具有其独特性，哪怕是同一条生产线、同一台机器制造出来的同一种类型的一批芯片，它们之间都一定存在着细微的工艺差异。测量其功率时反映到过程噪声上，所产生的功率大小也不会是相同的。那么过程噪声的存在就给电路功率测量的非一致性提供了有力的支撑，这也使利用分离过程噪声的影响去寻找木马有了困难，可以利用数学工具建立一个统计模型解决。测量有木马电路的芯片功率时，除了上述在“金片”中提到的 3 个功率外，还有一个由硬件木马电路带来的泄漏功率，这一泄漏功率就是侧信道分析技术所要针对的目标。对于无木马电路本身的功率和测量噪声带来的功率，会通过多次的测量实验求得的平均值扣除，那么待测电路需要讨论的就仅剩下如何区分过程噪声带来的功率和木马的泄漏功率了。

由于过程噪声不能通过平均值的方法扣除，因此需要去发现过程噪声带来的功率与木马的泄漏功率之间的相互关系，或者是寻找一个更好的量化方式去分离过程噪声的数据信息来揭露它与木马的差别。人为地降低待测电路的功率可以让过程噪声的功率相应地变小，而木马的泄漏功率则不会有相应的变化。经过“一降一不变”的过程后，很容易从测量功率的变化上找到木马。可惜这个方法并不是绝对的，也存在对木马的泄漏功率区分不出过程噪声影响的情况。所以此处引入一种统计学上的计算方法——霍特林展开来应对相对功率没有下降的困境。因为涉及比较抽象复杂的数学知识，此处并不展开说明霍特林展开的原理。需要强调的是，利用霍特林展开可以找到一个不存在过程噪声的子空间，该子空间中木马的功率数据投影是非零的。然而对于过程噪声的功率数据来说，在这个子空间上的投影不管是数值大小本身还是方差都是趋于零的（可以直接视为零）。根据这样的事实去运用过程噪声的多个特征向量，让过程噪声的功率投影归零，就能凸显出不为零的木马数据。

霍特林展开对辅助检测木马是相当有效的，仅第一类木马在 2%和 5%的过程噪声场景下便可以用 12 个左右特征向量找到差异，特征向量结果显示如图 2-8 所示。

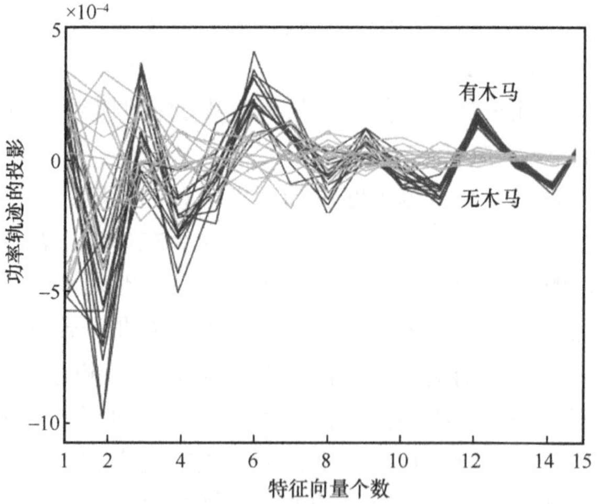

图 2-8　第一类木马的特征向量结果显示

第二类木马由于规模进一步缩小，在没有霍特林展开处理的情况下，泄漏功率的影响几乎被过程噪声淹没。但是即使在 5%的过程噪声干扰下，根据不同的时间点上木马的泄漏功率与过程噪声功率的相对大小关系，依旧可以分别用 14 个和至少 8 个特征向量找到差异，特征向量结果显示如图 2-9 所示。

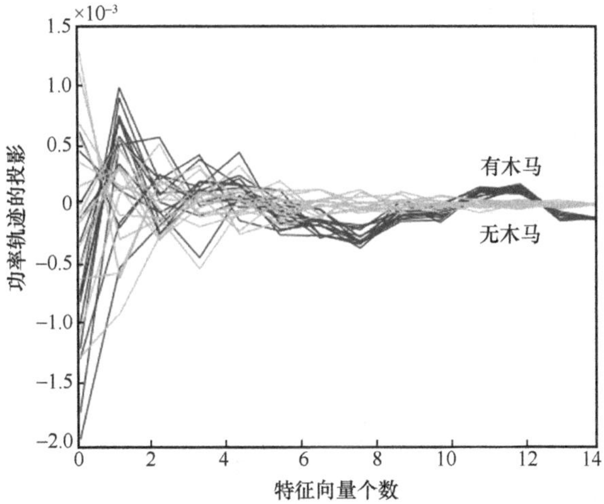

图 2-9　第二类木马的特征向量结果显示

对于第三类这种小规模的木马，在 7.5%的过程噪声场景下，因为木马尺寸过小，所以需要对计算出的特征向量上的数据划分一个基准，定义超过正态分布 4σ 界限的数据集为木马，特征向量结果显示如图 2-10 所示。

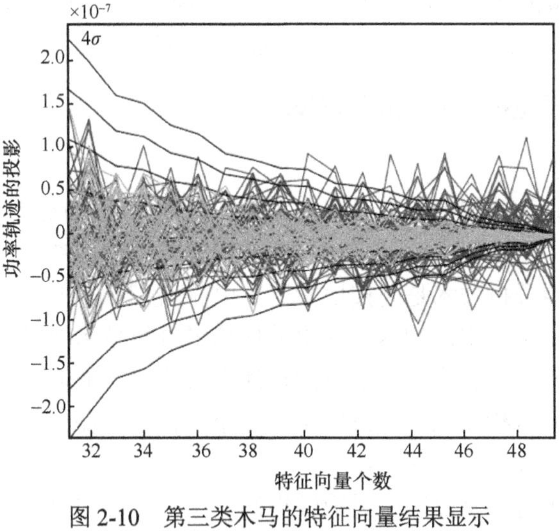

图 2-10　第三类木马的特征向量结果显示

在较低的过程噪声场景下，重新使用霍特林展开便可以用 43 个特征向量找到差异，特征向量结果显示如图 2-11 所示。

整个实验下来虽然出现假阳性个例，但是从全局看，真阳性的概率接近 100%，这说明该检测条件下样本分类的可靠性高。

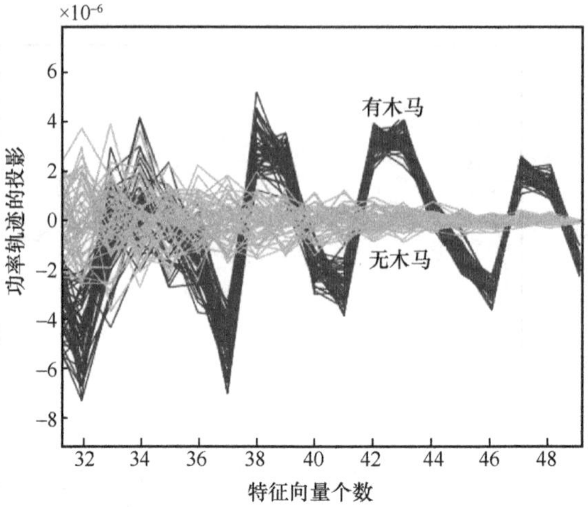

图 2-11　第三类木马在低噪声场景下的特征向量结果显示

3．总结

当木马规模缩小到万分之一数量级的时候，单一的方法可能无法满足检测的需求，变通性地结合其他方法解决问题有时候会是不错的思路。由于实验中使用的是仿真电路，而实际电路是需要进行破坏性的检测来提取“金片”信息才可以作为后面待测电路的检验依据。此外，可以通过降低时钟频率的方法分离“金片”和无木马电路的功率数据信息，不过实际的效果也比较有限，此处仅需了解即可。

2.2.1.3　基于电磁的侧信道分析技术

1．检测框架

电磁的产生是与电流的存在息息相关的，只要一个电路组件有通电、有电流流过，就必定会产生电磁，这种现象在物理学界被总结成法拉第电磁感应定律。基于电磁的侧信道分析技术是间接地检测到电流，检测电磁是不要求接入端口的，在这方面其不同于基于电流和基于功率的侧信道分析技术要求待测电路与检测仪器之间有一个接入点。收集电磁信息的检测探头应尽可能近距离地接近电路中的待测位置，同时要将检测探头始终固定在一个位置上来保证测量的准确性。具体的实验平台搭建[10]如图 2-12 所示。

这种检测探头对待测位置的灵敏性很高，稍有变动便引起不小的影响。对收集来的电磁数据经过去噪处理和数据分析处理后，与木马电路的数据进行比对。有时候木马的来源可以不是研究人员自己预设的，借助第三方可信中心里成熟的木马数据也更具有说服性。判断木马的依据不仅可以根据待测的侧信道信号本身之间的差异去衡量，也可以建立一个经过验证后的数学模型并针对“金片”界定一个参考值来识别。

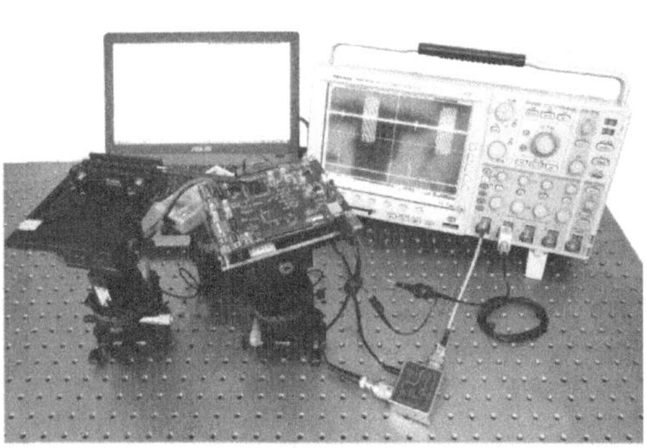

图 2-12　具体的实验平台搭建

2．实验布局

使用 45 nm 工艺的 Spartan-6 FPGA 芯片开展基于电磁的侧信道分析技术检测木马的实验，并且此芯片涵盖了 AES 的加密算法数据。该实验与之前提到的实验不同的地方在于，其模拟的数据对象不是木马，而是“金片”数据，木马数据的来源直接取自第三方的可信中心。运用 PlanAhead 软件限制该 FPGA 芯片的使用区域，使探测范围更加集中，采集到的电磁信息也更加充分。检测探头必须贴近芯片，且在整个的实验过程中，探头的位置一定是固定不动的。

FPGA 中两个基本的组件是寄存器和查找表，此外，还有一个用于度量 TTL 门电路中驱动门电流与负载门电流大小比值的扇出数。对于受木马影响的电路来说，寄存器和查找表的状态以及扇出数都会有变化。木马的植入不一定是占用了电路的额外面积，还可以是对电路本身进行恶意的删改操作。寄存器和查找表的个数和扇出数的变化在电路运行时就会反映为电磁辐射大小的变化，借此会出现与仿真后“金片”数据之间的差异。

在整个检测的过程中，待测的木马电路存在两种不同类型的噪声：过程噪声和测量噪声。过程噪声在实验之前是无法消除的，这是由工艺的差异性导致的。研究人员将以时间变化为主线的电磁信息利用傅里叶变换得到以频率大小为主线的电磁信息，以此大大地消除过程噪声的干扰因素。然而需要说明的是，这并不意味着过程噪声的因素完全消失了，只是让其带来的影响变得微乎其微。根据评估过程噪声的软件 Monte Carlo 分析，所有的分析点结果里包含过程噪声的影响仅在 4.68%以内，且超过 95%的分析点只受到 1.67%的影响。在该实验中，这些微乎其微的影响可以忽略不计。如果木马导致的信号转换频率与某个时钟的频率大小一致，则通过比较它们之间频率点的大小判断是否为木马；如果不一致，则可以把木马的频率点看作加入了某个周期频率点。在图 2-13 中，在 25～50 MHz 的高频带之间，模拟的“金片”信号与实际的待测电路信号发生了分离，产生了差异。这在一定程度上可以说明检测到了木马。

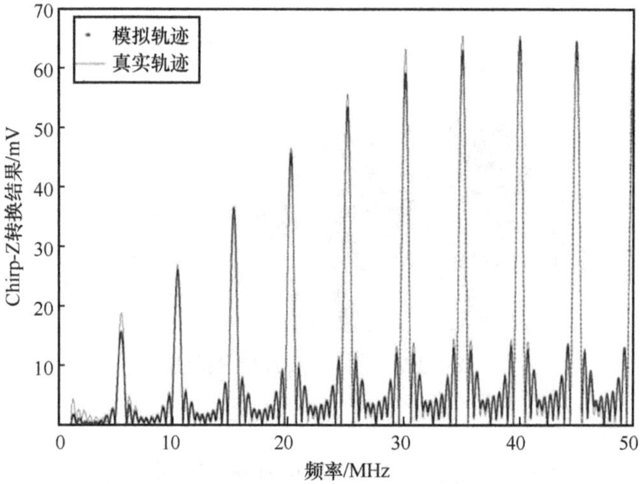

图 2-13　从频率角度考察两种信号利用 Chirp-Z 转换法则计算结果的差异

过滤测量噪声（类似于随机噪声）一般有两种方式，传统的过滤法和小波去噪法，在这里使用的是小波去噪法。一般的小波去噪法是针对连续波的，此外，还有针对离散波的，如式（2-1）所示。

$$[a_e,d_e]=\boldsymbol{W}\boldsymbol{E}=\boldsymbol{W}(\boldsymbol{E}_{\text{ori}}+\boldsymbol{E}_{\text{pv}}+\boldsymbol{E}_n+\boldsymbol{E}_T)=\boldsymbol{W}\boldsymbol{E}_{\text{ori}}+\boldsymbol{W}\boldsymbol{E}_{\text{pv}}+\boldsymbol{W}\boldsymbol{E}_n+\boldsymbol{W}\boldsymbol{E}_T \quad (2\text{-}1)$$

其中，a_e 表示离散波总的近似值，d_e 表示一个系数，W 表示权重值，$\boldsymbol{E}_{\text{ori}}$、$\boldsymbol{E}_{\text{pv}}$、$\boldsymbol{E}_n$ 和 $\boldsymbol{E}_T$ 分别表示原电路（无木马电路）、过程噪声、测量噪声和有木马电路的矩阵。从式（2-1）可以看出，只要剔除掉系数 d_e，就可以得到去噪后的信号且不失真。经过一系列的波处理和波转换以后，就可以得到一个去噪后的波信息。这样的波信息还需要经过波谱的缩放处理，再通过 Chirp-Z 转换法则计算沿着对数螺旋线上的几个点，从而得到更小的分辨率带宽和更高的波谱分辨率。只有在足够高的波谱分辨率上，才可以更加清晰地比对数据。

经过一系列的噪声处理后的信号，在比对数据的时候需要用一个数学模型来度量以确定出一个合适的阈值，然后用该阈值判别木马。此处使用欧几里得距离公式对每一个待测电路（包括模拟的“金片”电路）的波谱计算并取平均值进行比较。欧几里得距离计算式为

$$d(p,q)=\sqrt{(p_1-q_1)^2+\cdots+(p_n-q_n)^n} \quad (2\text{-}2)$$

式（2-2）是从平面上的两点距离公式扩展而来的，表示 n 维空间中两点的距离。对“金片”的波谱进行计算并将其作为参考阈值，为了保证阈值在真实环境中的实用性，重复计算 100 次，计算每次所得的欧几里得距离，如图 2-14 所示。从图 2-14 可以看出，阈值在 108.8~110.2 浮动，直接取平均值，得出阈值为 109.44。

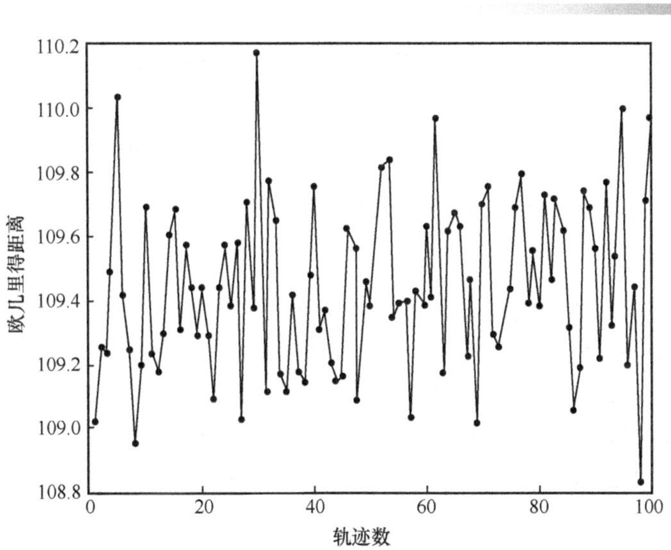

图 2-14　“金片”的欧几里得距离阈值的波动曲线

从第三方可信中心中获取到 21 种木马的基准测试用例，其中 18 种序列型木马为实验检测所用，在过程整合时淘汰掉 7 种木马，对剩下还需要进一步判别的 11 种木马的基准电路计算欧几里得距离，结果如表 2-1 所示。从表 2-1 可以看出，所有 11 种木马的计算结果都超出了阈值，可以认为所有木马都被检测到。

表 2-1　对“金片”和其他 11 种木马的基准电路计算所得的欧几里得距离

基准测试用例	寄存器数量/个	查找表数量/个	平均欧几里得距离
AES	679	3 137	109.44
AES-T100	694	3 161	206.06
AES-T200	695	3 180	185.07
AES-T400	1 073	3 409	179.93
AES-T700	669	2 908	280.29
AES-T800	700	3 102	171.62
AES-T900	631	2 671	526.69
AES-T1000	667	2 927	315.61
AES-T1100	705	3 117	203.13
AES-T1200	633	2 688	497.16
AES-T1600	1 072	3 189	288.54
AES-T1700	1 018	3 124	320.58

3．总结

在检测过程中，保证待测样本的完整性具有重要的意义。如果采用基于电流的侧信道分析技术，则需要再添加测量端口，这种类似侵入式的检测法可能会影响电路使用。无接触性检测成为基于电磁的侧信道分析技术难得的优点，其不要求待测电路有接入口，使检测的便捷性提升，保证电路板布局的完整性。然而，在整个实验的过程中，木马处于被激活的状态。如果是静默的木马，则需要更大的检测代价。

2.2.1.4 基于路径延迟的侧信道分析技术[11]

1. 检测框架

基于路径延迟的检测对象是一条由检测人员选定的由多个逻辑门元器件组成的路径，该路径一般有着完整的首端和末端节点。与此同时，还需要选取一条未受感染的纯净路径与待测路径进行比较，比较测试信号在这两种路径中传播的延迟差异。比较的过程可以是通过观察时钟信号显示出来的时序差异作为对比依据。利用频率测试的路径延迟检测技术就是根据以上提到的方法检测完整路径并依赖时钟信号。

但是完整路径过长可能会导致检测不便甚至检测代价增加，更不用说观察时钟信号显示出来的脉冲差异的直观性较差。有些研究人员已经利用锁存器结构优化了该检测技术的性能，可以克服对完整路径的依赖，对片段路径（即完整路径上的一部分）检测也是友好的。判断木马的依据不需要复杂的时序图比对，锁存器输出端的二进制结果的变化状况可以直接表明待测电路是否感染硬件木马。

基于路径延迟的侧信道分析技术与基于电压以及电流等的侧信道分析技术相比更具有局部检测的倾向性，因为在电路系统中存在着许多种路径组合，这些组合都处于电路的局部范畴中。所以并没有直接对整个芯片上总的侧信道信号进行测量，这也表明基于路径延迟的侧信道分析技术可以进一步缩小木马的检测范围。

2. 实验布局

采用 Nangate 45 nm 的工艺技术并在基准电路 ISCAS’89 上进行实验，此处的背景依据是电路制造过程不可信，而设计过程被预设为可信的。研究人员对任意两条选定的路径（主要是片段路径）在末端连接一个锁存器，如图 2-15 所示。锁存器是在设计阶段中植入的，算是入侵式的检测技术（对电路的设计布局上需要进行更改才可以展开检测的技术）。检测结构本身可以作为原电路的组成部分，跟随电路的产生一起带入成品芯片中。

锁存器的检测结构由两个逻辑门构成，除了图 2-15 中的两个与非门，还可以选用或非门作为组合元素，但只能是与非门和或非门。该锁存器结构最主要的作用就是通过输出表示两条路径上测试信号快慢的二进制结果，而且该结果要保证使这对测试的组合电路处于测试模式的环境下。除测试模式外，还有一种普通工作状态下的模式，在该模式中电路处于正常的工作运行状态。电路中由特定的元器件控制模式的切换，切换要经过该元器件发出相应的信号。此处有两种元器件控制模式的切换，一种是多路选择器，另一种是依靠末端的或运算逻辑门，如图 2-16 所示。

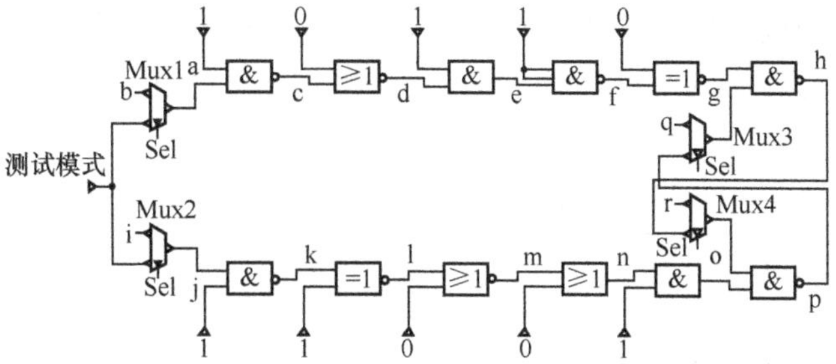

图 2-15 连接两条路径的锁存器检测结构

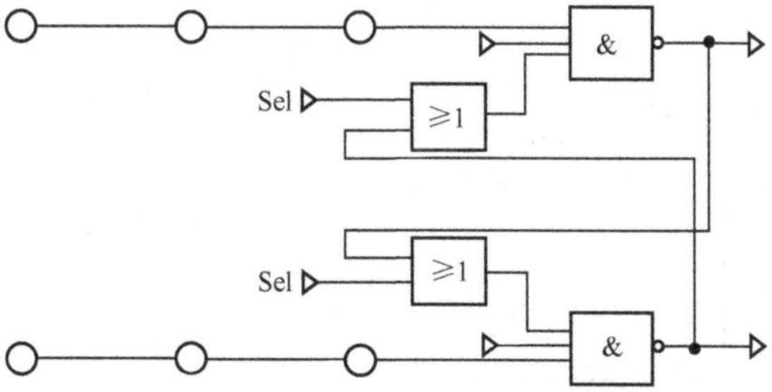

图 2-16 连接在锁存器后的或运算逻辑门

虽然组合路径可以由任意两条构成，但是侧信道分析的本质是要有参照物的比对。所以如果一条是目标路径，对象是可疑的木马路径，另一条就是参考路径，该路径尽量从电路中目标路径周围处挑选，可以确保目标路径和参考路径之间的环境条件大同小异。类似这样选取参照物的对象是来自电路本身的被称为自体参照，好处在于省略了从外界获取“金片”的必要。这两条路径可以是取自完整路径上的片段路径，既缩短了检测路径的距离，又可以得到不错的检测率。

测试信号从待测的组合路径的首端发出，并在两条路径上传递，它们到达路径末端的锁存器所耗费的时间是不相同的。必然有一条路径快，另一条路径慢，快慢的结果可以由锁存器的逻辑门输出。以图 2-16 为例，当多路选择器上的 Sel 设定为 1 时，组合路径就变成测试模式。如果上路径的传递速度比下路径的传递速度快，那么 h 和 p 的值分别为 0 和 1。因为这种检测机制是针对制造过程中植入硬件木马，所以在设计阶段中对组合路径的输出结果已经是先验的。对于成品芯片的测试，测试人员需要再次对已有的检测结构展开检测，如果输出值和设计阶段已知的输出值不同，可以认为目标路径上出现了木马。

电路中集成的逻辑门元器件是如此之多，可以与之构成的路径就有成千上万条，我们不可能针对每两条路径都构建组合电路和锁存器结构。这不仅会占用过多的面积开销，而且庞大数量的检测对象也耗时耗力。所以植入检测结构的地方更多的是依靠设计电路人员对脆弱节点的把握，根据自身对电路硬件安全的经验。

此外，还可以把低翻转节点纳入目标路径中，这是建立在低翻转节点由于二进制码的变化率低而容易成为木马植入对象这一事实上。经过以上的考虑，组合路径的检测数量便控制在了一个可接受的范围内。

脆弱节点在芯片上的布局是零散的，且片段路径不能太冗长，需要分块来构建组合路径，如图 2-17 所示。其中，小黑点是中间节点，仅有小黑点且用虚线连接的是参考路径，小黑点和一些逻辑门符号用实线连接的是目标路径。实行分块检测可以方便所有的组合路径对都有条不紊地被纳入考察。

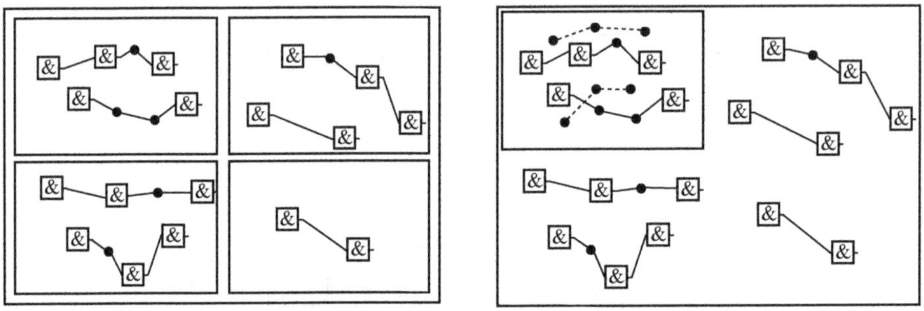

图 2-17　芯片上根据脆弱节点分块构建组合路径

过程变化的处理也是需要考虑的一个点，在这里过程变化来源于晶粒（将晶圆分割成一块块的晶粒，形成以后封装而成的芯片）内部的过程变化。晶粒间的过程变化影响因素可以忽略不计，晶粒内的过程变化可以分为系统的和测量的。尽可能地收集目标路径周围可选的多个参考路径，用于测量系统变化噪声的信息并抑制其影响，将对检测的结果大有裨益。而测量噪声则通过微调组合路径之间的延迟差异来解决，具体内容在以下段落有提及。

尽管已经知道了检测的主要工作原理，但仍有需要注意的地方。比如在设计组合路径延迟的时候，维持目标路径相对同组合中参考路径略快的信号传递速度（因为测量噪声），同时要设置好目标路径和参考路径之间的延迟差。这个差距不可以过大，否则会影响检测的准确性。式（2-3）可以衡量该差距的阈值状态。

$$D_{\text{diff}} = 6\sigma_{\text{rand}} + \text{CO} \tag{2-3}$$

其中，D_{diff} 是延迟差的阈值；$6\sigma_{\text{rand}}$ 是基于目标路径的标准差且包含正态分布中$\pm 3\sigma$范围的区域值；CO 是个可选常量，但对于不同的测试实验组可以有不同的值，需要测试人员自己尝试并找到最佳值，其选取在很大程度上影响检测的准确率。

基于路径延迟的侧信道分析技术和锁存器检测技术的对比如表 2-2 所示。从表 2-2 可以明显地看到锁存器结构的检测效果。从第 2 列到第 5 列分别是设计时的目标路径延迟、引入木马的额外延迟、以往基于延迟木马检测技术的检测率和本节所提的锁存器检测技术的检测率。

表 2-2　基于路径延迟的侧信道分析技术和锁存器检测技术的对比

测试用例	目标路径延迟	引入木马的额外延迟	T-HDP	L-HDP
1	46	30	99%	**100%**
2	82	38	99%	**100%**
3	97	69	**99%**	66%
4	112	57	**99%**	62%
5	144	59	98%	**100%**
6	145	54	98%	**100%**
7	146	41	79%	**100%**
8	159	46	**81%**	52%
9	161	51	87%	**100%**
10	163	34	53%	**76%**
11	165	58	93%	**96%**
12	178	32	41%	**100%**
13	181	29	34%	**98%**
14	210	63	84%	**100%**
15	214	37	39%	**100%**

加粗部分的检测率表明检测效果良好，很明显锁存器检测技术占优。同时，锁存器检测技术的检测比对结果直观，而且给设计中带来的面积开销不高。其中，基于多路选择器的面积开销往往是大于基于或运算逻辑门的，可以使或运算逻辑门较少地改动设计里的布局。

3. 总结

总体来说，锁存器检测技术与传统的基于路径延迟的侧信道分析技术相比有着不小的优势，甚至攻击者都难以回避该检测结构的掌控，因为所选用的锁存器往往也是电路里面常用的元器件。自体参照检测还免除了“金片”获取的需要，仅需在不同的集成电路的生命周期中比对锁存器输出值的直观变化就能判定木马。但还是有一些缺陷，比如这样的技术需要依赖设计电路人员的人工判断，存在疏漏的情况。如果设计人员没有发现脆弱节点或者是由于失误忘记在相应的节点增加检测结构，那么制造后的芯片就可能发现不了木马的存在。而且，如果为了避免检测结构本身被植入木马，还要进一步增加面积开销来额外植入检测结构，CO 值尝试选取过程则增大了检测成本。

尽管基于路径延迟的侧信道分析技术在检测步骤上相对麻烦一些，然而其在一定程度上可以将检测到的木马定位到具体的路径上。可以看出，相对其他的侧信道分析技术甚至是传统的基于路径延迟的侧信道分析技术来说，面向片段路径的侧信道分析技术还能有更好的定位效果。

2.2.2 逻辑检测

逻辑检测硬件木马技术常用于芯片的设计阶段，属于入侵式检测木马的范畴，即对电路布局在设计上进行一定的改动。尽管理论上逻辑检测技术可以对流片后的芯片使用，但是会造成难以检测内部电路节点的麻烦。目前，逻辑检测可以分为以下两种类型。

第一种是可以直接对待测电路本身输入所有可能情况的比特数据，根据电路输出的逻辑值列出一个完整的电路真值表，即可从该表上直接算出所有的输出端口或者是预定好的监控节点上的二进制比特概率[12]。同时，黄金参照物电路也要完成这个计算过程。对这两组比特概率进行差值比对，只要差值落在阈值范围内，就基本可以判断待测电路是无木马的，反之就是有木马的。

第二种是在原电路内部添加监控电路，可以像传感器那样实时检测是否存在受木马影响的信号。监控电路的植入选择往往是针对关键的电路节点，这些节点需要具备一种对木马信息敏感的特性。确定好节点以后，输入的测试数据在规模大小上是根据电路的输入端口个数来决定的，但是到目前为止计算机难以处理超过 2^{70} 量级的数据。所以需要考虑如何缩小这样的输入数据的计算量，这一点可以从电路分割的角度入手，考虑把电路按照需要的大小分割成子电路，监控电路本身的输出只会因受到木马的攻击而改变，所以该电路的存在就相当于一种比特签名。只要签名本身与原定的值不一致，就可以立刻反映出木马攻击。

逻辑检测技术本身是派生于芯片设计阶段后期的仿真验证过程中的，该技术带有信号验证的特性，可以把验证过程直接以小电路的形式嵌入原电路中，从而在流片的时候一起制造出来。这样的情况其实类似于用户在安装 Windows 系统的时候，安装好的系统自带防火墙功能一样。

逻辑检测最大的问题在于难以运用到大规模的电路上，检测人员自身需要对电路的逻辑结构有清晰的认识。如果在大规模的电路上运用该技术会增加分割电路的工作量，在判断敏感节点时也需要消耗不小的精力。同时，在大规模的电路上更可能存在复杂结构的情况，更不容易选择监控电路的放置位置。

另一方面就是监控电路本身需要占用原电路的资源，这会增大电路的面积和功耗的开销。电路一旦植入，也会面临信号调试的麻烦。毕竟向原电路上添加额外的逻辑结构可能会导致原电路功能不能正常运作，这也会给设计芯片时的验证工作增加负担。如果监测电路本身被植入硬件木马进行配合性的攻击，逻辑检测技术的性能则会受到不小影响。

整个检测的过程需要专业的电路知识人员参与，这使逻辑检测技术在用户推广上存在入门使用的困难，往往需要在设计阶段介入电路安全检测员才能实现该技术的运用，这一点比起静态检测可以直接面向普通使用者本身来说更不方便。

同时，该技术没办法应对泄漏型硬件木马和参数型硬件木马，毕竟该技术的检测原理是通过观察前后逻辑值的改变来判断木马的，故而对以上这两种情况无法产生效果。

接下来介绍基于监控电路的逻辑检测技术[13]。

1. 检测框架

在电路逻辑结构上，对每个电路进行分割，根据合适的大小规模划分出各个子电路，并在每个子电路上添加监控电路。监控电路本身代表的电路函数是经过反复的模拟而得来的，主要依靠每个子电路中的输入数据和输出响应构成的向量矩阵推算出来的。电路函数本身的获取不一定能完全拟合，但能保证大概率地符合要求。之后监控电路在检测过程中充当签名的作用，通过模拟植入 4 种硬件木马来计算出最小的检测率。当然这个检测率是建立在每种硬件木马的个数在每个子电路上保证能全部被检测到，是综合总体的检测率。

2. 实验布局

基于监控电路的逻辑检测技术的检测实验依然是在几个常用的基准电路（ISCAS85、ISCAS89、ISCAS99 和 74X 系列电路）上展开的，实验流程如图 2-18[13]所示。

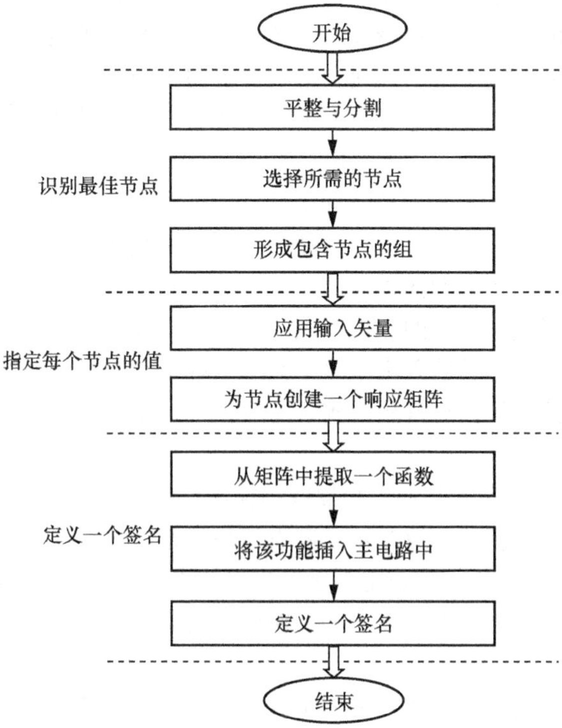

图 2-18　基于监控电路的逻辑检测技术实验流程

首先，在电路的逻辑结构层级上进行划分，但是分割的大小也要注意一些要点。过大的子电路在测试输入数据的时候依旧承担比较大的计算量，相反，过小的子电路会令监控电路所观察的那些节点存在更大概率的相互干扰。一般保持每个子电路仅有 10 bit 左右的向量测试数据。接着，在电路内部选择需要监控的节点，其中主要考虑低可控性节点以及高扇出数节点等。低可控性节点的输入数据可以来源于电路中测试模式下输入的信号，因为电路一般拥有两种模式，一种是正常运行模式，另一种是测试模式。正常运行模式包含大部分情况下的输入形式，另外一小部分是测试模式下的输入形式。例如，有两个输入数据，可以产生（0，0）、（1，0）、（0，1）和（1，1）4 种输入形式。在电路里，可以将后 3 种的输入形式设定为正常运行模式下的输入形式，而第一种就是测试模式下的输入形式。如果存在仅有一个或非门的木马电路，在正常运行模式下，不论是哪种输入形式，它的输出都是“0”比特；在切换到测试模式下，反而又都只输出“1”比特。那么可以理解为在一般情况下，木马电路都是属于不激活的状态，因为一直输出恒定比特值；到了测试模式，立刻变成输出一个稀发的比特值，这就可以视为木马被触发的状况。当然实际上硬件木马的触发机制还存在更加复杂的协同配合触发，此处的说明仅仅是一个木马敏感节点的原理。

之后，对每个子电路进行相应的监控节点的选取和收集，通常来说越大的子电路所需要采集的节点个数也越多，具体还要看所在的子电路表达的逻辑结构。接着，确认收集到的每个子电路包含的输入端口个数和该子电路上的监控节点个数，并构建输入矩阵，矩阵的大小就是监控节点个数乘以 2 的输入端口个数的次方。假设监控节点有 5 个，输入端口有 6 个，则输入矩阵的大小就是 5×2^6。再使用 MATLAB 工具对该矩阵模拟提取函数，而电路函数本身能达到的检测效果与监控节点的选取个数相关。选取个数越多，电路函数所带来的检测率也会相应地提升，但是也会带来更大的面积与功耗方面的开销。因此，要在适当兼顾检测性能的情况下，选择数量合适的监控节点。当模拟推算出确定的电路函数时，便可以直接转化成监控电路并植入主电路中充当一种电路签名。每个子电路上都用一个比特来实现监控效果，一旦感应到木马攻击，这个比特便发生反转来表示受到木马的感染。

图 2-19 是 4 种硬件木马的个数被成功检测到的概率。第一种硬件木马的破坏效果是逻辑门类型被篡改；第二种是逻辑门缺失直接变成导线；第三种是逻辑门上的扇入数被篡改；最后一种是定时触发攻击的木马。从图 2-19 可以明显地看出，第二种和第三种木马至少需要 3 个才能保证完全被检测到，而另外两种木马至少需要 5 个。

这 4 种硬件木马的个数成为之后实验中检测木马的基本条件。基于监控电路的硬件木马逻辑检测技术实验结果如表 2-3 所示。

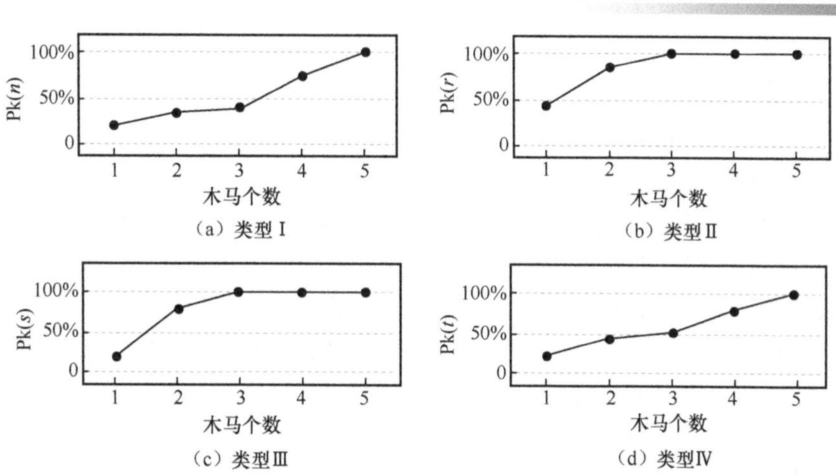

图 2-19　4 种硬件木马的个数被成功检测到的概率

表 2-3　基于监控电路的硬件木马逻辑检测技术实验结果

基准测试用例	门数量/个	触发器数量/个	输入个数/个	输出个数/个	电力开销	面积开销	检测率
s27	8	3	4	1	8%	10%	100%
74181	75	—	10	8	5%	8%	100%
s298	119	14	3	6	2%	3%	100%
c499	202	—	41	32	7%	9%	82%
c6288	2 416	—	32	32	13%	15%	80%
均值	—	—	—	—	7%	9%	90%

实验在百来个逻辑门电路上检测率十分完美且无一漏检，面积和电力开销基本控制在 10%以下。但是在上百个甚至上千个逻辑门电路的情况下，检测率为 80%左右。面对规模较大的电路，需要的监控电路规模也不得不增加，即便如此，检测率还是降低了 20%左右。这也显示了逻辑检测技术的缺陷，即不能很好地应对较大规模的电路检测，更不用说耗费大量的人力解析电路。可见逻辑检测还是更多地适于小电路上的检测，而且应对少 I/O 的电路更能保证检测效果。

3. 总结

逻辑检测可以说在面向设计阶段植入的硬件木马不是特别适用，目前除了可以时刻检测电路的木马状况外，还需要额外耗费一定的开销。除此之外，还包括全面把握电路逻辑结构的人工需要和植入后的调试需要，所以理论上来看逻辑检测不太能算得上是首选的硬件木马检测技术。即便如此，该检测技术也是唯一一种具备电路保护特性的技术，所以它的检测思路可以延伸到可信设计的电路方向，能为 IC 的保护技术开辟出新的运用。

2.2.3 静态检测

静态检测是以机器学习为工具进行人工特征提取或者是对数据先预处理成深度学习可处理的数据集后再完成有无硬件木马结果的二分类操作。其主要的检测阶段是针对 IC 设计阶段中植入的硬件木马来操作的，检测对象是面向门级网表这样的芯片设计文件。门级网表会记录下有关芯片电路中逻辑结构的信息，而提取到的人工特征都是将这种逻辑结构转化为与拓扑相关的图信息来提供需要的数据集。这样获得的人工特征往往达到 50 多个，分别使用 LightBGM 算法、BP 算法和 XGBoost 算法[14-16]等机器学习模型根据计算出的导线特征值对硬件木马导线展开训练预测的分类识别。

另外一种是以物理电气元器件为单元来提取特征，这些特征来源于电学，比如电容、电感、芯片金属层数等的属性可直接作为特征计算的对象。这些特征的来源也相对直接且容易，在理论上甚至可以轻易地应用在数字电路和模拟电路上。泛用性是该类特征的一个巨大优势，虽然具备不小的泛用性，然而从实际的研究结果来看，检测率往往难以令人满意。所以该类特征除了获取特征具有便捷性以外，目前来看并不太适合作为特征的可选方向。

前文已介绍机器学习可以与侧信道分析技术相结合使用，比如在侧信道中采集到的电流、电压、路径延迟等信息可以作为数据集来源以识别硬件木马，甚至可以从 RE 获取的图像用支持向量机（SVM）来判断图像范围内的电路是否有木马。这几种检测技术都带有静态检测技术的影子，但是并不能把它们都归类为静态检测技术。因为从数据集获取的渠道来看，它们首先使用侧信道分析或者 RE 等技术预先得到电路的数据信息，故而主要倾向于把它们往各自所属的检测技术去划分。总之，静态检测可延伸的范围相对比较广，也比侧信道分析更容易应对较大规模的集成电路检测。

如今，为了摆脱传统的机器学习提取人工特征的烦琐操作，已经有一些基于深度学习的静态检测被研究，主要分为以下两个方向：对电路拓扑展开序列性表达的硬件木马路径句子检测[17]；直接把整个电路拓扑图置入神经网络实现对其中硬件木马节点的分类检测[18]。前者是对端到端的电路路径句子进行提取，每个句子上的词都由电路组件本身的类型名构成；后者是直接把描述到的电路拓扑作为一个拓扑数据集输入图神经网络（GNN）模型里，可快速地鉴别哪些组件上有硬件木马的痕迹。

基于深度学习的静态检测技术会是以后值得探索的方向，特别是针对电路拓扑图的 GNN 检测技术。这种技术不仅检测效果优越，而且还具有对大规模集成电路这样的十万级别的节点检测有不小的操作空间。另外值得一提的是，静态检测几乎不依靠“金片”的获取，只要构建的黄金参照物能实现比对即可。

首先，人工特征的提取并不是很容易。提取特征的角度多种多样，然而这些信息的获得要求使用者具备一定的电路知识，对专业知识能力素质要求较高。同时，提取到作为判断木马的特征并不都是高效的，有时候特征本身需要进行评优筛选，甚至因为其中某些特征本身没有足够的价值可用来检测木马从而被废弃，这样又需要构建新的判别特征。深度学习克服了这样烦琐的人工特征提取的困难，直接由模型本身通过权重矩阵的迭代更新来学习抽象的表示特征。

其次，选择甚至使用一组（很可能是多组）的超参数会加大对模型训练的时间开销。这种开销会受到数据集本身训练规模大小的影响，在用机器学习检测的时候一般反复的调参所耗费的时间开销可能不大。如果应用在深度学习上，则会大大地增加调参带来的时间开销。此外，基于序列性表达的电路结构并不是天然地适合拓扑数据的处理，而且在数据集采集上，序列型表达生成的路径句子随着电路规模的成倍扩大呈指数级的增长。所以提取到的往往是很大的数据集，在大数据集的处理上甚至还要考虑合理的随机抽样方案来优化性能。因为检测模型的训练效果在一定程度上受到超参数和数据集划分方式的影响，这些情况也是研究人员为了得到最优的检测模型所被困扰的地方。虽然基于 GNN 的检测技术有相当不错的适用性，不过对于节点和拓扑连线上的信息设置还是需要依赖电路知识，所以推广使用会有一定的入门门槛。

不管怎么说，静态检测技术将是未来五到十年中热门的硬件木马检测技术，并且向深度学习方向使用靠拢的趋势会越加明显，毕竟深度学习比机器学习有更多的模型结构发展，可以供不同结构的数据集使用，具有更热门的开阔前景。这样的智能一体化检测模型一旦构建出来，基本上可以直观地反映到木马检测的结果上，是一种很值得深入研究的检测技术。

2.2.3.1 基于机器学习对电路导线节点的静态检测技术

1. 检测框架

机器学习可以很好地应用于大数据领域，包括从集成电路中提取到的大量数据。针对来自门级网表这种芯片设计文件的检测会先人工提取电路拓扑数据，而特征的内容不限于每根导线上从 0 级到 5 级（最大级数可以任意选定）范围内分级统计扇入扇出数、多路选择器、触发器（此处指的是电路中的记忆存储元器件，有别于硬件木马概念中的触发器）之类的组件，以及与拓扑相关的多级回路数、最近和最远的 I/O 端口导线所在的级数等。

以上收集好的特征统计数据会构成一个机器学习训练模型的数据集，其中机器学习可以使用 SVM、决策树算法、朴素贝叶斯算法、K 近邻算法、随机森林算法等基础性算法。将数据集按比例分成训练集和测试集，一般是 8:2 或者 9:1，训练集和测试集之间互相不包含对方的元素。它们根据各自的公式法则学习来自训练集里面包含的信息，并形成一种识别硬件木马的模型，接着再用这种模型去一一判断测试集里面的样本数据是否包含与硬件木马相关的信息。如此一来，静态检测技术依靠这一系列自动智能化的模型就可以分辨出每根导线连接的两端组件是否有硬件木马。

上述这些人工特征还可以自行增添或者优选，组合构建的特征集合对机器学习检测硬件木马的性能影响是相当大的，特征的选取往往也要经过多次尝试以完成优化结果。

2. 实验布局

在应对 IC 设计阶段植入的硬件木马时，鉴于静态检测是一种无“金片”的检测技术，首要考虑的就是芯片设计文件的获取。这种检测原料可以是来自芯片设计厂商手上的门级网表文件，也可以是比较权威的开源机构网站上的网表数据。很多研究人员都是从 trust-hub 网站上得到各种类型的硬件木马网表文件，该网站是由霍华德大学和佛罗里达大学合作搭建的，深受不少硬件木马研究人员的青睐。该网站提供的木马网表文件的分类有着清晰的编排，例如按攻击效果、触发条件方式和抽象层级等。研究人员主要选用攻击效果为信号篡改型的硬件木马网表。它们都是 RS232 系列的网表，后面一般带着 T1000～T1700 编号。该系列的网表具有比较便捷的实验价值，电路的结构仅包含 200 多个组件，容易快速地验证检测技术的有效性。

在收集到供实验需要的几个待检测网表（有木马网表和对应的无木马网表）以后，根据这些网表中记录的电路逻辑结构还原其节点之间的结构关系。网表中硬件语言定义门级逻辑结构程序如代码清单 2-1[16]所示。

代码清单 2-1 网表中硬件语言定义门级逻辑结构程序

```
1 module name (a, b, c, count);
2 input a, b, c;
3 output count;
4 wire x, y, z;
5 and gate1 (x, a, b);
6 or gate2 (y, a, c);
7 and gate3 (z, b, c);
8 or gate4 (count, x, y, z);
9 end module
```

第 1 行的 name 给出了网表所需描述芯片的模块名，类似于给该芯片一个名称，括号后面要列出该芯片中所有端口导线的名称。第 2 行和第 3 行分别表明了哪些端口导线划分到输入部分，哪些划分到输出部分。第 4 行给出了该芯片电路中的内部导线，这种导线有别于端口导线，它们用于在电路组件之间传递信息，不参与端口的交互。第 5 行到第 8 行都是指定了组件的类型，可以是基本的逻辑门元器件，也可以是触发器、多路选择器等非逻辑门元器件。同时，在类型定义的后面还可自定义该组件的名称，括号里面声明该组件输出导线的名称及其输入导线的名称。当然输出导线和输入导线在名称上的罗列顺序也有颠倒过来的，具体的罗列方式要根据硬件语言本身的语法要求。代码清单 2-1 对应的电路逻辑结构如图 2-20 所示。

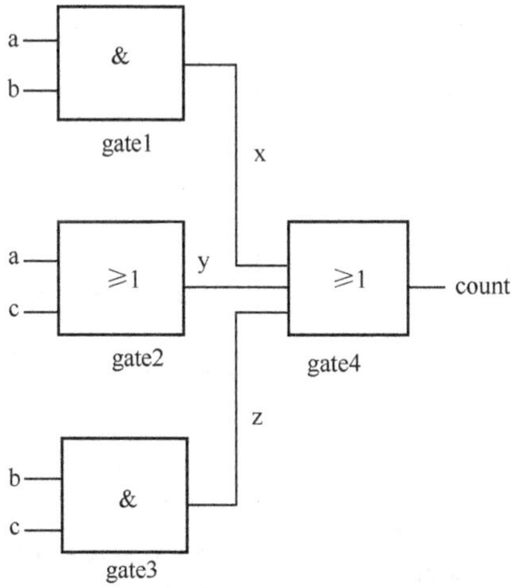

图 2-20　代码清单 2-1 对应的电路逻辑结构

图 2-20 清晰地还原了网表中所表达的电路逻辑结构，能够直观地看到网表中所给的两个与门和两个或门在导线上是如何连接的。同理，也可以按照这种思路抽象地还原网表本身的电路逻辑结构，为提取所需的特征数据打下基础。

要想完整地还原电路结构的拓扑信息，只要借用一种非常基础的遍历算法——深度优先搜索算法即可。深度优先搜索算法的最坏时间复杂度只是 $O(n^2)$ 的量级，所以哪怕是电路中包含上万甚至几十万个节点都可以用普通计算机快速遍历。这里将每个导线（也包括端口上的导线）都视为图中的节点，而电路中的元器件视为边，来构建一个有向图。有向图既可以用邻接矩阵来表示，也可以用邻接表来表示，一般可以根据实际需要选用。对于该问题，使用邻接矩阵会更加便于算法的实现。邻接矩阵可以直接用二进制的“0”和“1”表示，因为不需要考虑权重的设置。如果与同一个组件相连的导线之间（可以认为在邻接矩阵上）有对应关系，可记为“1”；反之，则记为“0”。只要填充好邻接矩阵里面的节点对应信息，深度搜索算法就可以直接根据算法法则轻松遍历出所有的电路拓扑结构，这为后面人工提取特征值的计算打下铺垫。

表 2-4[16]是待计算的标签的木马特征及其描述，其中 x 表示需要计算的级数。

表 2-4 待计算的标签的木马特征及其描述

标签	木马特征	特征描述
f_0~f_4	fan_in_*x*	与目标线网 *n* 的距离为 *x* 级远的相关逻辑门的扇入数
f_5~f_9	in_flipflop_*x*	在目标线网 *n* 输入方向上的距离为 *x* 级远的 flipflop 的个数
f_{10}~f_{14}	out_flipflop_*x*	在目标线网 *n* 输出方向上的距离为 *x* 级远的 flipflop 的个数
f_{15}~f_{19}	in_multiplexer_*x*	在目标线网 *n* 输入方向上的距离为 *x* 级远的多路选择器的个数
f_{20}~f_{24}	out_multiplexer_*x*	在目标线网 *n* 输出方向上的距离为 *x* 级远的多路选择器的个数
f_{25}~f_{29}	in_loop_*x*	在目标线网 *n* 输入方向上的距离为 *x* 级远的环路的个数
f_{30}~f_{34}	out_loop_*x*	在目标线网 *n* 输出方向上的距离为 *x* 级远的环路的个数
f_{35}~f_{39}	in_const_*x*	在目标线网 *n* 输入方向上的距离为 *x* 级远的固定输入的个数
f_{40}~f_{44}	out_const_*x*	在目标线网 *n* 输出方向上的距离为 *x* 级远的固定输入的个数
f_{45}	in_nearest_pin	距离目标线网 *n* 输入方向上最近的主输入所在的级别数
f_{46}	out_nearest_pout	距离目标线网 *n* 输出方向上最近的主输出所在的级别数
f_{47}~f_{48}	{in, out}_nearest_flipflop	距离目标线网 *n* 输入或输出方向上最近的 flipflop 所在的级别数
f_{49}~f_{50}	{in, out}_nearest_multiplexer	距离目标线网 *n* 输入或输出方向上最近的多路选择器所在的级别数
f_{51}~f_{55}	in_gate_*x*	与目标线网 *n* 的距离为 *x* 级远的相关逻辑门的个数

级数的计算可以根据处理器可承受的性能需要来选择，2.2.3.1 节中的示例选择最多计算到 5 级。表 2-4 罗列的特征类型众多，此处不一一详述，以图 2-21 所示实例进行相关说明。因为这些特征类型间有不小的相关性，比如 f_0~f_4 的 5 个特征表示从第 1 级到第 5 级上来自输入方向的扇入数，所以以节点导线为中心向输入的方向开始计算。经过第 1 级的与非门（NAND）后存在 3 个输入导线，则有 f_0=3。以此类推，经过输入方向第 2 级的异或门（XOR）、非门（INV）和或门（OR）后共有 5 个输入导线，则得出 f_1=5。同理，f_2=4。当然，统计输入方向的时候，使用之前记录好的邻接矩阵就可以计算输出方向的特征值，所以需要事先对邻接矩阵进行一个转置操作，这样新的邻接矩阵可以直接用于此处计算。

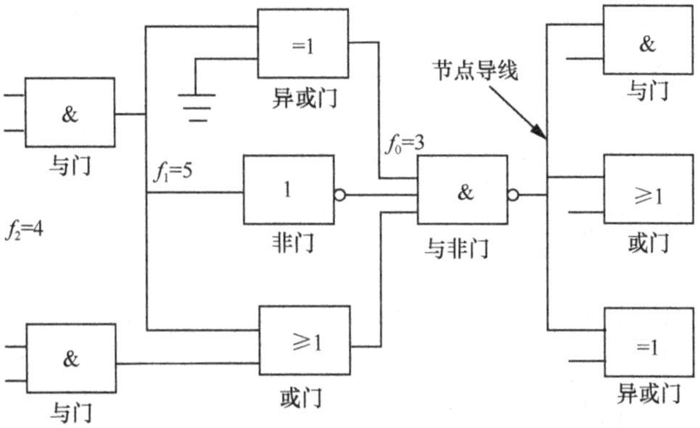

图 2-21　f_0～f_2 的特征计算实例说明

交替使用这两个邻接矩阵，就可以顺利地依靠深度搜索算法计算出每一个节点上的所有特征值。接下来还要为每一个节点打上硬件木马的标签。最简单的方式就是只要该节点导线的两端有任意一端与硬件木马的组件相连，就为该节点导线打上木马标签。为所有的节点导线都打好标签以后，可以考虑做一个正样本集合（有木马的节点导线样本集合）和负样本集合（无木马的节点导线样本集合），并按照一定的比例划分给训练集和测试集。这么做可以保证训练集和测试集里面都包含一定数量的正负样本，有利于模型的学习。

机器学习的模型算法发展到现在有很多，比较多为研究人员所使用的是 SVM 和集成学习算法，它们学习模型的成型性高且稳定性强。这里使用的是一种集成学习中的梯度提升决策树算法——XGBoost 算法。该算法是梯度提升决策树算法的升级版本，内含一种正则表达式来控制过拟合现象的出现。同时，XGBoost 算法的目标函数在符合二阶导数的情况下能根据需要自行定义，一般情况下都是选用默认的函数。具体的 XGBoost 算法目标函数为

$$\mathrm{Obj}^{(t)}=\sum_{i=1}^{n} l\left(y_i,\hat{y}_i^{(t-1)}+f_t(x_i)\right)+\Omega(f_t) \tag{2-4}$$

这里不对函数做过多的解释，只要知道模型在学习过程中尽可能地最小化函数 f_t 就可以大大增加模型本身的检测性能即可。提供给模型的数据集在训练集与测试集上的分割可以使用十折交叉验证法或者直接按照 8:2 的划分方法。相对来说，十折交叉验证法更科学，不过需要花更多的时间综合模型的训练结果。XGBoost 算法还具有为每一种特征进行评估的能力，研究人员可以根据评估的结果优选其中前几个特征参与检测环节。比如，从采集的 56 个特征中使用前 49 个价值最大的特征在测试集上进行检测，其效果如表 2-5[16] 所示。

表 2-5　在 RS 型和 S 型网表上 XGBoost 算法的检测结果

测试数据	TN	FP	FN	TP	TPR	TNR	PRE	F-measure	ACC
RS232-T1000	301	2	1	9	90.00%	99.34%	81.82%	85.71%	99.04%
RS232-T1100	309	1	0	11	100.00%	99.68%	91.67%	95.65%	99.69%
RS232-T1200	310	0	0	13	100.00%	100.00%	100.00%	100.00%	100.00%
RS232-T1300	309	0	0	7	100.00%	100.00%	100.00%	100.00%	100.00%
RS232-T1400	306	0	0	12	100.00%	100.00%	100.00%	100.00%	100.00%
RS232-T1500	310	1	0	11	100.00%	99.68%	91.67%	95.65%	99.69%
RS232-T1600	311	0	0	10	100.00%	100.00%	100.00%	100.00%	100.00%
S35932-T100	6 409	0	1	12	92.31%	100.00%	100.00%	96.00%	99.98%
S35932-T200	6 405	0	10	2	16.67%	100.00%	100.00%	28.57%	99.84%
S35932-T300	6 402	3	1	36	97.30%	99.95%	92.31%	94.74%	99.94%
S38417-T100	5 788	11	0	11	100.00%	99.81%	50.00%	66.67%	99.81%
S38417-T200	5 802	0	2	9	89.84%	99.87%	92.29%	87.75%	99.97%
平均值	—	—	—	—	89.84%	99.87%	92.29%	87.75%	99.83%

表 2-5 中，TN 是真负例，FP 是假正例，FN 是假负例，TP 是真正例；TPR 是正类预测正确的概率，又叫召回率，可由 $\text{TPR}=\dfrac{\text{TP}}{\text{TP}+\text{FN}}$ 求得；TNR 是反类预测正确的概率，可由 $\text{TNR}=\dfrac{\text{TN}}{\text{TN}+\text{FP}}$ 求得；PRE 是精确率；F-measure 是精确率和召回率加权调和平均；ACC 是准确率。

总体上看，TPR 除在 T1000 的 RS 型网表上为 90%以外，在其他 RS 型网表上均为 100%。可以说 XGBoost 算法在 RS 型网表上检测硬件木马的效果接近完美，哪怕对无木马导线样本也都有 99%以上的检测率。这样的结果显示出了静态检测技术在寻找硬件木马上的优势，不仅可以快速检测出结果，还具有优秀的检测水平。当然也可以看出，S 型网表的检测效果不仅下降，而且出现了比较大的波动。在 T200 的 S 型网表上，TPR 只有 16.67%，而所有检测过的 S 型网表在 TNR 上依然稳定在 99%以上。这是因为 S 型网表的规模平均是 RS 型网表的 20 倍左右，然而硬件木马本身的规模并没有很大的扩增。这使 S 型网表的数据集在正负样本的比例上要比 RS 型网表更加不平衡，也加剧了学习好的模型在对硬件木马样本上的识别效果更加不稳定，故而 S 型网表的 TPR 波动变大。另一方面，可能与 S 型网表本身的电路结构更为复杂有关，这也是使检测结果波动的要素。

有的研究人员为了进一步改善在检测硬件木马导线上的性能，会引入边界网络的概念。这主要是考虑到硬件木马电路与正常电路相连接的导线在检测结果上增加一些判断依据，进而修正部分导线是否为木马导线。尽管这样的尝试确实会带来效果，但提升的空间比较有限，甚至要花费人力进行额外判断，综合来看边界网络的效益还是偏低的。

3．总结

静态检测技术大大推进了无“金片”硬件木马检测的需要，而且有力地针对 IC 设计阶段带来的硬件木马。虽然可能在较大的电路规模上产生一些检测性能的波动，但是综合来看还是可以很好地处理大部分的网表检测。为了克服人工提取特征的麻烦，已经有研究人员开始运用深度学习模型自动地学习特征。而且在大规模电路上，静态检测技术有不小的运用空间，这得益于静态检测技术的快速计算能力。能够预见到的是，未来将有更多的研究成果源于这种检测技术，智能化检测在硬件木马检测领域具有更大的引领趋势。

2.2.3.2　基于深度学习对电路路径句子的静态检测技术[17]

1．检测框架

首先对已获取的芯片网表做数据清理，然后根据端口信息、导线信息和逻辑组件信息对网表的结构展开文本划分。把输入端口和输出端口组合成多个端口对，并使用简单路径算法提取路径句子，利用该算法对所有的端口对都完成一轮简单路径句子提取。根据句子中是否包含硬件木马的组件词来对每个句子打上有无木马的标签。

整理好的句子数据集首先进行 word2vec 的词嵌入训练，以获取每个互不相同的类型词向量表达并建立语料库；接着对所有的句子数据集用 word2vec 训练好的语料库进行编码，编码完成的数据向量置入 TextCNN 中开始预测训练，TextCNN 分别使用静态不更新的权重矩阵和动态迭代更新的权重矩阵来完成模型的训练学习；最后实现所有路径句子上是否包含硬件木马的分类判断。电路路径句子的静态检测框架如图 2-22 所示。

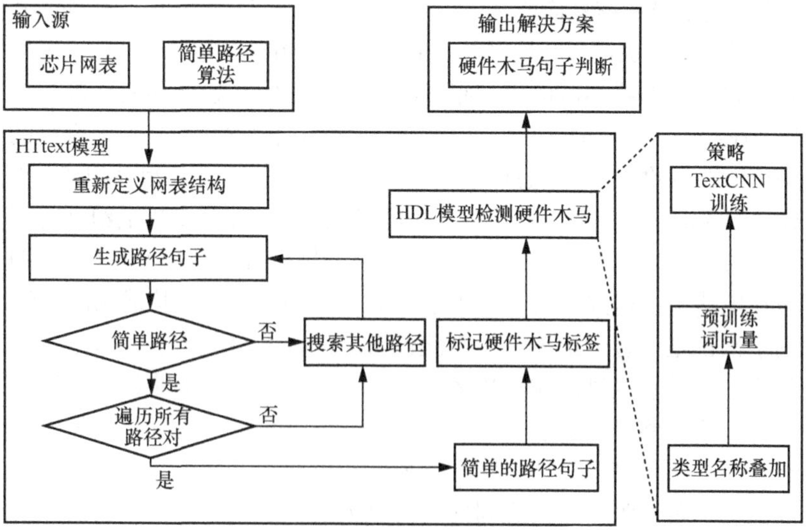

图 2-22　电路路径句子的静态检测框架

2．实验布局

与基于机器学习的静态检测技术提供的芯片网表一样，该芯片网表上主要记录了用 HDL（本实验使用 Verilog 语言写成）表示的电路连接结构，也可以理解为电路组件中的拓扑关系，这与机器学习静态检测的网表表述是一致的。然而，这里需要对网表在结构上重新进行定义，以便可以更好地提取所需要的电路路径句子。图 2-23 显示了重定义后的网表划分内容的实例。

图 2-23　重定义后的网表划分内容的实例

从图 2-23 可以清晰地看到，整个网表被分成 3 个部分：端口信息描述区、内部导线信息描述区和组件信息描述区。端口信息描述区记录着该芯片所有的输入端口与输出端口相连的导线名，它们分别与路径句子中的开头词和末尾词在拓扑关系上是相连的。内部导线信息描述区记录电路中与端口直接相连的导线外的其他导线名。路径句子中除开头词和末尾词外，中间词就是由内部导线生成的。组件信息描述区则依据以上两个描述区的信息指示哪些输入导线和输出导线直接与相对应的组件相连。在此约定，从输入端口这一侧传进去的信号必定会经过一系列的导线从而传递到输出端口的这一侧，且所经过的导线会与不同类型的组件相连，类似于导线和组件是个手牵手的关系。对于信号所经过的相邻导线，其间的组件可用网表中的类型名按照传递的序列性一一记录下来，这就是生成路径句子的基本原理。

信号在电路中的传递情况是相当复杂的，其中有不少会构成回路的情况。而回路对句子来说难以合适地表达，在此仅考虑一种简单的情况，即路径的表达是个单向且组件不重复经过的句子描述，这种路径被称为简单路径。在这里需要使用一种被称为简单路径的算法去解决此类情况。该算法可以直接预先设定好起始节点和终止节点来找到它们之间所有可能的简单路径，并根据经过的每个组件把它们相应的类型名按照传递的序列性一一排列好构成句子，可以认为一条路径就是一个句子。接着就是对句子打标签，只要句子中包含硬件木马组件对应的类型名词汇，该句子就是硬件木马句子；反之，则是无硬件木马句子。

对所有提取到的句子以组件类型名为单位展开并执行重清洗操作，清洗出来的这组词就是构成语料库的雏形。语料库中的词是进行预训练展开 word2vec 的词嵌入原料，这些词经过 one-hot 编码后，运用 skip-gram 词嵌入模型完成对语料库中每个词的向量表示。训练的向量大小是个超参数，可以根据人的需要进行设定。词嵌入的整个过程需要配合提取到的完整的句子数据集来训练合适的词向量数据。完成词嵌入的语料库就是最终可以将句子数据集进行编码转化并置入 TextCNN 模型训练的材料。电路路径句子的 TextCNN 模型结构如图 2-24 所示。

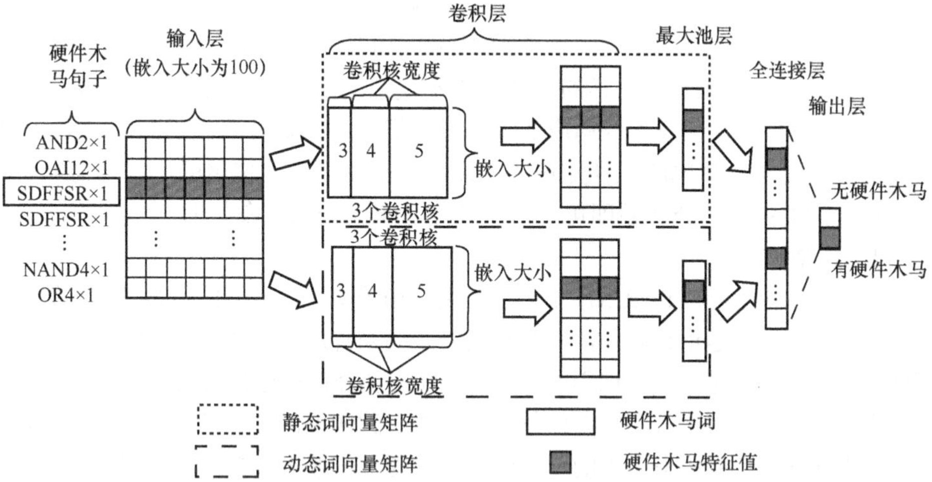

图 2-24　电路路径句子的 TextCNN 模型结构

首先把提供给输入层的句子数据集根据语料库中的词向量一一编码转化成数据张量，然后使用两种模式的权重矩阵训练这个 TextCNN 模型，这就相当于两种模式互不相同的 TextCNN 一起训练并综合它们的预测结果。一种权重矩阵是随着模型的迭代更新达到训练最优的效果，但是这样可能会有过拟合的现象；另一种权重矩阵则保持权重数值不变，也就是不随模型的迭代更新而变化。将以上这两种模型综合起来可以适当地对冲过拟合现象，以便更好地保持模型在陌生的数据集上的预测能力。

由于采用路径的方式表达电路拓扑，因此需要大量的路径数据才可以更好地完成拓扑关系描述。虽然这样会带来预处理的过大开销，但是也使得原本微量的硬件木马信息可以在数据上实现放大处理。通过把采集到的句子数据集进行随机抽样并等比例地组合为有木马和无木马样本的训练集和测试集，作为 TextCNN 模型训练测试集。将以上随机抽样组合训练测试集的过程重复 50 次，相应地就形成 50 个 TextCNN 分类器。利用这 50 个分类器的均值来衡量最终的检测效果，如表 2-6 所示。

表 2-6 电路路径句子的 50 个 TextCNN 分类器的检测效果

基准测试用例	TPR	TNR	PRE	ACC	F-measure
RS232-T1000	99.97%	95.95%	96.11%	97.96%	98.00%
RS232-T1100	99.95%	100.00%	100.00%	99.98%	99.98%
RS232-T1200	99.98%	100.00%	100.00%	99.99%	99.99%
RS232-T1300	99.99%	97.11%	97.19%	98.55%	98.57%
RS232-T1400	99.98%	100.00%	100.00%	99.99%	99.99%
RS232-T1500	96.75%	100.00%	100.00%	98.37%	98.35%
RS232-T1600	99.98%	100.00%	100.00%	99.99%	99.99%
均值	99.51%	99.01%	99.04%	99.26%	99.27%

表 2-6 中的检测效果表明，所有的检测值均在 95%以上，而且所有的检测数据平均值均在 99%以上。这样的检测效果不仅证明了简单路径提取文本句子的检测可行性，还可以在任意抽取构成的多个分类器上稳定保持着相当高的检测性能。该检测方法对不了解电路组件知识的人而言也是可以上手使用的，只要他能够知晓节点之间的接连拓扑关系即可，对于使用者来说是比较友好的。

3．总结

尽管从理论上看，TextCNN 下的电路路径句子检测技术所使用的序列型的路径可能不能很好地表达电路拓扑，但是从实验效果来看，这种技术是可以对拓扑中的硬件木马节点信息进行高效识别的。而且除了对拓扑的构建需要具备一定的知识以外，木马识别的检测过程不需要依赖对电路本身的知识，比如组件类型、作用和功能等。当然文本信息提取带来的庞大信息量不得不依赖对数据集的抽样，这些不足是该检测方法比较难以克服的。也许通过简化对路径句子的表达可以缓解对文本提取的信息爆炸的压力，但在超大规模上的推广使用仍有着可以预见的重重窘境。

2.2.3.3 基于深度学习中图神经网络的静态检测技术

1．检测框架

传统的机器学习方法处理的都是欧几里得数据，即具有规则结构的特征。例如，卷积神经网络（CNN）主要应用于图像（二维数据结构），循环神经网络（RNN）经常用于处理自然语言（一维序列结构）。然而，现实中有很多不规则的图数据，电路网表本身也是一种描述电路拓扑连接关系的不规则文本数据，其中蕴含了图结构的描述。传统机器学习无法直接应用于图数据，目前大部分的硬件木马检测工作都是通过人工定义相关特征并进行统计来训练检测模型的。人工定义特征十分依赖于电路设计经验，并且提取到有效的特征非常困难，需要大量的验证工作，十分耗时耗力。而基于自然语言处理（NLP）的检测技术以各种语言模型学习电路信号路径的语义，并以电路信号路径为分类单位，在一定程度上考虑了信号传播的顺序结构特征，并不需要人工提取特征，但以单独的路径进行判断将不可避免地忽略支路结构，丧失电路的组合结构信息。

近年来，随着图卷积网络（GCN）的出现，处理图数据的方法迎来了研究高潮。GCN 可以看作一个特征提取器，但其处理对象为图结构数据，利用其提取出的特征可以实现节点分类、图分类等。电路网表蕴含了电路拓扑结构的描述，但并非是一种直接的图表示，所以使用图神经网络检测硬件木马的关键是如何对电路进行有效的图建模。目前，针对 RTL 网表，GNN4TJ[19]模型基于电路的高级抽象代码建立数据流图，并以图为分类的基本单元，据此判断电路是否存在硬件木马；针对门级网表，GNN4Gate[18]模型以逻辑门元器件为节点、线网连接关系为有向边建立电路拓扑图，并对门元器件信息进行编码，利用双向图神经网络模型聚合节点特征进行门元器件分类，以定位出可疑的电路结构。

2．实验布局

在 RTL 设计中，集成电路是由一组寄存器和寄存器间的逻辑操作组成的，一般使用 VHDL 或 Verilog 等硬件描述代码表示。GNN4TJ 模型是一种基于 GNN 的 RTL 级无黄金芯片参考的硬件木马检测方法，其使用一个有向数据流图（DFG）来作为 RTL 表示，描述信号之间的依赖关系。具体来说，GNN4TJ 模型首先将 RTL 代码分解为多个模块，并使用硬件设计工具 Pyverilog 从代码中提取抽象语法树；然后为电路中的每个信号生成一棵树，并将信号作为根节点。为了使整个电路用一个单一的图表示，最终综合所有信号的 DFG。

如图 2-25 所示，最终的 DFG 是一个有根的有向图，它表示从输出信号（根节点）到输入信号（叶节点）的数据依赖关系，可定义为图 $G=(V,E)$。其中，V 为顶点集，每个顶点表示信号、常数值和操作，例如与操作、异或操作、连接、分支或分支条件；E 为有向边集，当顶点 v_i 的值取决于顶点 v_j 的值，或者当操作 v_j 应用于 v_i 时，存在边 e_{ij}。

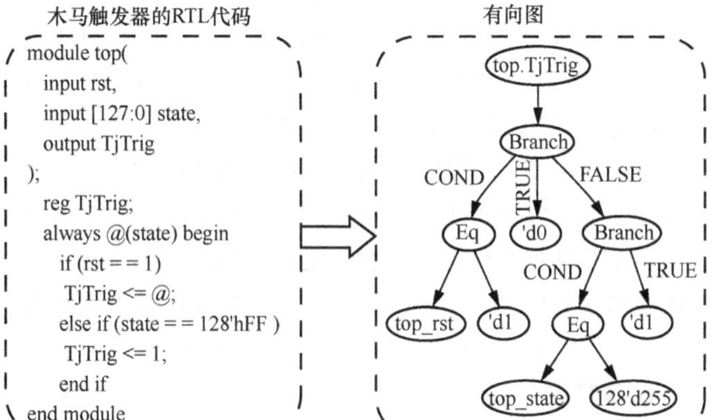

图 2-25　GNN4TJ 模型对木马触发器的 RTL 代码的有向图建模

GNN4TJ 利用图神经网络从 DFG 中提取特征，学习电路的行为，并在一个自动流程中识别硬件木马的存在。为了处理每个 DFG 形式的电路，所使用的图神经网络结构的灵感来自空间图卷积神经网络。整个 GNN 框架由两层图卷积运算进行特征提取，并由一层基于注意力的图池化层进一步处理节点嵌入，基于注意力的图池化层允许模型专注于图的局部部分。最后，由一个 MLP 层和 Softmax 激活函数生成对整个电路的最终预测结果。其中，图卷积层使用谱域卷积的一阶切比雪夫近似形式，如式（2-5）所示。

$$\boldsymbol{H}_k=\sigma\left(\hat{\boldsymbol{D}}^{\frac{1}{2}}\hat{\boldsymbol{A}}\hat{\boldsymbol{D}}^{\frac{1}{2}}\boldsymbol{H}_{k-1}\boldsymbol{W}_{k-1}\right) \tag{2-5}$$

其中，$\boldsymbol{H}_k$ 表示通过第 k 个图卷积层运算得到的隐藏层节点特征矩阵，$\hat{\boldsymbol{A}}$ 表示添加了自连接的邻接矩阵，$\hat{\boldsymbol{D}}$ 表示由邻接矩阵 $\hat{\boldsymbol{A}}$ 计算出的度矩阵，$\boldsymbol{W}_{k-1}$ 表示对应层的可学习参数，$\sigma(\bullet)$表示激活函数。第一层的输入节点特征是由节点的名称转换为相应的 one-hot 编码得到的。

此外，GNN4TJ 模型首先基于 TrustHub 中的基准创建数据集，该数据集包含 34 种不同类型的 3 个基础电路：AES、PIC 和 RS232，同时还提取一些额外的硬件木马设计集成到无硬件木马的电路 DES 和 RC5 中以扩展数据集。为了平衡数据集，增加无硬件木马样本的数量，得到一个包含 100 个实例的无木马和有木马的代码数据集用于训练。结果表明，GNN4TJ 在更多未知类型的数据集上获得了 97%的召回率和 92%的精确率，与最新的 RTL 级的硬件木马检测工作有可比性。虽然图神经网络模型训练可能很耗时，但训练后的模型在 21.1 ms 内就可以检测到硬件木马，其平均速度比当前的工作要快。

另一方面，门级设计能反映底层器件的结构，同时也具有一定的逻辑功能体现，无论详细功能如何，门级检测可以对所有电路都进行检查，所以也具有较大的研究价值。GNN4Gate 模型是一种基于图神经网络的门级硬件木马检测方法。为了尽可能保留结构信息，GNN4Gate 使用了结合端口信息的特殊编码方式进行图建模，并首次将门作为分类对象，设计了一个基于双向图神经网络的自动硬件木马检测架构。

门级网表可以自然地以逻辑门元器件作为节点、线网连接关系作为边，来构建一个有向图。为了尽可能保留结构信息，GNN4Gate 考虑了 3 种信息编码作为节点特征：逻辑门类型、特殊端口连接和主 I/O 连接。首先，节点的首要特征是不同的门类型，可以从网表中获取所有的门创建门库，使用 one-hot 编码来编码门类型作为每个节点的初始特征。其次，使用一种特别的编码方法将线网连接信息编码到节点特征中，具体来说，GNN4Gate 考虑了 4 个特殊的端口，包括 SI、SE、SN 和 RN 端口，这些特殊连接端口被编码为前驱节点的一个特征，即如果逻辑门的输出连接到一个特殊的端口，则将相应的特征设置为 1，否则为 0。最后，把主输入、主输出看作特殊端口连接，以同样方式编码，即如果包含主输入或主输出，则将该门的对应特征编码为 1，否则为 0。

GNN4Gate 使用双向图卷积网络（Bi-GCN）模型从构建的电路有向图中自动学习逻辑门的结构特征，并首次对门进行分类，实现了门级硬件木马的检测和定位。构建的原始电路有向图可以看作一个与信号传播方向一致的正向图，相对地，通过翻转边的方向得到一个描述信号发散结构的反向图。Bi-GCN 的核心思想是从电路的信号传播和信号发散结构中学习合适的高水平表示。GNN4Gate 中的 Bi-GCN 框架以两个独立的两层图卷积层作为网络的特征提取骨干，用于提取正向图和反向图的结构特征。最后，将得到的信号传播和信号发散特征表示拼接为最终的节点特征，并使用一个全连接层和一个 Softmax 层来学习预测函数，得到最终对逻辑门的分类结果。

由于硬件木马是整个电路中极小一部分的恶意结构，因此不管是对线网还是对门元器件分类都将面临样本极度不平衡的问题，GNN4Gate 使用加权交叉熵损失函数来训练模型，在不增加样本数量的情况下，缓解了硬件木马门与正常门样本之间的不平衡问题，与传统硬件木马检测方法相比检测效率和准确率更高。

GNN4Gate 是首个以逻辑门为分类对象的门级硬件木马检测方法，在 TrustHub 提供的 RS 型和 S 型网表数据集的检测上，平均获得了 90%以上的真正率和 99%以上的真负率，达到了与最新的基于线网分类的检测方法相当的水平，同时摆脱了人工定义和提取特征的负担。基于门分类的检测方法可以达到与基于线网分类的检测方法一样精细的检测效果，虽然基于线网分类的检测方法可以根据可疑线网定位出相应的门元器件，给出可疑的电路结构，帮助专业人员降低电路的审查负担，但基于门分类的检测方法比基于线网分类的检测方法更加直观。

3．总结

目前，图神经网络在硬件木马检测中的应用还处于探索起步阶段，本书工作证明了图神经网络对硬件木马检测的有效性，其可以高效地学习图结构信息，摆脱人工定义和提取特征的负担，同时避免人工提取特征不易拓展到不同硬件木马检测中的风险，在运算效率上也具有一定优势。此外，自动特征提取有助于一套自动硬件木马检测框架的形成，促使芯片开发更加方便和智能化，更多基于图神经网络的硬件木马检测方法值得被开发。

2.2.4　逆向工程

RE 检测硬件木马主要面向流片后的芯片，即针对制造好的实体芯片。RE 是目前所有提出的硬件木马检测技术中检测率最好也最准确的技术。现阶段提出的 RE 检测技术一般分为 5 个部分[20]：拆除芯片的封装外壳；溶解金属层；用显微镜对暴露出来的金属层扫描并保存图像；在芯片金属层图像上做通孔等主要连接件标注；根据标注好的图像还原到网表层级的电路结构描述。然而在检测硬件木马的时候，以上这 5 个步骤并不都需要用上，通常只考虑到前 3 个步骤（即提取到芯片图像）就能够满足检测材料的需求。虽然还原到网表层级进行比对并不是不可行，但这样做会令检测开销增大不少。因为标注和还原网表的工作需要保证精确度，在此情况下免不了投入人员进行检查校正。

RS 检测技术有两种方式可以选择：直接在 RE 提取到的图像上进行像素级的比对[21]；将图像划分为网格的形式，从网格上提取特征再使用机器学习模型分类判断木马[22]。

第一种方法比较简单粗暴，通过用化学试剂对拆除封装外壳的芯片一层一层地溶解金属层，接着使用红外电子显微镜这种不带破坏的方式来提取图像。由于分辨率有限制，因此并不能一开始就直接把整个芯片一次性地拍摄下来。只能按照区域划分的方式一部分一部分地拍摄保存，并把这些所有的图像拼接在一起构成一个完整的芯片图像。之后把这样的待测芯片图像与从 GDSII 文件生成的黄金版图（该版图的芯片要与待测芯片是同一系列）进行逐像素的比对，当然这样的过程都是依靠电脑计算完成的。

第二种方法与第一种方法的区别在于芯片图像上的处理并不考虑进行单纯的比对，而是先对图像进行网格式的划分，再从每个网格上计算特征值。把这些得到的特征值以向量的形式输入 SVM 这类机器学习模型中，让它们智能地判断每个网格上是否存在与木马相关的痕迹。第二种方法相比第一种方法的优势在于检测的费用开销比较小，而且在芯片上的使用范围比较广，因为第一种方法仅能针对同系列的芯片检测。

正因为 RE 有着极高的检测效果，很多时候检测的目的并不侧重于检测木马，而是为了能够比较容易地获取到黄金参照物（类似于“金片”那样的黄金模型）。

尽管 RE 检测技术有着出色的检测效果，但需要的开销都不容小觑。该技术依赖于电子显微镜这类图像获取设备，本身就是一笔不小的费用，甚至成像的质量也会受到分辨率性能的影响，而且该检测技术对制程工艺在 22 nm 以下的 IC 还不适用[23]。前两个 RE 的检测步骤需要谨慎操作，无论是拆除封装外壳的过程还是溶解金属层的过程，都要保证芯片内部的电路不能受损。使用化学试剂的量需要精准地控制，否则溶解到金属层将会影响后面芯片图像的提取，所以去层步骤对操作的精细度有一定要求。

另外，第一种方法的整个检测过程都高度依赖设备仪器，这些东西不管是通过购买还是租赁使用都会是一笔昂贵的费用，而且芯片的规模越大费用也会越多。同时，第一种方法仅能针对同系列的芯片检测，其他系列的芯片检测必须重新获取相应的黄金版图。第二种方法可以在一定程度上减少费用的开支，但是其检测的适用性会受到机器学习模型的影响，比如像 SVM 这样的模型会陷入烦琐的调参工作中。以上两种方法即使在不需要“金片”的场景下，至少也要提供来自芯片设计文件生成的黄金版图以实现比对。

更重要的是，RE 检测技术在推广上会出现一定的困难。该检测技术在完成对芯片的检测工作后，会使该芯片基本上完全报废而不可使用。如果检测出来的芯片本身含有木马则还算好，如果检测后的芯片没有木马而其不能再投入使用则是一种浪费，特别是对于造价昂贵的芯片来说。所以这一点对 RE 检测技术来说是个遗憾，而且受到未来制程工艺愈加精致的影响，也许注定了该检测技术仅能适于特定范围内的木马芯片检测。

接下来以基于网格特征检测硬件木马的逆向工程技术[22]为例进行详细介绍。

1．检测框架

基于网格特征的硬件木马检测一般可以直接使用黄金版图来比对，该技术同样只需应用到 RE 的前 3 个步骤提取芯片图像，在研究过程中也可以考虑使用仿真的方法间接获得图像。对于图像先要进行简单的处理，根据需要划分好网格大小，网格大小的考虑比较重要。一个网格的大小至少要小于一个门的大小，这样受到木马感染的组件会连续在几个网格上呈现被感染的现象。因为 RE 在还原芯片图像时会带有一定程度不准确的图像模糊边界，这样的边界类似于一种干扰，所以需要对边界考虑弹性量，即大概在多大范围内的边界可以被合理考虑为无木马电路，那么超过该边界范围的就被认为有木马。

定义好弹性边界的情况下，对每个芯片图像划分网格的重点在于如何定义网格里面的特征内容，此处仅需要关注两个方面：面积特征和质心特征。面积特征可以直接从电路组件大小的角度去把握内部组件是否经过木马的增删；质心特征是为了发现当组件大小不变时，组件位置的挪移是否带来了硬件木马植入的空隙。这些特征可以整合成特征向量的形式输入机器学习模型里，既可以考虑有监督的 SVM 分类器，也可以选择无监督的 K 均值聚类分类器。SVM 分类器会接收每个有木马记录的标签网格作为训练集和测试集；K 均值聚类分类器可以直接接收所有网格特征值数据作为训练集，这些数据是不需要带上标签的。SVM 分类器训练出来的模型可以直接对待测芯片判断有无木马，K 均值聚类分类器在此基础上还能进一步根据聚类个数的需要区分木马类型。

2．实验布局

实验开始先选择几个开源常用的基准测试电路，其网表数据可以在网上轻易地获取到，这里选用的是 ISCAS89 和 ITC99 的基准测试电路。利用编译器直接将这些网表形式的电路信息转化成能生成版图的芯片设计文件，接着使用 MATLAB 软件以有组件为黑、无组件为白的图像呈现，具体如图 2-26 所示。

图 2-26（b）是人为手动将图 2-26（a）提取到的黄金电路版图进行的模糊化处理，这样做的意义在于模拟 RE 提取到实际图像的效果。因为黄金版图是直接从芯片设计文件中生成的，本身就是理想化的规整图像。而 RE 面向已经流片的

芯片，受制于分辨率以及仪器误差等影响，还原到图像上必定或多或少地存在模糊不清的现象。那么手动直接对黄金版图展开一定程度的模糊化处理就是必要的。

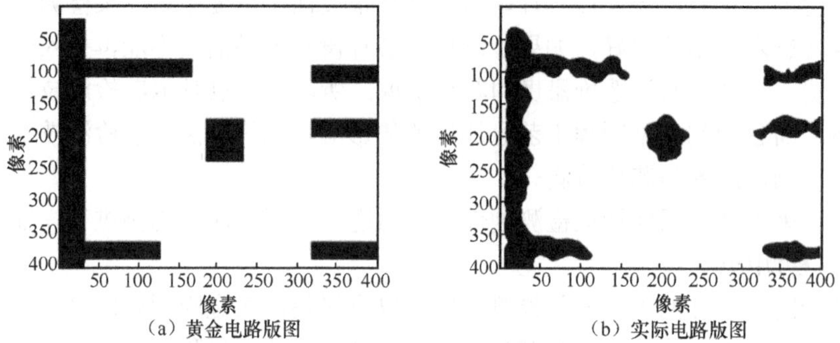

（a）黄金电路版图　（b）实际电路版图

图 2-26　电路版图的还原处理

接下来就是硬件木马的植入环节，硬件木马可以分为功能型硬件木马和参数型硬件木马。参数型在硬件层面上反映为对电路导线这样的组件在长度或者粗细等物理参数上进行非法改动，而功能型在硬件层面上的非法改动会直接导致整个组件的增加和减少。按照以上硬件木马体现的硬件特性，可以直接考虑以下 4 种情况：无木马版图；非法增加组件的木马版图；非法缺失组件的木马版图；非法变化组件的木马版图，如图 2-27 所示。

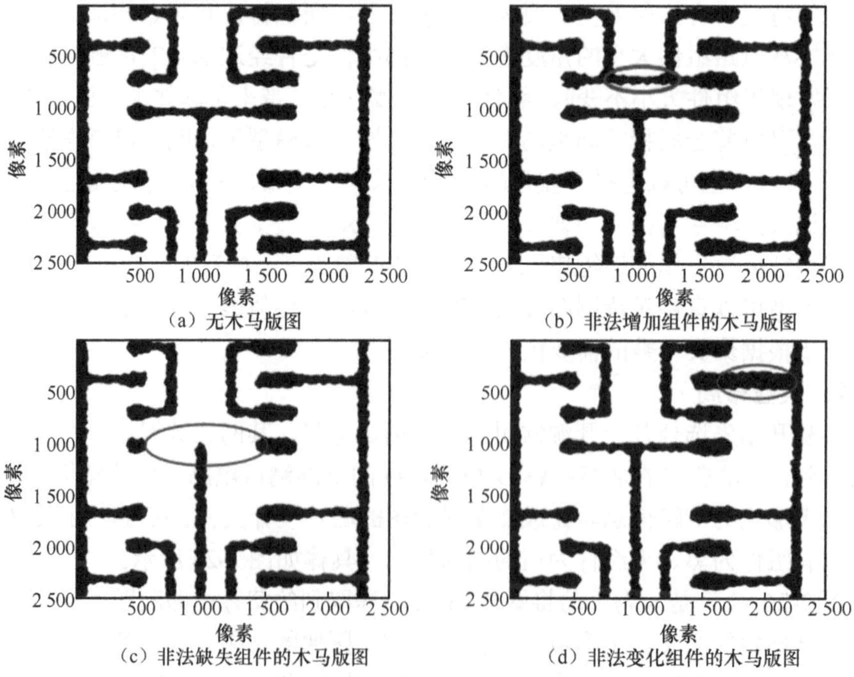

（a）无木马版图　（b）非法增加组件的木马版图

（c）非法缺失组件的木马版图　（d）非法变化组件的木马版图

图 2-27　4 种存在的电路版图

以上这 4 种电路版图依次用 4 个名称约定，分别是 HTF、HTA、HTD 和 HTP。后面这 3 种木马可以自行选择修改组件，并按照需要产生成百上千个版图样本。而无木马版图在允许范围内进行不同程度的边界模糊化处理后也可以产生许多版图样本。为了实验的需要，HTF、HTA、HTD 和 HTP 这 4 种版图每种在此仅产生 500 个样本。

得到众多的版图数据之后，就进行网格化处理，处理的效果如图 2-28 所示。

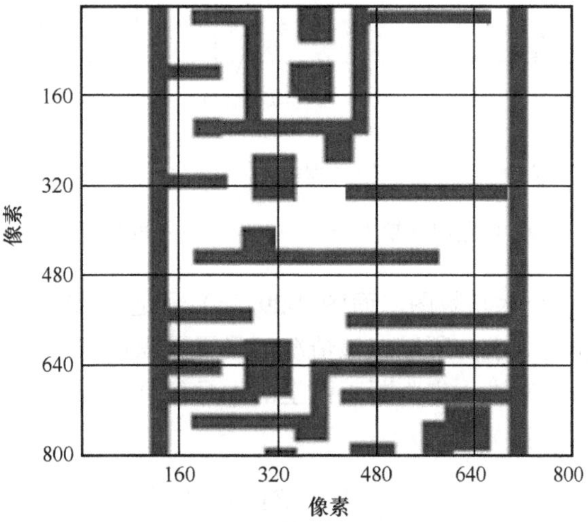

图 2-28　网格化的电路版图

网格选用正方形，其边长大小可以自行选择，边长设定要保证小于一个组件的大小。这样的设定同时也保证检测到的木马痕迹会在网格上呈现连续性。之后就要考虑对网格进行特征提取和计算。正如在本节开头提到的那样，运用 3 个面积特征和 2 个质心特征定义需提取的网格特征。3 个面积特征可分别用式（2-6）～式（2-8）表示。

$$f_1 = \frac{A(Y \cap Z_{\text{in}})}{A(Z_{\text{in}})} \tag{2-6}$$

$$f_2 = 1 - \frac{A(Y \cap \overline{Z_{\text{out}}})}{A(Y)} \tag{2-7}$$

$$f_3 = 1 - \frac{A(Y \cap \overline{Z_{\text{out}}})}{A(\overline{Z_{\text{out}}})} \tag{2-8}$$

其中，Y 表示模拟 RE 提取到的图像在网格中的组件区域；Z_{in} 表示与黄金版图比较之后，得到 RE 图像在网格中被允许的最小区域；$\overline{Z_{\text{out}}}$ 则表示先获得与 Z_{in} 相反的所允许的最大区域，然后再取该区域外的其他区域面积。

面积特征用于判断网格内的电路组件在大小上是否存在硬件木马增删现象。如果某个网格内的组件植入了 HTD 木马，即组件非法丢失，那么 f_1 会明显小于 1；如果网格内出现了 HTA 木马，即组件非法增加，那么 f_3 也会明显小于 1。面积特征有一种情况不能很好地处理，如图 2-29 所示。

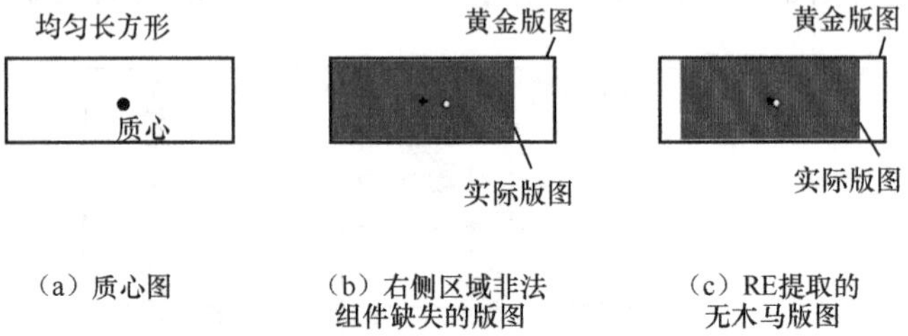

图 2-29　电路组件缺失与组件面积大小之间的判断误差图

图 2-29（b）是个木马版图，而图 2-29（c）只是个 RE 提取的无木马版图。它们都有同样的面积大小，所以在该情况下只用面积特征作为判断是不充分的，还需要引入质心特征来进一步判断版图上的木马信息。同样，质心特征可以分别用式（2-9）和式（2-10）来表示。

$$f_4 = 1 - \frac{|CX(Z) - CX(Y)|}{\text{网格边长}} \tag{2-9}$$

$$f_5 = 1 - \frac{|CY(Z) - CY(Y)|}{\text{网格边长}} \tag{2-10}$$

f_4 和 f_5 不再做额外的公式参数说明，仅需要说明的是它们各自记录了黄金版图和 RE 提取到的实际版图在质心的横纵坐标上的距离差值。很明显，如果这个差值小于预定的误差范围（f_4 和 f_5 的值尽可能接近 1），则可以认为是无木马的网格。

以上这 5 个特征可以以每个网格为单位用一个特征向量来记录，对于 SVM 分类器来说，这些特征向量后面还需要另外增加一个关于该网络是否包含木马的标签信息，而对于 K 均值聚类分类器来说便不需要此标签。接下来讨论这两个分类器的检测过程。

（1）基于 SVM 分类器的网格特征检测

SVM 是一个有监督的机器学习模型，主要是通过将数据投影到多维空间上，并在该空间中找到一条分界线模型对数据集做简单区分。SVM 分类器的网格特征检测流程如图 2-30 所示。

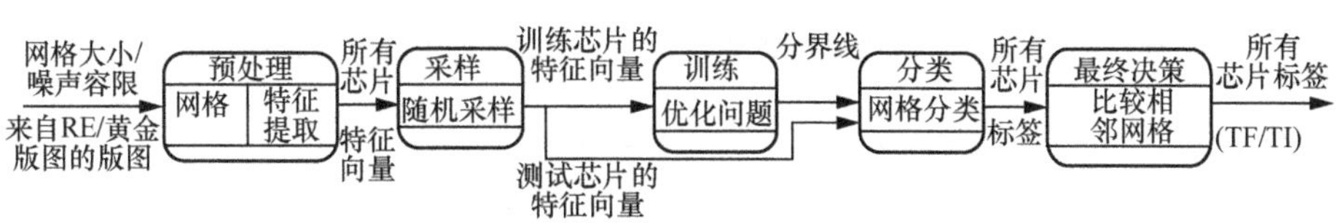

图 2-30　SVM 分类器的网格特征检测流程

对于图 2-30 来说，当所有芯片的网格特征向量输入 SVM 分类器之后，分类器开始随机采样，并自行地优化训练问题，从而形成了一套划分数据集的分界线。由于该分类器仅能支持二分类问题，因此每个网格的分类结果仅能产生有无木马的判断，而无法对木马的特性进行更加详细的分类。所以每次输入分类器的正负样本必须在定义上保持一致，比如正样本为 HTF，负样本只能是 HTA、HTD、HTP 其中的一种。为了完成所有类型的判断，就至少需要这样三组正负样本的数据集组合。

（2）基于 K 均值聚类分类器的网格特征检测

K 均值聚类对用户来说仅需要考虑分几个群集来聚类，不需要其他复杂烦琐的参数选择调整，这是非常方便的。K 均值聚类分类器的网格特征检测流程如图 2-31 所示。

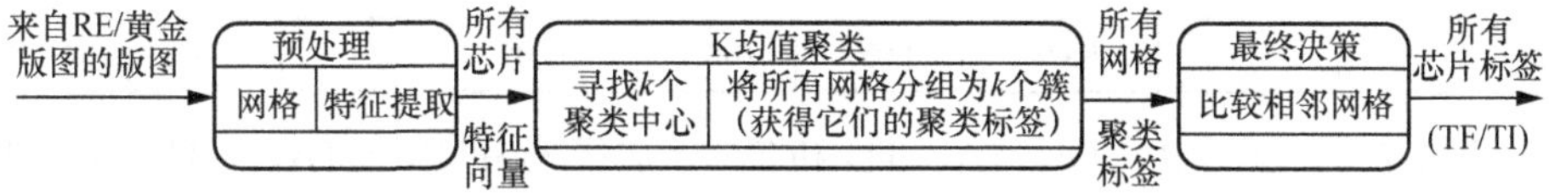

图 2-31　K 均值聚类分类器的网格特征检测流程

从图 2-31 可以看出，用户把特征数据集输入分类器后仅需选择聚类数，分类器可自行帮助用户完成剩下的工作。分类器自动地寻找各个特征向量的相似性并尽可能地将它认为的同类数据在多维空间上聚集在一起，最后便可清晰地看出数据集按照设定的组数那样聚集成几块。这样的好处就是可以支持多木马特性的分类，不需要多次进行多组的数据集组合。SVM 和 K 均值聚类分类器在低噪声、中噪声和高噪声条件下的木马检测结果分别如表 2-7～表 2-9 所示。

表 2-7　SVM 和 K 均值聚类分类器在低噪声条件下的木马检测结果

训练芯片数量	TF		TA		TD		TP	
	K	S	K	S	K	S	K	S
5	100%	100%	100%	100%	100%	100%	100%	100%
4	100%	100%	100%	100%	100%	100%	100%	100%
3	100%	100%	100%	100%	100%	100%	96.4%	98.8%
2	100%	92.4%	85.2%	100%	100%	100%	82.8%	98.2%
1	92.8%	90.4%	45.8%	100%	100%	100%	40.4%	94.6%

表 2-8 SVM 和 K 均值聚类分类器在中噪声条件下的木马检测结果

训练芯片数量	TF		TA		TD		TP	
	K	S	K	S	K	S	K	S
5	28.6%	100%	100%	100%	100%	100%	100%	100%
4	17.4%	93.8%	100%	100%	100%	100%	100%	100%
3	12.6%	96.4%	100%	100%	100%	100%	100%	100%
2	13.8%	91.2%	88.2%	100%	100%	97.6%	86.4%	99.6%
1	9.6%	89.2%	86.2%	100%	100%	93.2%	81.2%	100%

表 2-9 SVM 和 K 均值聚类分类器在高噪声条件下的木马检测结果

训练芯片数量	TF		TA		TD		TP	
	K	S	K	S	K	S	K	S
5	0	87.4%	100%	100%	100%	4.2%	100%	100%
4	0	77.2%	100%	100%	100%	18.6%	100%	97.2%
3	0	75.8%	100%	100%	100%	23.2%	100%	98.4%
2	0	71.2%	100%	100%	100%	28.6%	100%	97.4%
1	0	79.6%	100%	100%	100%	30.4%	100%	96.2%

表 2-7～表 2-9 中，TF、TA、TD 和 TP 分别代表 HTF、HTA、HTD 和 HTP，K 和 S 分别代表 K 均值聚类分类器和 SVM 分类器。需要注意的是，表 2-7～表 2-9 中的检测值是以芯片为单位，并不是以网格为单位的。待检测芯片一共是 500 个，只要正确地检测到某个芯片中有木马或者是完全没有木马，就算此芯片检测成功。所以并不要求一定要正确地检测出所有网格的木马情况。

可以很明显地看出，训练芯片的个数越多，模糊化处理程度越小，那么这两种分类器的检测性能也越高。但是它们之间也存在着几个明显的不同点，SVM 分类器具有比较好的抗模糊化能力，即如果 RE 提取到的图像还原度不够高时，SVM 分类器较 K 均值聚类分类器有更稳定的检测率。而且即便在模糊化低的实验中，SVM 分类器的综合检测能力也是更优的。K 均值聚类分类器的优势在于仅需要几个关键参数就可以搭建模型，而且可以同时为多个种类的网格木马分类，侧重于在条件允许的情况下省力的检测操作。

3．总结

结合机器学习检测，RE 构造图像网格的处理能方便地开展硬件木马的检测工作，甚至达到“金片”的效果。如果这个网格的边长不大，检测出的木马网格就可以起到大致定位的效果。同时还可以进一步考虑是否可以结合深度学习这样的自动特征提取方式来配合图像卷积处理以达到检测木马的效果。尽管上述实验是基于模拟 RE 提取的过程，但是也不能忽视 RE 本身对提取图像设备带来的不小开销。低纳米的制程工艺会让 RE 检测硬件木马的使用受到限制，但它依然还是大纳米电路芯片获取“金片”的优秀方式。另外一个值得注意的是，RE 检测技术也是目前仅有的少数几个可以检测参数型硬件木马的技术之一。

参考文献

[1] SIA. The strengthening the global semiconductor supply chain in an uncertain era report[R]. 2021.

[2] AGRAWAL D, BAKTIR S, KARAKOYUNLU D, et al. Trojan detection using IC fingerprinting[C]//Proceedings of 2007 IEEE Symposium on Security and Privacy. Piscataway: IEEE Press, 2007: 296-310.

[3] BHUNIA S, HSIAO M S, BANGA M, et al. Hardware trojan attacks: threat analysis and countermeasures[J]. Proceedings of the IEEE, 2014, 102(8): 1229-1247.

[4] 谢海，恩云飞，王力纬. 电磁泄漏型硬件木马设计与检测[J]. 广东工业大学学报，2013, 30(4): 70-73, 106.

[5] BORATEN T, KODI A K. Mitigation of denial of service attack with hardware trojans in NoC architectures[C]//Proceedings of 2016 IEEE International Parallel and Distributed Processing Symposium. Piscataway: IEEE Press, 2016: 1091-1100.

[6] YANG K Y, HICKS M, DONG Q, et al. A2: analog malicious hardware[C]//Proceedings of 2016 IEEE Symposium on Security and Privacy. Piscataway: IEEE Press, 2016: 18-37.

[7] DONG C, XU Y, LIU X M, et al. Hardware trojans in chips: a survey for detection and prevention[J]. Sensors (Basel, Switzerland), 2020, 20(18): 5165.

[8] BHUNIA S, TEHRANIPOOR M M. The hardware trojan war || introduction to hardware trojans[J]. 2018, doi: 10.1007/978-3-319-68511-3.

[9] AARESTAD J, ACHARYYA D, RAD R, et al. Detecting trojans through leakage current analysis using multiple supply pad I_{DDQ}s[J]. IEEE Transactions on Information Forensics and Security, 2010, 5(4): 893-904.

[10] HE J J, ZHAO Y Q, GUO X L, et al. Hardware trojan detection through chip-free electromagnetic side-channel statistical analysis[J]. IEEE Transactions on Very Large Scale Integration (VLSI) Systems, 2017, 25(10): 2939-2948.

[11] ZARRINCHIAN G, ZAMANI M S. Latch-based structure: a high resolution and self-reference technique for hardware trojan detection[J]. IEEE Transactions on Computers, 2017, 66(1): 100-113.

[12] 郑朝霞，李一帆，余良，等. 基于概率签名的硬件木马检测技术[J]. 计算机工程，2014, 40(3): 18-22.

[13] BAZZAZI A, MANZURI SHALMANI M T, HEMMATYAR A M A. Hardware trojan detection based on logical testing[J]. Journal of Electronic Testing, 2017, 33(4): 381-395.

[14] DONG C, ZHANG F, LIU X M, et al. A locating method for multi-purposes HTs based on the boundary network[J]. IEEE Access, 2019, 7: 110936-110950.

[15] DONG C, HE G R, LIU X M, et al. A multi-layer hardware trojan protection framework for IoT chips[J]. IEEE Access, 2019, 7: 23628-23639.

[16] DONG C, CHEN J H, GUO W Z, et al. A machine-learning-based hardware-trojan detection approach for chips in the Internet of things[J]. International Journal of Distributed Sensor Networks, 2019, 15(12): 155014771988809.

[17] XU Y, CHEN Z Y, HUANG B H, et al. HTtext: a TextCNN-based pre-silicon detection for hardware trojans[C]//Proceedings of 2021 IEEE International Conference on Parallel & Distributed Processing with Applications, Big Data & Cloud Computing, Sustainable Computing & Communications, Social Computing & Networking. Piscataway: IEEE Press, 2021: 55-62.

[18] DONG C, CHEN D, WENWU H, et al. GNN4gate: a bi-directional graph neural network for gate-level hardware trojan detection[C]//Proceedings of 2022 Design, Automation & Test in Europe Conference & Exhibition (DATE). Piscataway: IEEE Press, 2022: 1-6.

[19] YASAEI R, YU S Y, FARUQUE M A. GNN4TJ: graph neural networks for hardware trojan detection at register transfer level[C]//Proceedings of 2021 Design, Automation & Test in Europe Conference & Exhibition (DATE). Piscataway: IEEE Press, 2021: 1504-1509.

[20] TORRANCE R, JAMES D. The state-of-the-art in semiconductor reverse engineering[C]// Proceedings of the 48th Design Automation Conference. Piscataway: IEEE Press, 2011: 333-338.

[21] BHASIN S, DANGER J L, GUILLEY S, et al. Hardware trojan horses in cryptographic IP cores[C]//Proceedings of 2013 Workshop on Fault Diagnosis and Tolerance in Cryptography. Piscataway: IEEE Press, 2013: 15-29.

[22] BAO C X, FORTE D, SRIVASTAVA A. On application of one-class SVM to reverse engineering-based hardware trojan detection[C]//Proceedings of Fifteenth International Symposium on Quality Electronic Design. Piscataway: IEEE Press, 2014: 47-54.

[23] PLAZA S M, MARKOV I L. Solving the third-shift problem in IC piracy with test-aware logic locking[J]. IEEE Transactions on Computer-Aided Design of Integrated Circuits and Systems, 2015, 34(6): 961-971.

第 3 章 集成电路知识产权保护

3.1 知识产权核

IP 核也叫知识产权核，其不是某个实体结构，而是一段具有特定功能的硬件描述语言程序。特别地，在集成电路中，IP 核是一个具有特定电路功能的模块，其制造与集成电路无关。

3.1.1 知识产权核结构

图 3-1[1]展示了 IP 核的结构。IP 核主要划分为两个部分，左边是主要的计算模块，受一个核心控制器控制；右边是后续的计算模块，它根据接收到的控制信号，决定对左边模块传入的数据进行何种处理。

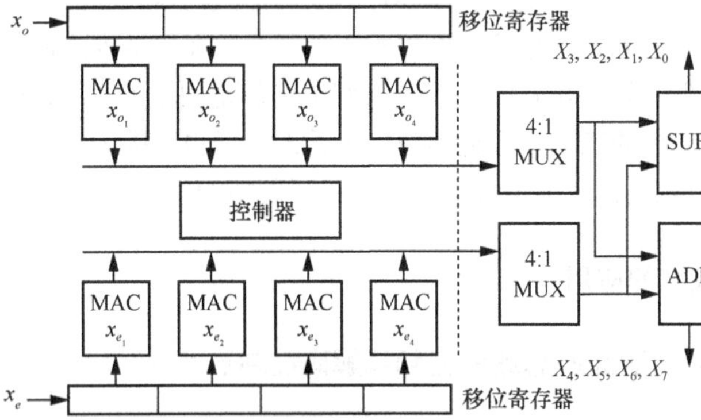

图 3-1 IP 核的结构

3.1.2 知识产权核分类

根据 IP 核的功能和特性，可以将其分为软核、固核以及硬核这 3 种类型。软核的应用范围最广泛，硬核的应用范围最窄。

软核主要负责描述功能行为，在 FPGA 设计中，软核通常有两种呈现形式。

一种形式是一个由一系列逻辑门以及连接它们的线构成的集成电路；另一种形式，也是最常出现的形式，即使用 HDL 来编码软核的各种设计。软核的使用与具体的实现技术无关，即在完成对软核的设计时，设计人员不需要考虑其物理实现，比如不要求设计人员考虑需要用什么元器件来实现这些功能的设计。因此，软核相对固核和硬核来说，不仅设计成本低，本身的灵活性和适应性也更强。但也因为这个原因，软核在电路设计的后续工艺中很可能会因为不适应整体设计而需要进行调整与优化，否则，将会带来一定的风险。在时序性能方面，软核与另外两种 IP 核不同，没有固定的时序性能，即时序性能具有灵活性，不同的使用者赋予软核不同的时序性能。另外，软核的灵活性不只体现在时序性能方面，软核也允许使用者对其源代码进行修改，具有完全个性化的优点。但是，使用者在使用软核时，必须将软核的描述语言进行转换，即将 RTL 描述语言转换为设计版图描述语言，这需要付出极大的时间和精力。

固核指 HDL 源码及与实现技术有关的电路结构编码文件。固核是另外两种 IP 核的中和，它是 FPGA 领域中带有电路布局规划的软核，或是 EDA 领域中确定了平面设计信息的硬核。与软核相比，固核的灵活性较差，使用者无法对固核进行完全个性化的设计，只能借助一定的技术实现对固核部分功能的修改。而这往往是很不容易的，因为对部分功能进行修改时必须考虑固核与实现技术之间的兼容性以及读取电路结构编码文件的复杂性。另外，在时序性能方面，关键路径上的时序是可控的。总体来说，固核是完成结构描述这一任务的。

硬核主要负责的是基于物理的描述并经过工艺验证这一过程。它是预先定义好的、已布局布线的模块。硬核一般以芯片网表的形式出现。和固核一样，硬核也必须采用指定的实现技术，但是硬核的要求更加严格。在灵活性方面，硬核是灵活性最差的一种，一般来说，I/O 信号以及内部结构都是固定的[2]，硬核的设计一旦确定了，就不能在后续的工艺中根据情况做出修改。但也正因为这样，在稳定性和可靠性方面，硬核是 3 种 IP 核中最好的。并且，硬核的时序性能是有保证的。

3.1.3 知识产权核的应用

3.1.3.1 基于 Avalon 总线的音频编解码控制器 IP 核

随着科技的发展，数字音频技术的应用越来越广泛，例如在社交软件中普遍使用的语音转文字、变声器等音效处理、音频加密等。大家应该对数字信号处理器（DSP）并不陌生，但实际上 DSP 已经是过去式了，因为 DSP 的效率和灵活性已经不符合当前用户的使用要求了。现在介绍一种新的音频处理系统——可编程片上系统（SoPC）。顾名思义，SoPC 的 FPGA 是可编辑和修改的，这样便可以根据实际使用需求对处理器进行增减，定制用户需求，对计算密集型的项目开发十分友好。可见，SoPC 较 DSP 灵活高效得多。秦玉龙[3]对此技术的使用进行了相关研究，将 Avalon 总线和 SoPC 封装技术相结合，设计了一种新的可重用的 IP 核，称为 WM8731 音频编解码控制器，并提出了一种新的个性化设计系统——Nios Ⅱ处理器系统。Nios Ⅱ处理器系统总体架构如图 3-2 所示。

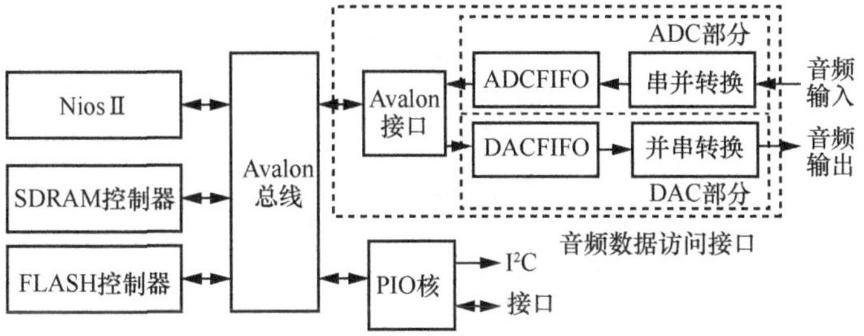

图 3-2　Nios Ⅱ处理器系统总体架构

从图 3-2 可以看到，音频数据从 ADC 部分输入，并从 DAC 部分输出，这两个部分共同构成音频数据访问接口。该接口与 Avalon 总线之间的交互是通过 Avalon 接口实现的。可以说，Avalon 总线负责整个系统的信息传递中介工作。

3.1.3.2　基于 AHB-Lite 总线的祖冲之密码算法 IP 核

受我国古代数学家祖冲之的启发，2012 年国家密码管理局发布了一种国密算法——祖冲之序列密码（ZUC）算法[4]。该算法包含 3 个部分：祖冲之算法、128-EEA3 算法以及 128-EIA3 算法，分别起算法基础、数据加密以及保证数据完整性的作用，实现了对信息传输中的加密和身份认证。2012 年年底，祖冲之加密算法通过 3GPP SAGE 的层层审核，终于在众多密码算法中突出重围，成为 3GPP LTE 国际标准密码算法。我国商用算法第一次走出国门，登上国际舞台。

如图 3-3[5]所示，ZUC 算法由上、中、下 3 个层次组成。上层为线性反馈移位寄存器，简称 LFSR，其中包括了 16 个寄存器单元，而每个寄存器单元又包括了 31 个寄存器；中间层为比特重组单元，简称 BR，该层的工作是从上层中提取数据，并将数据传输到下层中的功能模块以及密钥输出处；下层为非线性函数 F，负责对从中间层传来的数据做非线性处理。

ZUC 算法在设计时相当注重安全性和复杂度，这使得它在通信效率要求高、资源使用有限的场景中应用广泛。而基于 128-EEA3 和 128-EIA3 的可重用 IP 核设计的研究就比较稀缺了，于是刘政林等[5]对此进行了研究，提出了基于 AHB-Lite 总线的祖冲之密码算法 IP 核研究。图 3-4 为 IP 核各模块，作者在 IP 核的模块设计中加入了 128-EEA3 模块和 128-EIA3 模块，另外还有寄存器组模块以及必不可少的两个分别存储输入数据和输出数据的 RAM 模块。

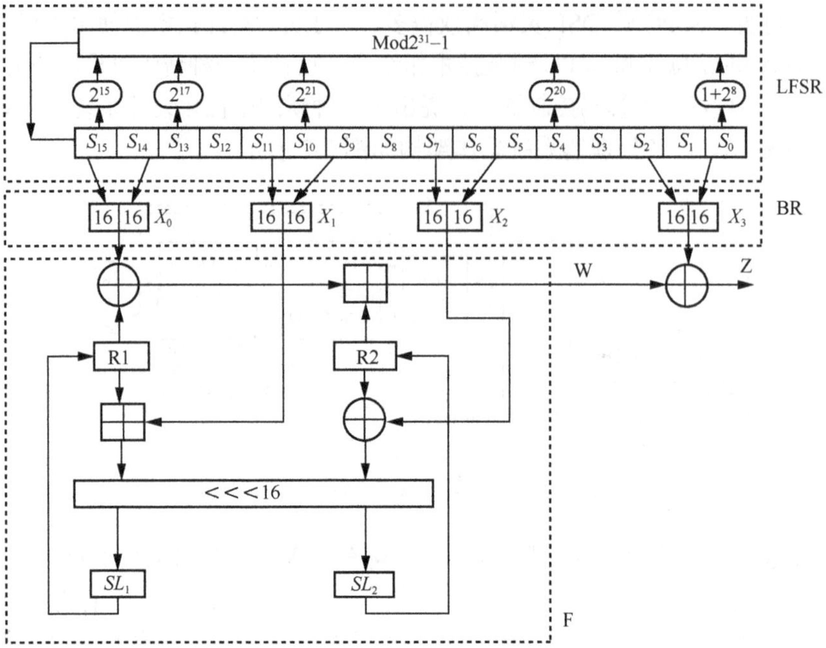

图 3-3　ZUC 算法结构

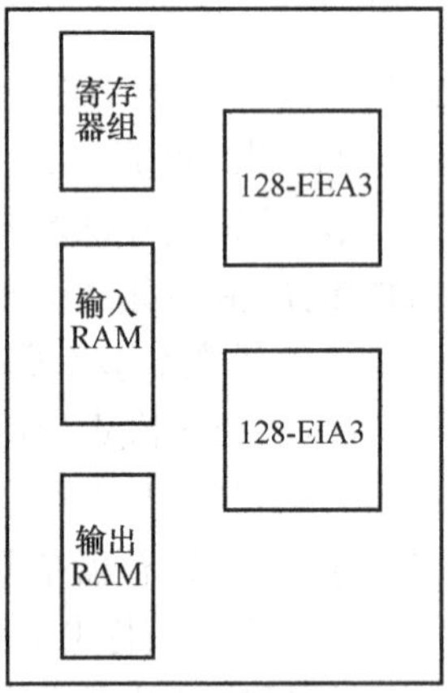

图 3-4　IP 核各模块

两个 RAM 模块都与总线接口和 128-EEA3、128-EIA3 连接。输入 RAM 与 AHB-Lite 总线相连，负责接收并存储输入数据，随后将这些数据传递给 IP 核进行后续的处理；另外，输入 RAM 还作为输入数据与加密认证操作的传递者，使用 128-EEA3 模块进行数据加密操作、128-EIA3 模块进行数据完整性认证操作。输出 RAM 与 128-EEA3 和 128-EIA3 相连，存储经 IP 核处理后得到的输出结果；与总线接口相连，使处理器可以从总线处读到处理的结果数据。另外，为了实现

IP 核的可重用，刘政林等[5]对 IP 地址采用了地址偏移的方式，具体的配置参数可以参考文献[5]。

3.1.3.3　基于 AES 加密算法的 IP 核

AES 加密算法是一种分组对称加密算法，它是针对数据加密标准（DES）算法的安全保护性不足而提出的，用于替代 DES 的更高级的加密标准。在介绍 AES 之前，需要对对称加密进行介绍。对称加密是一种传统的数据加密算法，众所周知，加密数据和解密数据都需要使用密钥，而对称加密过程中使用到的密钥只有一种，也就是单密钥。AES 是对称加密算法之一，根据密钥长度的不同，可以细分为 AES-128、AES-192 以及 AES-256，它们的加解密操作基本一致，只在迭代处理的轮数方面有些许不同。AES 在每一轮的加解密时所执行的操作基本一样，只有最后一轮略有不同，并且加密和解密的过程是完全相反的。

AES 算法有两种实现方式，分别是通过硬件与通过软件实现。比较常见的是通过软件实现，这是因为通过软件实现消耗的资源与加密的速度相比于通过硬件实现都更优，并且在安全性上更有保障。因此，通过硬件实现 AES 算法的研究少之又少，但通过软件实现的方法存在一个缺点，那就是当实验要处理的数据量比较大时，通过软件实现的加密性能就显露出了弊端。田伟等[6]为了对 AES 加密算法的性能进行优化，提出了将 AES 算法与 IP 核结合的方法，打破了以往大多使用软件实现 AES 加密的方式，改用硬件完成加密过程以及对密钥的封装。另外，为了改善流水线加密设计的不足，即在设计规模较大和迭代次数较多的实验中效率低，田伟等[6]通过硬件加密、查找表等方法改进了流水线设计存在的这些问题，提出了轮内外流水线设计的方法。这种方法是在 AES 算法 10 轮迭代过程执行完成之后再次进行迭代循环，这种循环叫作轮外流水线；而将寄存器插入每轮操作中的轮函数中，这种方式叫作轮内流水线。将这两种流水线结合使用，便得到了轮内外流水线，大大提高了 AES 算法的加密效率。

金晓光等[7]对 AES 加解密 IP 核也提出了一些想法。通过调整 AES 加密算法 10 轮迭代过程中各个操作的执行顺序，例如将密钥异或操作提前到列混合操作之前执行，这样一来，在密钥扩展时就不需要进行列混合操作了，从而简化了算法的过程，达到了降低算法硬件复杂度的目的。龚向东等[8]针对 AES 加密算法在硬件实现方面的特性和不足，提出了几个改进方法：首先，将优化关键路径至密钥拓展环节设计成流水线的加密形式；其次，字节替换操作通过查找表的方法实现，可以达到降低算法复杂度的目的；最后，利用 FPGA 定制 RAM，预先将查找表存储在此 RAM 中，大大提高了算法的加密速度。优化后的 AES 加密算法被封装成 IP 核，以便今后随时加入使用。

3.1.3.4 相控阵天线内部通信的 CAN 控制器 IP 核

本书介绍一种现场总线的常用器件——CAN 控制器，它的功能十分强大，并且通用于分布式控制和实时控制应用中，因而在相控阵天线波控系统中应用广泛。但由于 CAN 控制器接口的兼容性一般，且只能是固定类型，因此，国内有关 CAN 总线的研究并不多，提高 CAN 总线兼容性的问题着实棘手。王邦继等[9]对此进行了一定的研究，并将 CAN2.0 协议规范融入 IP 核设计中，实现了两者的结合，提出了 CAN 控制器 IP 核的思想。该 IP 核结构与前文介绍的 SoPC 系统类似，都采用了 Nios Ⅱ处理器，而 CAN 控制器 IP 核在此处理器的基础上又增加了单相控制器等多个设计模块，并将它们集成到 FPGA 上，得到了用于相控阵天线内部通信的多相控制器 SoPC 系统，称为 CAN 控制器 IP 核。

图 3-5[9]是相控阵天线波控系统的分布式拓扑结构。从图 3-5 可以看到，相控阵天线波控系统具有一个波束导向主系统以及 n 个波束导向子系统。主系统通过以太网与命令和控制系统进行数据交互，并将接收到的数据分发到各个子系统中，在 n 个子系统中实现数据在对应子阵的天线单元上的相位计算。注意，该计算的复杂度与子阵阵面的面积大小无关。最终，通过总线接口将这些子系统与 CAN 总线相连。

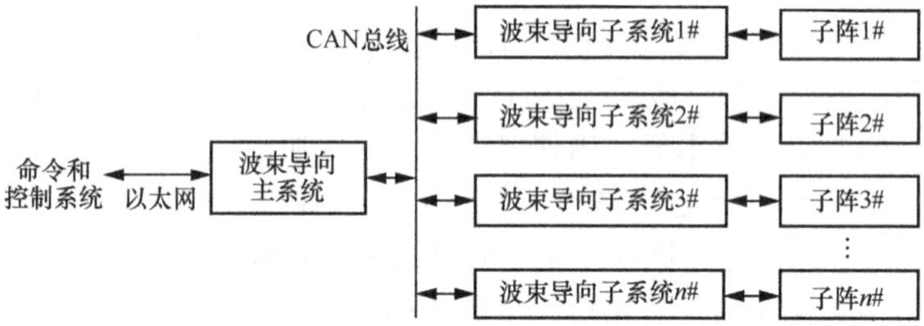

图 3-5 相控阵天线波控系统的分布式拓扑结构

王邦继等[9]使用 FPGA 来集成这些波束导向子系统，根据 IP 核设计的思想，完成了多相控制 SoPC 系统的硬件实现，结构如图 3-6 所示。

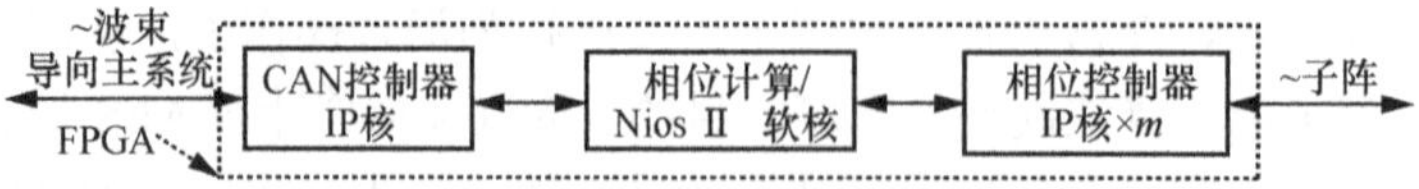

图 3-6 多相控制的 SoPC 系统的结构

王邦继等[9]设计的 CAN 控制器 IP 核是依据 CAN2.0 协议规范来设计的，主要包含以下 6 种功能模块：Avalon 总线接口、CAN 寄存器、波特率分频器、比特流处理器、比特时序逻辑以及位移寄存器，如图 3-7 所示。

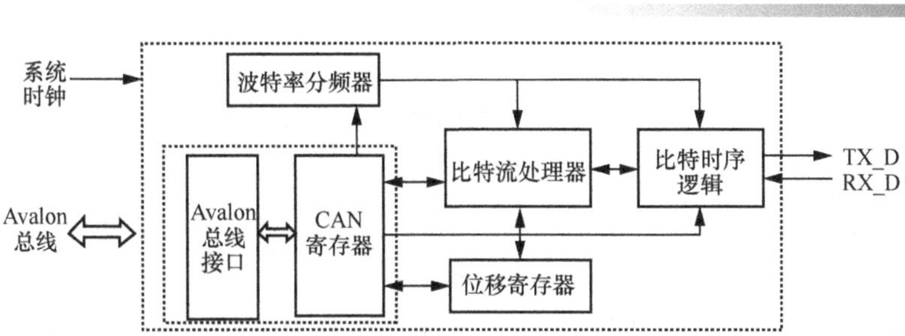

图 3-7　CAN 控制器 IP 核功能模块

最后的实验结果证实了这种设计是可行的，它优化了 CAN 总线的兼容性，设计了一种具有较优集成度和可靠性的 SoPC 系统，实现了波控系统小型化和芯片化的目的。并且，这种 CAN 控制器 IP 核已经经过封装，可以随时加入 FPGA 平台中，并对外提供。

3.1.3.5　基于 AHB 总线的 DES IP 核

3.1.3.3 节中提到的 AES 是用于弥补 DES 不足的算法，也就是说，DES 是基础，AES 是它的进阶。两者的本质相同，都是对称加密算法。AES 具有 3 种密钥长度，而 DES 的密钥长度只有一种，即 64 位的密钥。并且这 64 位的功能还不相同，根据密钥位的作用，将其分为两组，一组含 56 位，另一组含 8 位，分别负责加解密和校验。之前还没有 AES 的时候，设计人员苦于 DES 的加密安全性不足，思考若使用多次 DES 加密算法是否可以增强保密性。于是，3DES 问世，它是一种介于 DES 和 AES 之间的加密算法，比起 DES，它的安全性和复杂性都有极大的提高。简单来说，3DES 就是迭代使用 3 次 DES，对数据进行 3 次 DES 加密操作，从而提高了安全性和保密性。

DES 和 3DES 不适合用软件来实现，因为这种实现方法的效率太低，而目前采用硬件实现的方法通常没有设置总线接口，从而无法应用到 SoC 系统中。正是基于这种现状，AHB 总线凭借其自带接口模块的优势被广泛使用，更重要的是，AHB 总线作为一种互连体系结构，其自带的接口模块却并不会与互连结构合并，两者是分离的，这就十分适合用来弥补 DES、3DES 加密算法硬件实现的不足。

柳沐璇等[10]对此提出改进的策略，将 AHB 总线应用到 DESIP 核的设计中，利用 AHB 总线作为数据信号接口，负责收发数据。图 3-8 展示了 DESIP 核的总体架构，其中涉及几个功能模块，分别是信号转换模块 AHB_BIU、寄存器电路 REG、加解密算法电路 DES_ALU 以及控制中心 CTRL。信号转换模块 AHB_BIU 负责将 AHB 总线从主机得到的数据信号转换成 DES 算法可接收的信号；DES_ALU 模块负责执行数据的加密和解密操作；CTRL 是控制模块，负责整个 DESIP 核的调配；REG 模块是由寄存器构成的电路模块，负责各个模块间的数据交互以及密钥存储。

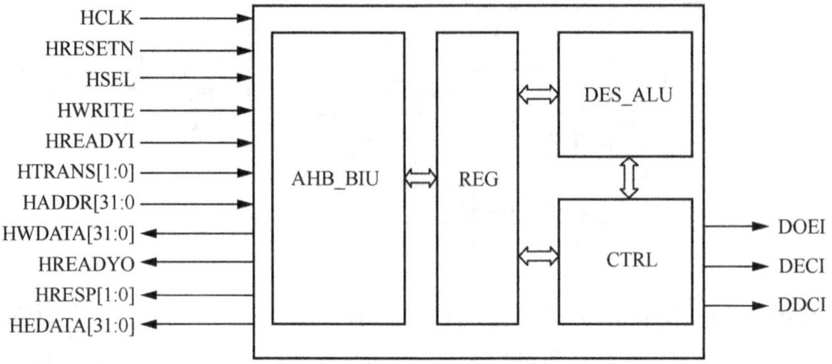

图 3-8　DES IP 核的总体结构

最终实验结果证实了这种设计是可行的，DESIP 核与 AHB 总线能够很好地兼容，并且在符合时间冗余的要求下大大提高了 DES 和 3DES 加密算法的加解密转换速率。

3.1.3.6　应用 FPGA 实现弹载飞行控制器控制算法 IP 核

弹载电子设备是安装在导弹头部的设备，因而对小型化和轻量化的要求十分严格，并且作为一种武器，合理的结构和准确的仿真训练十分有必要，这样才能保证弹载电子设备的可靠性符合要求。特别地，弹载飞行控制器对设计的尺寸和重量的要求更加严格，可容许的误差也更小，因为设计人员必须保证该设备在部署使用中能够准确地击中目标，途中还必须考虑到气流、风力等因素的影响，抗震动和抗冲击的性能也必须有保障。此外，弹载飞行控制器的配置也应该是灵活且具有良好保密性能的。介绍完弹载飞行控制器的设计要求后，现在来介绍其设计的主流方案——SoC 架构。实际上，微控制器或 DSP+FPGA 架构的方案也是可行的，但当任务比较多且复杂时，这种方案在多任务分配和协调上的弊端就显露出来了。因此，将微控制器集成在 FPGA 上的 SoC 架构方案更为主流，这种方案相比于前一种方案在功耗和微型化上都更有优势，但其存在的主要问题就是控制算法 IP 核应该如何设计。

徐铁军等[11]对此进行了一定的研究，采用了基于模型设计的方法，实现了弹载飞行控制器控制算法 IP 核的设计，并通过仿真训练验证了其可行性。另外，在使用处理器系统方面，作者也做了两种尝试，一种是无处理器系统，另一种是有处理器系统，结构分别如图 3-9 和图 3-10 所示。在无处理器系统中，进程调度状态机是核心模块，负责其余所有模块的调度。而在有处理器系统中，与无处理器系统不同的是，系统中的所有模块都与微控制器硬核/软核相连，系统的运作流程受处理器的控制；相同的是，它们均在 FPGA 上实现。

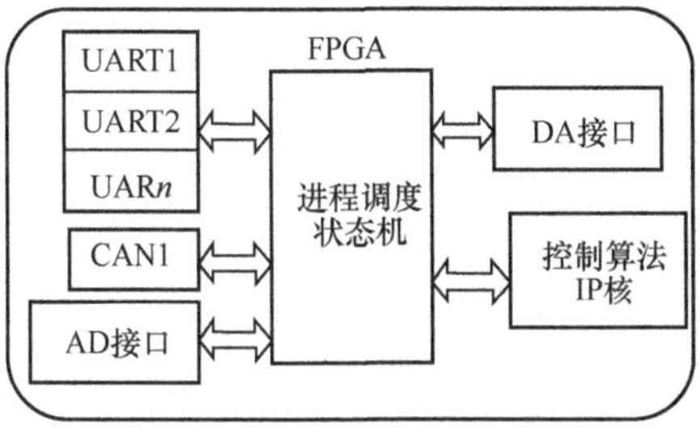

图 3-9 无处理器系统

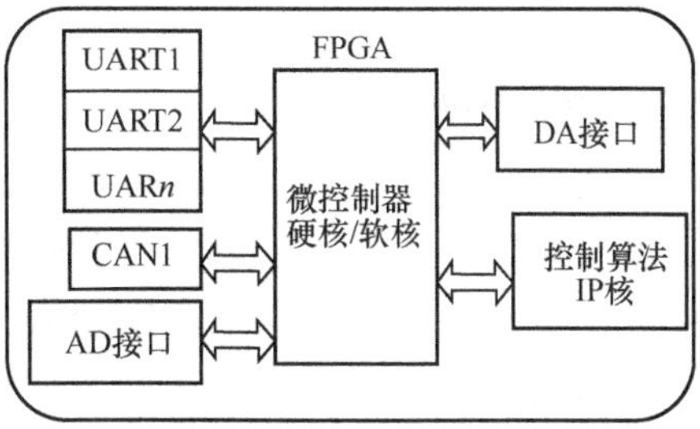

图 3-10 有处理器系统

在实现阶段，徐铁军等[11]使用的是 HDL 代码自动生成技术，具体的实现过程如图 3-11 所示。这是一个迭代执行的过程，每进行一步都需要做一次仿真训练，符合要求的设计才可以进行下一步操作。

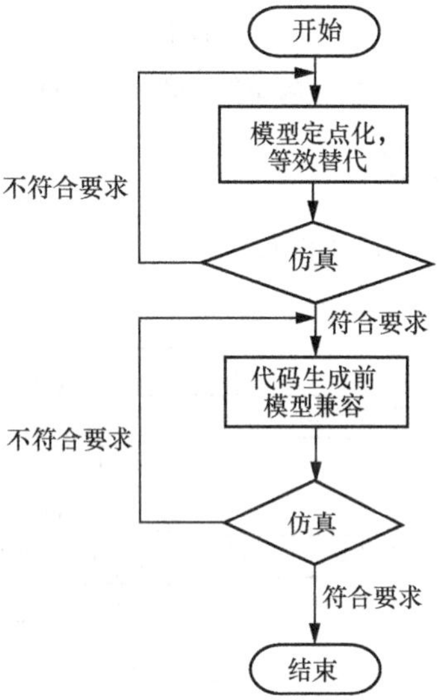

图 3-11 控制算法 IP 核的实现过程

弹载飞行控制器控制算法 IP 核的出现，打破了以往 IP 核在并行计算中运算能力不足、效率低的限制，实现了高速计算，并且这种设计的实现为一体化设计开辟了新路径。

3.2 基于物理结构的保护

本节将介绍 4 种基于物理结构的保护手段，分别是物理不可克隆函数、空白填充、电路伪装和分割生产，下面对这 4 种保护手段进行介绍。

3.2.1 物理不可克隆函数

犹如学生有学号、公民有身份证号一样，一个物理实体也有它自己独特的标识，这种独有的、唯一的标识是对物理实体进行认证的标准。这种标识不一定是直接可见的，可以是某种内部物理构造所产生的个体间的差异。基于此，一种用于标识物理实体差异性、唯一性的手段出现了，称为物理不可克隆函数（PUF）。不同的物理实体一定具有不同的内部结构，正是这种差异性使得它们在面对任意的输入激励时，都会输出一个唯一的、与之对应的、不同的响应信号，并且这个响应事先无法预测，这就是所谓的 PUF。PUF 具有唯一性和随机性，这都是由芯片等物理实体或设备在制造过程中必然会引入工艺参数偏差造成的。所以，将同样的激励输入不同的物理实体中，不可能得到相同的响应结果。在认证实体领域中，最常使用的就是 PUF[12]，这也是 PUF 曾经的主要用途。而如今 PUF 已经不再局限于认证实体这一应用，它在安全领域中也发挥了重要的作用。

3.2.1.1 PUF 的实现方法

按照电路技术，将 PUF 的几种实现方式做了分类与归纳，具体如图 3-12[13] 所示。

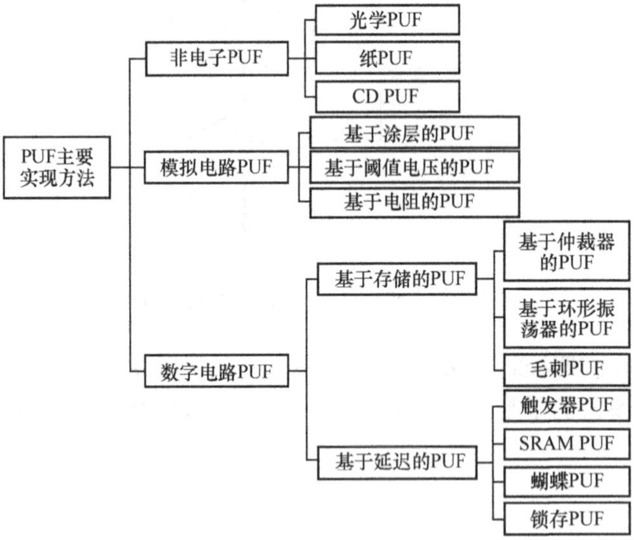

图 3-12 PUF 主要实现方法

Pappu[14]提出了一种非电子 PUF 的方法——光学 PUF。构成光学 PUF 的物理结构中包含一些散射材料，例如具有数百万个纳米颗粒的白色涂料，这些散射材料随机分布。输入信号的光在这些材料内部进行强烈的散射，最终产生独特的、可用于认证的斑点模式应答。光学 PUF 在银行卡上使用广泛。

Tuyls 等[15]提出了一种模拟电路 PUF——基于涂层的 PUF，在 IC 表面覆盖上涂层从而起到保护 IC 的作用。如图 3-13 所示，涂层上有许多微小的介电粒子，这些介电粒子随机分布在涂层上，使涂层具有一定的电容。电容的大小是随机的，可由下层金属层中的传感器产生，并且，不同的传感器产生的电容是不同的，这便是传感器对基于涂层的 PUF 输入的激励做出的不同响应。

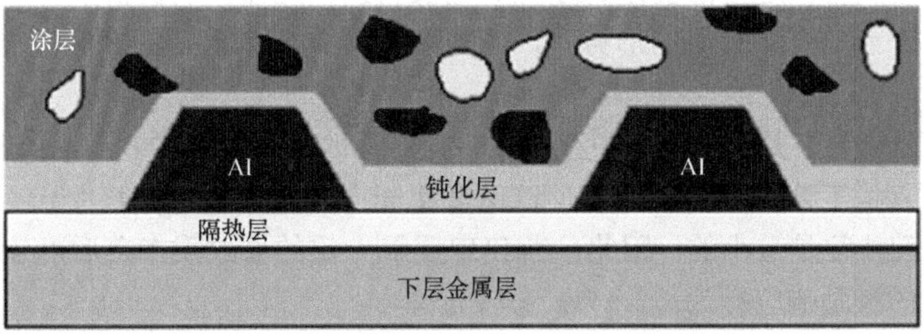

图 3-13　基于涂层的 PUF IC 的切面结构

数字电路 PUF[16]除了具有 PUF 的性质之外，还需要满足接下来提到的参数和属性的要求。

（1）PUF 参数

PUF 涉及几个参数，下面一一进行介绍。

激励–响应对（CRP）：PUF 的第一个参数。从 PUF 的原理出发进行理解，可以知道不同的物理实体对同一激励（这里称为激励 C_i）会做出不同的响应（这里称为响应 R_{C_i}），它们是一一对应的关系。

片间汉明距离： 这个参数充分反映了 PUF 的属性。不同的 PUF 对同一激励做出的响应是不同的，而这个不同的响应之间的具体差距是多少，便由这一参数来量化。

片内汉明距离：由于一些外部因素的干扰，如温度、噪声、测量误差等，一个 PUF 内部也会发生一定的变化，这使它在不同阶段对同一激励所做出的响应也可能不同。这一参数量化了两次响应之间的差异。

（2）PUF 属性

稳健性：也叫容错性，是指将相同的激励多次输入同一 PUF 时，允许在一定的误差范围内返回相同的响应。PUF 稳健性的好坏通常由平均间距 u_{instra} 来衡量。

可计算性：是指当 PUF 的函数关系 Γ 已知时，可以根据所给的激励 C_i，算出响应 $R_{C_i}=\Gamma(C_i)$。这里的可计算性并不是简单地计算出结果，严格来说，它要求在满足一定的时间、空间、能耗等约束条件下，以一种较低的计算成本得出所要求的响应结果。可计算性是衡量 PUF 实用性的指标之一。

唯一性：PUF 可以实现激励与响应的唯一对应，得到该 PUF 独有的 CRP 集合；反过来，一个 CRP 集合也可以唯一识别认证一个 PUF。

不可克隆性：这是 PUF 最基本的属性，严格来说，它表明 PUF 的执行过程是一个不允许被克隆的过程。

不可预测性：是指在 PUF 输出响应前，人们对这一响应结果是未知的，这在很大程度上保证了 PUF 的安全性。

轻量级属性：是指在设计 PUF 时，需要付出的元器件代价很小，这是符合实用性的，在当前资源有限的形势下，效率高且成本低的设备往往能有更好的应用前景。

防篡改属性：是指在篡改发生之后，检测篡改攻击的能力。不同的 PUF 在制造时就引入了工艺误差，使得这些 PUF 各不相同。通常，这些工艺误差并不十分显著，它们往往是微小的。因此，当 PUF 受到一定的篡改攻击之后，必然会严重影响到它的激励响应行为。

3.2.1.2 PUF 应用

（1）密钥生成

PUF 具有的不可克隆性和不可预测性，使其在密钥生成研究中发挥了极大的作用。Tuyls 等[17]在设计 Schnorr 认证协议中加入 PUF 技术，改变以往的密钥形式，使用 PUF 响应作为认证密钥。庞子涵等[18]将 PUF 技术引入 FPGA，展现出 PUF 在集成电路领域中的重大优势。众所周知，密钥在加密技术领域是至关重要的，它的存放是否安全极大地影响了加密技术的成功与否。在传统的加密技术中，需要用一个非易失存储空间保存密钥，这消耗了一定的空间资源；而 FPGA PUF 的出现则打破了这一局限，它凭借本身的不可克隆性，保证了密钥不会被克隆和窃取，节约了存储密钥的空间资源。那么，FPGA PUF 的密钥是依靠什么生成的呢？PUF 在制造过程中会不可避免地引入工艺差异，这便是 FPGA PUF 密钥的生成机制，它保证了作为密钥所要求的一一对应性。另外，FPGA PUF 密钥在资源占用上也具有良好的性质，它只在需要使用时产生，使用完毕后便立即销毁，不会过多地占用资源，造成资源浪费，并且它的体积小，可以应用于更多规格的物理硬件中。

（2）认证

从上面的介绍中可以很明显地看出，PUF 作为一种物理实体的独特标识，其最基本的应用就是认证。PUF 的唯一性、不可克隆性以及防篡改属性都使 PUF 在防伪工作中表现优异，也因此有许多关于 PUF 在防伪领域中的应用研究。

在实现认证这一应用时，需要提前在数据库中存入每个 PUF 的一些 CRP 数据，并在认证阶段随机抽取一条 CRP，检查当前物理系统的 PUF 响应输出是否在一定的偏差范围内与数据库中存储的响应值相匹配，匹配则认证成功，不匹配则认证失败。特别要注意的是，如果在认证之后没有将已经认证过的 CRP 从数据库中移除，那么很可能会遭到重放攻击，因此，认证完毕后必须将相应的 CRP 删除。

（3）可求解函数

不同的数字电路中使用的 PUF 具有不同的特点，也有不同的应用。比如基于延迟的数字电路，其中使用的 PUF 便可以用一个线性不等式来表示，因此可以将其应用为一个可求解函数。一般地，电路中 PUF 的每个 CRP 都要存储在服务器中，当基于延迟的数字电路将 PUF 看作一个可求解函数时，服务器便可以直接去求解可能的响应结果。

3.2.2　空白填充

在描述空白填充这种方法之前，本节先介绍目前 IC 行业面临的一大威胁——硬件木马（HT）。HT 是指恶意插入集成电路中的某个电路结构或电路模块，这种结构或模块在平时没有任何的“表现”，很好地隐藏在原始电路中，使设计人员和使用人员难以发现，而一旦某些触发条件达成，这种结构或模块就会改变原始电路的功能行为，极大地影响原始电路的效能，甚至可以直接摧毁原始电路，造成相当严重的后果。那么，如何有效地检测或抵御 HT 的插入成为 IC 保护的重点工作。其中，空白填充就是一种有效的防御方法。

简单来说，空白填充的目的是创建一种较为密集的原始电路，尽量减少原始电路中的空白空间，阻碍 HT 的插入。这很好理解，原始电路中的空白空间都是潜在的 HT 插入点。所以，若将这些空白空间进行填充，那么 HT 就难以插入原始电路。那么，这要如何实现呢？Ba 等[19]对此进行了相当全面的研究，接下来将针对他们对电路中空白填充的实现方法做出说明。

Ba 等[19]方法的目标是防止不可信任的芯片制造厂商在芯片生产过程中受到攻击，使 HT 被恶意插入电路布局中。另外，Xiao 等[20]的研究中明确了填充单元确实在一定程度上阻碍了 HT 的插入，但若该填充单元是不具有任何特定逻辑功能的非功能填充单元，那么它们除了提高原始电路的密度均匀性之外，无法带来更多的安全增益。这种方法的确消除了部分不可信的开发人员和制造厂向原始电路中添加恶意电路的机会，但是他们仍然可能采取其他方式来达到此计谋，例如通过移除原始电路中的逻辑门，添加自己想要的电路单元。为了解决这一问题，Xiao 等[20]提出了一项新的技术——内置自认证，该技术通过使用功能填充单元而不是非功能填充单元对原始电路布局中未使用的空间，即空白空间进行填充。这些填充单元构成一个额外的组合网络，这个组合网络是可测试的，测试人员可以通过测试这个组合网络了解填充单元的状态，即是否被替换或破坏等。实验证实，内置自认证的方法可以有效地防止 HT 的插入或者使 HT 的插入更加困难。理想情况下，所有的空白空间都能得到填充，但这仅仅是理想情况，在实际应用场景中不可能做到 100%的电路布局空间占用率。于是，Ba 等[19]提出了对需要进行填充的空白空间使用优先排序的方法优化 Xiao 等[20]的设计。Ba 等[19]的方法是优先填充临界空白空间，即接近信号的容易被选择用于触发 HT 的空白空间。并且，用于测试组合网络的设计也尽量使用能减少空间的器件，例如多使用移位寄存器来代替多输入移位寄存器（MISR）。另外，Ba 等[19]还提出了移除增强算法，可以计算出最佳组合函数的数量，从而确定可以插入的触发器数目。当原始电路的设计太密集而没有包含触发器的时候，可以做的工作便是只向原始电路中插入逻辑门。

Ba 等[19]方法的整体流程如图 3-14 所示。首先，计算空白空间和临界空白空间的大小。接着，将最大数目的触发器插入这些空白空间中，用于创建移位寄存器。当然，这里也有可能因为原始电路的设计已经比较紧密，所以无法插入触发器。然后，优先将逻辑单元填充进临界空白空间。最后，将填充的逻辑单元相互连接在一起，使其成为一个整体的网络，并创建出适量的逻辑函数（若在前面的步骤中没有插入触发器，那么此时创建的逻辑函数只有一个）。这个流程并非只进行一遍，它需要不断迭代进行得到电路允许路由的最大空间占用率。当 IC 制造完成后，并不立即部署使用，研究人员还需要对其进行一定的测试，以确保这些 IC 能够正确做出相应的操作，更重要的是没有被插入 HT。

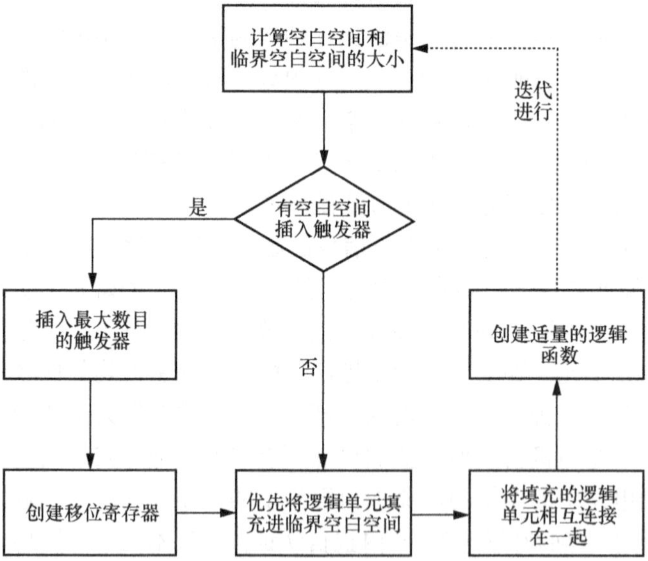

图 3-14　整体流程

3.2.3　电路伪装

在介绍本节内容之前，先简单介绍 RE 攻击。RE 攻击是对芯片电路进行逆向分析和研究，通过扫描电子显微镜对芯片进行逐层扫描、成像，再利用图像识别软件对形成的图像进行处理，经过不断地模拟演绎、提取芯片电路功能，最终再现芯片的布局结构、网表、功能等。如果说芯片设计是从设计到成品的正向工程过程，那么逆向工程就是与此相反的过程，是从成品逆向推导出设计。RE 攻击已经被广泛实施，为了有效地抵御这种攻击技术，Cocchi 等[21]进行了一定的研究并提出了一项技术——电路伪装，该技术可以保护硬件 IP 核不受 RE 攻击和木马的侵害。

电路伪装也是一种知识产权保护方法，所谓电路伪装就是使用一套集成单元设计、电路设计以及布局技术的工具流技术，在成像分析中混淆电路的真实逻辑功能的方法。这是一种基于硬件的知识产权保护方法，伪装的电路是以硬件混淆的方式对硬件 IP 核进行保护的。电路伪装逻辑单元将被集成到实际电路中，从而引入一些细微的电路更改，可以在不影响实际电路主要功能的前提下对实际电路进行完全填充，与 3.2.2 节介绍的空白填充方法有异曲同工之妙，同时，引入了这些细微的改动后在进行 RE 的硅成像分析时，电路伪装逻辑单元的功能难以被识别确认，从而阻碍了网表的提取、克隆与伪造，有效地对抗了 RE 攻击和恶意木马电路插入。

这里说的电路伪装逻辑单元实际上是一种逻辑门，而这种门的逻辑功能难以通过 RE 技术来确定。这些电路伪装逻辑单元之间采用的是伪连接的方式。所谓伪连接有两种形式：第一，看似连接了但却没有被执行，也就是在两个或多个电路伪装逻辑单元之间有着很明显的连接，但在实际运作中，这些连接并没有起作用，被连接的逻辑单元之间似乎是分离的；第二，连接了却被识别为未连接，也就是在两个或多个电路伪装逻辑单元之间实际上存在连接，但在 RE 中没有被识别出，于是被误判为未连接。Cocchi 等[21]介绍了 3 种不同的电路伪装逻辑单元，并对它们的安全性和可行性进行了分析。

第一种称为制造标准单元，在这种电路伪装逻辑单元中，创建了一个类似于 ASIC 目标制造标准单元库的电路伪装逻辑单元库，用于补充制造原始单元库，增强制造原始单元库的安全性。ASIC 就是以制造标准单元库为主，搭配足够数量的伪装逻辑单元来抵御 RE 攻击。有时 ASIC 中还会使用一种外观上与 ASIC 目标制造标准单元库中逻辑门相仿的伪装逻辑门单元，但它们的功能不同，利用这种相似的伪装逻辑门单元可以欺骗实施 RE 攻击的攻击者，使其误判这些门的功能，从而推导出错误的网表，导致逆向工程失败。

第二种称为自定义单元，也叫定制单元，采用这种方法设计的电路的整个 ASIC 都是由完全相同的单元组成的。也因此，电路伪装逻辑单元库是自定义的，可以根据设计目标做出相应的调整，例如调整时序、减少功耗等。设计良好的自定义单元库，其中的每个单元都是完全相同的，并且在电路布局中，属于同一组的自定义单元所使用的晶体管的大小、尺寸以及间距都是一样的，这样在部署到电路中时，两两连接的自定义单元间的边界很有可能就不存在了，这极大地阻碍了 RE 攻击。

第三种称为基本块，它是自定义单元的另一种呈现形式，基本块库是一种功能齐全的电路伪装逻辑单元库。采用基本块的电路的整个 ASIC 也是由完全相同的单元组成的。与自定义单元不同的是，基本块使用的晶体管的大小、尺寸以及间距并不都是相同的。另外，基本块有一项实用性非常强的功能，那就是基本块可以支持生产后可编程的逻辑单元，这种功能主要通过一次性可编程技术来实现，例如在重要安全芯片设计的最后一步进行生产后编程，则可以对芯片中的关键秘密信息进行保密处理，抵御恶意制造厂或攻击者的攻击和窃取。

此外，Cocchi 等[21]还提出了一种用于电路混淆的伪装智能填充技术。该技术可以与电路伪装逻辑单元配合使用，以增强对抗 RE 攻击和防篡改保护的能力。伪装智能填充技术，也叫作后期放置和布线（PP&R）处理技术，是由相互重叠的活动单元和互连的类似于真实逻辑单元的金属几何组成。该技术中设置有填充层，在填充层中设置了许多触点和通孔，它们之间密集地连接在一起构成了布线网络。在填充过程中还包含有部分有源信号，可以大大阻碍逆向工程攻击者利用电压对比技术来实施攻击。这些填充单元及其布线网络极大地增加了 RE 攻击的工作量。

伪装智能填充技术，顾名思义，也要对原始电路中未使用的空间进行填充，这样一来攻击者就无法恶意插入木马或者逻辑门和跟踪路由，除非他们将原始电路中的某些部分移除。PP&R 技术的填充对象有两种，分别是金属层和活动设备层。图 3-15[21]展示了 PP&R 技术填充前后金属层的情况。

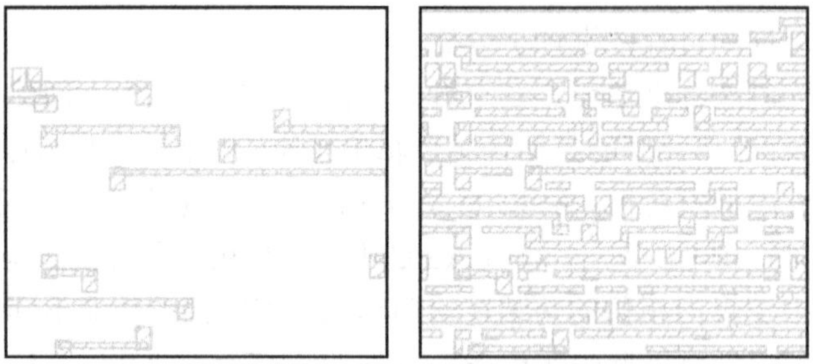

（a）填充前　　（b）填充后

图 3-15　PP&R 技术填充前后金属层的情况

从图 3-15 可以看到，经过 PP&R 技术填充后，金属层中的布线情况变得十分密集，但其中的大部分线路是虚假的、多余的，这就大大增加了 RE 攻击的难度，攻击者很难辨别出哪些线路是原始的、真实的、有用的。并且这些金属线路可连接的信号类型也是多种多样的，甚至可以不连接任何信号，这也使 RE 攻击的成功率大打折扣。

除了对金属层的填充外，PP&R 技术还可以对活动设备层进行填充。在活动设备层中主要是填充实际的逻辑单元，它可以在不影响 ASIC 功能的前提下完成填充工作。图 3-16[21]展示了 PP&R 技术填充前后活动设备层的情况。

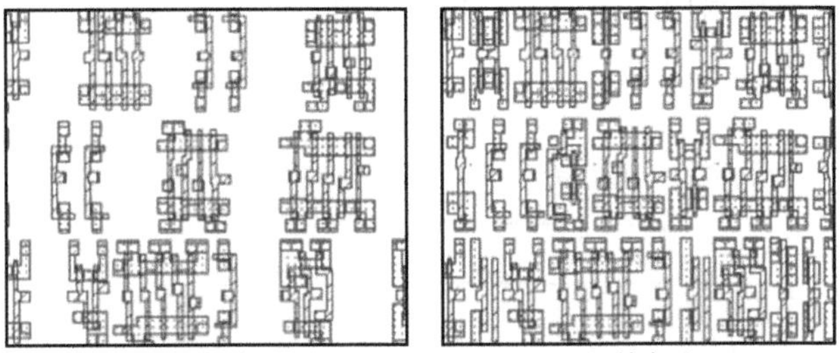

（a）填充前　（b）填充后

图 3-16 PP&R 技术填充前后活动设备层的情况

从图 3-16 可以看到，活动设备层在 PP&R 技术填充后，增加了许多多余的逻辑单元，这些额外增加的逻辑单元往往不起实际作用，它们只是为了迷惑逆向工程攻击者。增加的逻辑单元使单元之间的边界变得模糊，攻击者难以明确地划分这些边界，而当这种填充与自定义单元结合使用时，由于自定义单元使用的晶体管完全相同，攻击者要区分就更加困难了。

总体来说，电路伪装技术的提出对抵御 RE 攻击有着重大贡献。电路伪装技术在保护专有算法、智能卡设备以及商业机密等领域中都表现优异，并且此技术完全适应标准电路设计流程，具有广阔的应用前景。

3.2.4 分割生产

由于制造成本的不断上涨，一个芯片制造厂商要完全自主制造出芯片并批量生产以用于商业发展是比较难的。有些可信度未知的芯片制造厂商拥有最前沿的半导体制造技术，可以大大降低芯片的制造成本。于是，理想的方案是能与他们合作，使用他们的先进技术，然而芯片设计厂商不可能将芯片的制造设计完全公开，例如关键 IP 核设计以及系统设计意图等都属于机密信息，这具有很大的设计泄露风险并且影响制造出的芯片的安全性和可靠性。因此，分割生产的概念就被提出了。

分割生产，也叫作拆分制造，是指在进行 IC 制造时，将电路设计分割成可信任和不可信任两部分（如图 3-17[22]所示），这样 IC 设计人员就可以使用可信度未知的前沿技术，且不需要将重要信息公开。

之前的研究已经提出了分割生产在 3D 集成上和 Metal 3（M3）层后的应用，如图 3-18（a）和图 3-18（b）所示[22]。但 3D 集成上的分割生产在性能和芯片面积占用上的表现都不好，因此对于高性能要求的 ASIC 和 SoC 设计，这种方法都不大适用，详细的分割设计可以阅读 Imeson 等[23]的研究。对于在 M3 层后的分割生产，Rajendran 等[24]提出了一种邻近攻击，即不可信任的芯片制造厂商的攻击者可以根据不可信任的芯片层中的各个逻辑门之间的连接进行推测，进而推导出可信任的芯片层中的逻辑门连接情况，最终发动攻击。因此，这两种分割生产的应用情况都不大理想。

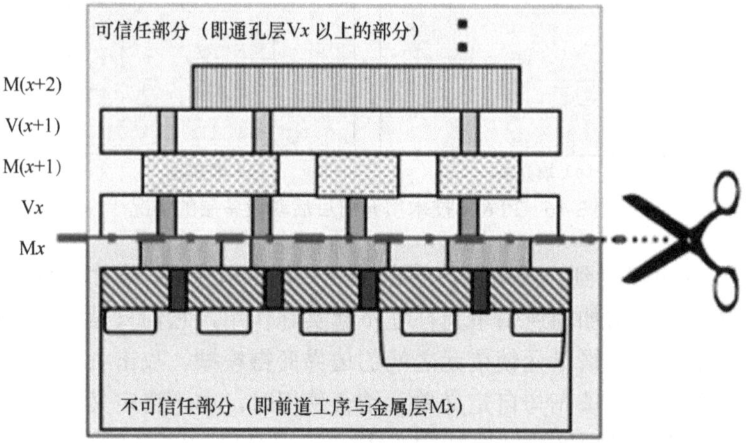

图 3-17　在 Metal *x*（M*x*）层后的分割生产

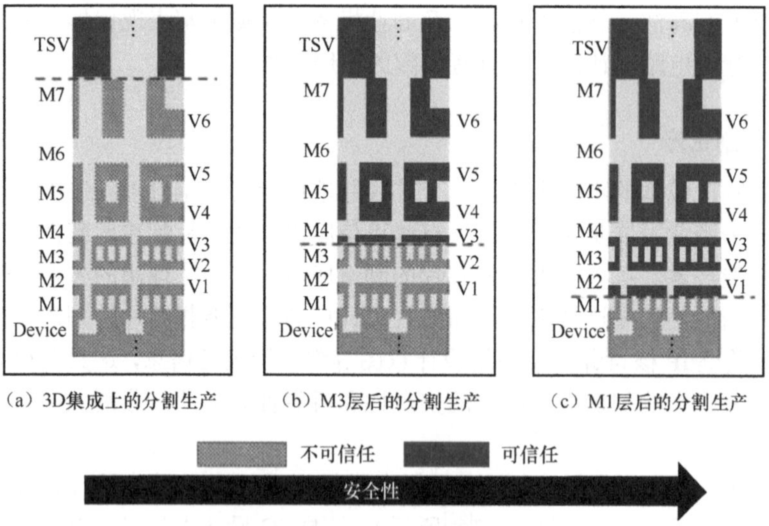

图 3-18　分割生产的应用场景

经研究发现，利用前道工序（FEOL）结合 Metal 1（M1），可以实现 CMOS 工艺设计中最前沿、最复杂的工作。Vaidyanathan 等[22]提出在 M1 层后进行分割生产是安全可行的方案，并且在性能和面积开销方面都有优异的表现，如图 3-18（c）

所示。M1 层的设计由不可信任的芯片制造厂完成，而 IC 的其余层都交由可信任的制造厂来实现，这样一来，不可信任的制造厂就不能得知 IC 设计的关键信息，从而达到安全性和可靠性要求。需要注意的是，M1 路由只是用来将完整布局的电路图拆分开，使相互连接的逻辑单元分离成一个个独立的叶子单元。如图 3-19[22] 所示，采用 FEOL 与 M1 结合的方式得到的电路布局，对于不可信任的制造厂的攻击者来说是相当有迷惑性的，电路中只有大量独立的未连接的逻辑门结构，这使攻击者的攻击变得十分困难。

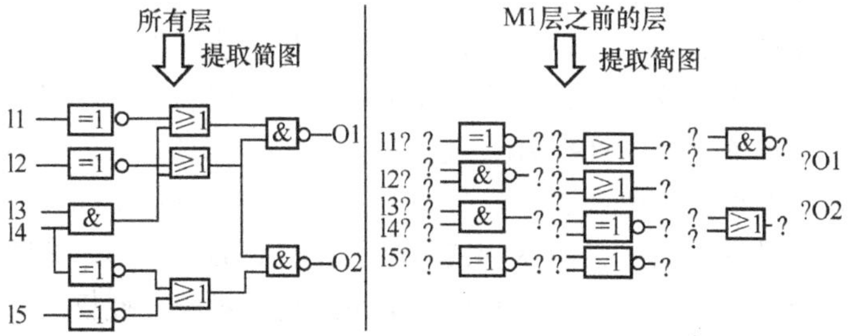

图 3-19　采用 FEOL 与 M1 结合的方式得到的电路布局

另外，3D 集成上的分割生产或 M3 层后的分割生产都需要将电路中的所有逻辑门间的互连提升到 3D 层或 M3 层上，这会大大增加导线的面积和不必要的通孔数量，从而使 IC 的性能下降。因此，在 M1 层后的分割生产相比于这两者都更好。

虽然在 M1 层后的分割生产有着优秀的应用表现，但在设计时也必须考虑到以下几个重要方面。

（1）可信任和不可信任的制造厂之间的兼容性。在这种设计中，可信任的制造厂和不可信任的制造厂需要相互配合工作，因此他们之间的兼容性是必须考虑的。

（2）分割生产给芯片带来的附加工艺变化。因为分割生产需要拆分芯片电路，所以必定会存在某些因素，使芯片发生某些附加工艺变化，设计人员必须要对这种工艺变化做出评估。

（3）分割生产对 IC 的性能、面积开销等也必须做出评估。

文献[22]使用 130 nm 的 CMOS 作为测试芯片，对 M1 层后的分割生产实验进行评估。结果表明，通过使用这种方法，所有的逻辑门间的互连都被隐藏了，使芯片的设计意图这一重要信息得到保护。与完全交付给不可信任的制造厂制造芯片相比，这种方法虽给原始设计带来了性能、面积开销等方面的工艺变化，但这些变化都是极其细微的，甚至可以忽略的，因此，在 M1 层后的分割生产是一种可行的知识产权保护方法。

3.3 基于逻辑功能的保护法

本节将介绍一种基于逻辑功能的保护法——混淆加密。这种方法是在电路逻辑上进行加密，给电路提供较高的安全性和可靠性。

随着集成电路设计流程在全球范围内的迅速推广，混淆加密设计流程已逐步趋于全球化。本书前面提到，已经有许多缺乏某些先进技术的芯片制造厂会将其设计的芯片的某些制造环节外包给场外制造厂进行制造。很显然，这种做法存在极大的安全风险，因为这些场外制造厂并不总是可信任的，这就很可能导致安全漏洞和威胁，例如 IC 伪造、IP 盗版、逆向工程、过度制造和插入硬件木马等。

混淆加密也叫逻辑加密或逻辑混淆，它是在设计的电路中插入一些额外的逻辑元器件，通常是密钥门，比如 XOR/XNOR 门、AND/OR 门、多路选择器或这些元器件的组合，并使用非公开的密钥将电路的功能对未经授权的用户隐藏。将这些密钥门中的其中一个密钥作为密钥输入，这是由防篡改存储单元驱动的一个新添加的信号。如图 3-20[25]所示，只有将正确的密钥输入加载到片上存储器中，电路才能正常工作，否则将无法正常工作。这项技术的关键在于如何确定密钥门插入的位置，因为这决定了最终设计所提供的安全性能。

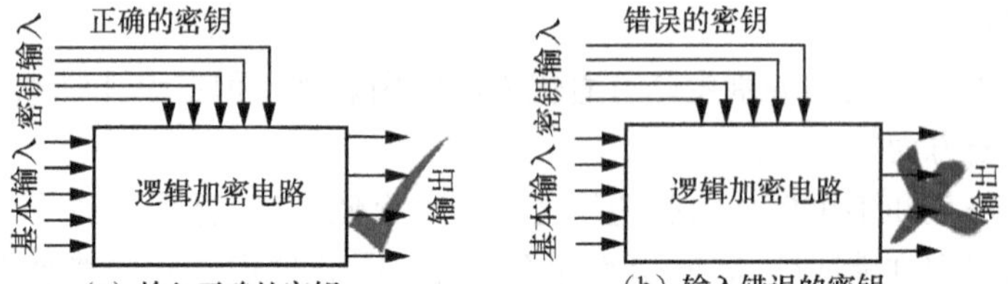

（a）输入正确的密钥　（b）输入错误的密钥

图 3-20　逻辑加密框架

混淆加密技术的投入使用是将经过逻辑加密的网表发送给场外制造厂，一旦制造的设计返回给设计人员，设计人员就插入正确的密钥输入来激活电路。这样即使该场外制造厂是不可信任的，他们也只能访问加密的网表，而无法通过 RE 逆向分析出网表，因为他们不知道正确的密钥输入。这样制造的集成电路也就不能在市场上进行销售，因为这些集成电路不会产生正确的输出，除非它们有正确的密钥输入来激活。

Yasin 等[26]针对现有的混淆加密技术存在的漏洞提出了修复此漏洞的设计，极大地增强了混淆加密技术的安全性和可靠性。他们提出的是一种安全指标，该指标能够指导混淆加密技术插入密钥门，从而使攻击者需要花费更大的代价才能破解它，基于这一指标还能开发出功能更为强大的混淆加密技术。

首先要引入干扰图的概念。在电路的干扰图中，每一个节点表示一个密钥门，若两个密钥门相互干扰，则一条边连接两个节点；若一个密钥门不与其他任何密钥门相互干扰，则它是孤立的密钥门，用独立的节点表示。不可更改的密钥门与不可更改的边相连，可更改的密钥门与可更改的边相连。接下来以图 3-21 所示干扰图实例介绍各节点的相互干扰关系。

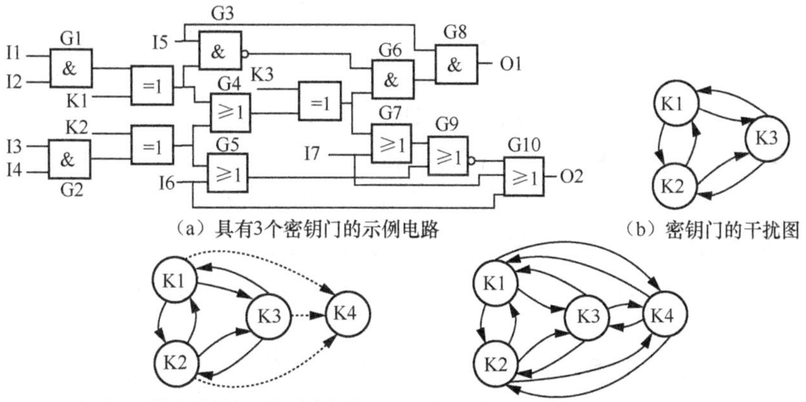

（a）具有3个密钥门的示例电路　　（b）密钥门的干扰图

（c）在G10输出端插入了新的密钥门　　（d）在G5输出端插入了新的密钥门

图 3-21　干扰图实例

考虑图 3-21（a）中的电路图，它们的相互干扰关系介绍如下[26]。

图 3-21（b）是密钥门的干扰图，其中不可更改的密钥门通过实边连接。K1 和 K2 是不可更改的，故它们由不可更改的边连接。由不可更改的边连接的两个密钥门，它们的安全性是相同的。

根据图 3-21（a）可以看到，K1 和 K3 在 G6 处汇聚，因此它们是汇聚的密钥门。通过令 I5=0，不能使 K3 输入的控制信号失效，但可以使 K1 输入的控制信号失效，因为当 I5=0 时，不管 K1 为 0 或 1，G3 都为 1，这样一来，G6 的输出便完全由 K3 控制了。但需要注意的是，若 I5=0，那么 G8 始终都为 0，K1 和 K3 的控制信号都在 G8 处失效。因此，K1 和 K3 是不可更改的，它们之间应用不可更改的边连接，如图 3-21（b）所示。

根据图 3-21（a）可以看到，K2 和 K3 分别通过 G5 和 G7 在 G9 处汇聚，因此它们是汇聚的密钥门。通过令 I6=1，可以使 K2 输入的控制信号失效，但此时 K3 的变化将不会对 G10 的输出结果造成影响，即所谓的 K3 不在 G10 上敏化；而令 I7=1 时，可以使 K3 输入的控制信号失效，因为此时不论 K3 输入的是 0 或 1，G7 始终为 1，但此时 K2 的输入信号的变化将无法影响 G10 的结果，即 K2 不在 G10 上敏化。也就是说，K2 和 K3 不能单独失效或是单独敏化。因此，K2 和 K3

是不可更改的，它们之间应用不可更改的边连接，如图 3-21（b）所示。

为了增大混淆加密的安全性强度，设计人员应设法使电路干扰图中不可更改的边的数量最大。因为不可更改的边越多，攻击者破解此设计所要花费的代价就越大；反之，若不可更改的边较少，或者说可更改的边较多，那么攻击者便可以通过固定某一输入的值，使密钥门的输入控制信号失效。因此，设计人员与防御者都更喜欢不可更改的边，而非可更改的边。

Yasin 等[26]提出的强大的混淆加密技术的关键就是确定插入密钥门的位置。基于上面介绍的干扰图的知识，再来考虑图 3-21（a）所示的电路。如果在 G10 的输出端插入一个新的密钥门 K4，那么 K4 就会与所有其他的密钥门一起创建可更改的边。当攻击者将 I6 或 I7 设置为 1 时，便可以实现使 K1、K2、K3 失效的目的，进而破解出密钥门 K4 的值。因此，如图 3-21（c）所示，G10 将与所有其他密钥门的可更改的边相连。而如果新的密钥门 K4 插入在 G5 的输出端，那么 K4 将与所有其他的密钥门一起创建不可更改的边，这也代表着 K4 与 K1、K2、K3 的安全性是成对安全的，如图 3-21（d）所示。因此，最好的插入密钥门的位置为 G5 的输出端。

接下来介绍插入密钥门的算法。在算法的最初阶段，需要对插入密钥门的位置初始化，初始时第一个密钥门插入电路中的随机位置，然后迭代地插入剩余的密钥门，在每次迭代时，生成一个该密钥门的干扰图。对于电路中的每个逻辑门，设计人员可以从干扰图中得知该逻辑门与先前插入的密钥门之间创建的边是何种类型。因为每个逻辑门的存在都为干扰图贡献了可更改的边或不可更改的边，所以设计人员基于要增强混淆加密安全性的出发点选择一个逻辑门，该逻辑门为只向干扰图中贡献不可更改的边，并在其输出端插入一个新的密钥门更新电路图。而如果没有一个逻辑门向干扰图中贡献不可更改的边，那么算法随机插入一个密钥门。

插入密钥门的算法有很多优点，但也有很大的局限性。在初始化时，算法随机插入一个密钥门，但这个密钥门的插入位置会极大地影响后续迭代插入密钥门的位置选择，若第一个密钥门的插入位置不当，则会导致较大的结果偏差。Yasin 等[26]对此提出了解决方法。首先，在成对安全的概念中，当两个逻辑门相互收敛时，它们是成对安全的好的候选位置，这也称为收敛准则。基于这一准则，设计人员可以用逻辑门的收敛秩作为初始化时选择第一密钥门插入位置的判断标准。逻辑门的收敛秩定义为它在网表中收敛的逻辑门数量。于是，在算法开始之前，首先计算网表中每个逻辑门的收敛秩，然后在收敛秩最大的逻辑门的输出端插入第一个密钥门 K1。

一旦算法选择第一个密钥门 K1，就将 K1 加入密钥门集合 SET_{KG} 中，作为该集合的第一个元素。下一步是确定第二个密钥门插入的位置，得到位置集合 C，第二个密钥门需要与第一个密钥门 K1 是成对安全的。这个插入位置是有候选的，候选的位置包括与 K1 汇聚的逻辑门和属于 K1 扇入或扇出的部分逻辑门。若某个逻辑门的位置与密钥门集合 SET_{KG} 中所有密钥门都是成对安全的，则在该位置插入一个新的密钥门。将这一操作反复迭代进行，直到每一个成对安全位置都已插入密钥门，算法的流程如图 3-22 所示。注意，每次插入一个新的密钥门时，必须使其与网表中现有的密钥门成对安全，即只能向干扰图中贡献不可更改的边。

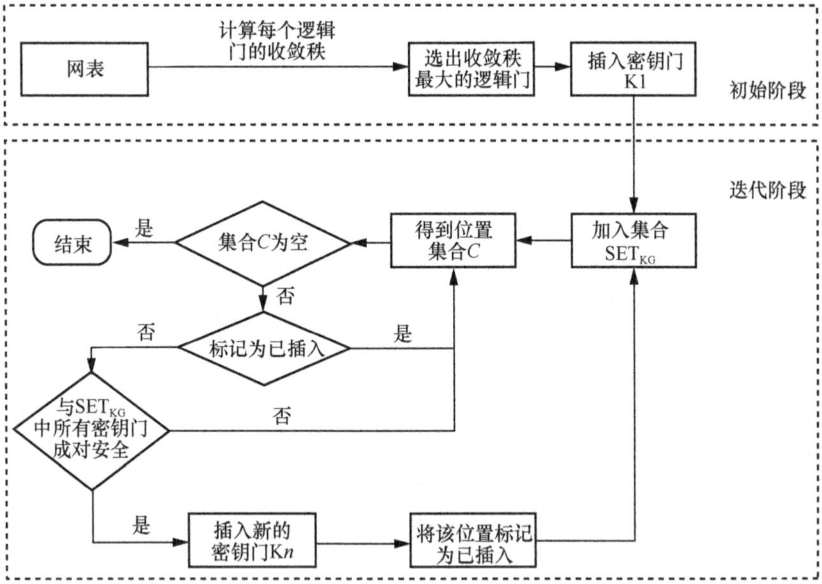

图 3-22　算法的流程

Yasin 等[26]还针对爬山攻击和基于 SAT 的攻击进行了算法评估并提出了对策。其中，对于基于 SAT 的攻击，该算法可以与单向随机函数结合使用，有效地抵御这种攻击。这种增强混淆加密的技术通过在电路中插入大量成对的安全密钥门，实现强大的混淆加密，为防止 IP 盗版和 RE 攻击提供了极大的帮助。当然，这种增强混淆加密的技术也存在对电路拓扑高度依赖的缺点，但总体来说，这种增强混淆加密的技术是基于逻辑的知识产权保护法中极其重要的方法之一。

参考文献

[1] 饶海潮，郭立，黄征. IDCT IP 核的 VLSI 结构[J]. 微电子学与计算机, 2004(8):132-134.
[2] 吴涛. IP 核芯志：数字逻辑设计思想[M]. 北京：电子工业出版社, 2015.
[3] 秦玉龙. Avalon 总线的音频编解码控制器 IP 核设计[J]. 单片机与嵌入式系统应用, 2017, 17(6): 60-62, 79.

[4] 冯秀涛. 祖冲之序列密码算法[J]. 信息安全研究, 2016, 2(11): 1028-1041.

[5] 刘政林, 张振华, 陈飞, 等. 基于 AHB-Lite 总线的祖冲之密码算法 IP 核研究[J]. 微电子学与计算机, 2015, 32(8): 88-92.

[6] 田伟, 刘文祺. 基于 IP 核的 AES 加密算法的优化设计与实现[J]. 中国新通信, 2020, 22(13): 56-57.

[7] 金晓光, 张健. AES 加解密 IP 核设计与实现[J]. 硅谷, 2012, 5(8): 57.

[8] 龚向东, 王佳, 张准, 等. 基于 FPGA 的 AES 算法硬件实现优化及 IP 核应用[J]. 电子设计工程, 2017, 25(12): 1-5.

[9] 王邦继, 刘庆想, 周磊, 等. 相控阵天线内部通信的 CAN 控制器 IP 核设计[J]. 强激光与粒子束, 2017, 29(9): 79-84.

[10] 柳沐璇, 张树丹, 唐彩彬. 一种基于 AHB 总线的 DESIP 核设计[J]. 微电子学与计算机, 2014, 31(10): 69-71.

[11] 徐铁军, 丁力, 黄超凡, 等. 应用 FPGA 实现弹载飞行控制器控制算法 IP 核[J]. 兵器装备工程学报, 2018, 39(3): 131-134.

[12] GASSEND B, CLARKE D, DIJK M V, et al. Delay-based circuit authentication and applications[C]//Proceedings of the 2003 ACM Symposium on Applied Computing. New York: ACM Press, 2003: 294-301.

[13] 张紫楠, 郭渊博. 物理不可克隆函数综述[J]. 计算机应用, 2012, 32(11): 3115-3120.

[14] PAPPU R S. Physical one-way functions[D]. Boston: Massachusetts Institute of Technology, 2001.

[15] TUYLS P, SCHRIJEN G J, ŠKORIĆ B, et al. Read-proof hardware from protective coatings[C]//Cryptographic Hardware and Embedded Systems Workshop. New York: ACM Press, 2006: 369-383.

[16] GUAJARDO J, KUMAR S S, SCHRIJEN G J, et al. FPGA intrinsic PUFs and their use for IP protection[C]//Cryptographic Hardware and Embedded Systems Workshop. Berlin: Springer, 2007: 63-80.

[17] TUYLS P, BATINA L. RFID-tags for anti-counterfeiting[C]//Proceedings of Cryptographers' Track at the RSA Conference. Berlin: Springer, 2006: 115-131.

[18] 庞子涵, 周强, 高文超, 等. FPGA 物理不可克隆函数及其实现技术[J]. 计算机辅助设计与图形学学报, 2017, 29(9): 1590-1603.

[19] BA P S, DUPUIS S, PALANICHAMY M, et al. Hardware trust through layout filling: a hardware trojan prevention technique[C]//Proceedings of 2016 IEEE Computer Society Annual Symposium on VLSI. Piscataway: IEEE Press, 2016: 254-259.

[20] XIAO K, FORTE D, TEHRANIPOOR M M. Efficient and secure split manufacturing via obfuscated built-in self-authentication[C]//Proceedings of 2015 IEEE International Symposium on Hardware Oriented Security and Trust. Piscataway: IEEE Press, 2015: 14-19.

[21] COCCHI R P, BAUKUS J P, CHOW L W, et al. Circuit camouflage integration for hardware IP protection[C]//2014 51st ACM/EDAC/IEEE Design Automation Conference (DAC). New York: ACM Press, 2014: 1-5.

[22] VAIDYANATHAN K, DAS B P, SUMBUL E, et al. Building trusted ICs using split fabrication[C]//Proceedings of 2014 IEEE International Symposium on Hardware-Oriented Security and Trust. Piscataway: IEEE Press, 2014: 1-6.

[23] IMESON F, EMTENAN A, GARG S, et al. Securing computer hardware using 3D integrated circuit (IC) technology and split manufacturing for obfuscation[C]//Proceedings of the 22nd USENIX Conference on Security. Berkeley: USENIX Association, 2013: 495-510.

[24] RAJENDRAN J, SINANOGLU O, KARRI R. Is split manufacturing secure? [C]//Proceedings of 2013 Design, Automation & Test in Europe Conference & Exhibition (DATE). Piscataway: IEEE Press, 2013: 1259-1264.

[25] KARMAKAR R, PRASAD N, CHATTOPADHYAY S, et al. A new logic encryption strategy ensuring key interdependency[C]//Proceedings of 2017 30th International Conference on VLSI Design and 2017 16th International Conference on Embedded Systems (VLSID). Piscataway: IEEE Press, 2017: 429-434.

[26] YASIN M, RAJENDRAN J J, SINANOGLU O, et al. On improving the security of logic locking[J]. IEEE Transactions on Computer-Aided Design of Integrated Circuits and Systems, 2016, 35(9): 1411-1424.

第 4 章 集成电路可靠性问题

可靠性可以定义为一个系统或部件在规定的条件下和特定的时间内执行其必要功能的能力。所谓特定的时间一般称为寿命，基本上集成电路产品的寿命需要达到 10 年。随着器件使用时间的延长，可靠性问题将影响集成电路芯片，使芯片性能退化，缩短器件寿命，更严重的则导致芯片损坏，使之无法工作。如果电子产品的寿命都可以达到一定的标准，那么电子产品整体的可靠性就能达到一定的标准。

随着信息时代的到来，集成电路行业飞速发展。许多电子制造公司为了节约成本，同时提高集成电路芯片的性能，将芯片的尺寸设计得越来越小。芯片的集成度不断升高，这给其可靠性保证带来了许多问题。电路设计更加复杂，芯片制造更加精密，生产环境更加严格。在集成电路的设计、生产、封装和运输过程中，稍有不慎就有可能导致芯片出现故障。

同时，集成电路生产结束后，需要进行芯片的可靠性测试。如果测试结果显示芯片质量不合格，就需要工程师重新设计，再进行测试。如果测试的次数过多，必然会增加集成电路的研发成本，延长产品的上市时间。如果可以在电路设计阶段、芯片制造阶段、芯片封装阶段考虑好可靠性问题，就可以避免出现多次改进、增加研发成本的问题。如何设计出高可靠性的集成电路，以及如何确保高可靠性的芯片制造流程，成为越来越多的研究人员广泛关注的课题。

4.1 设计环节上的可靠性问题

在集成电路产品研发的过程中，要进行集成电路的可靠性设计，其目的是预防电路或元器件中可能会存在的可靠性问题，这需要改进电子元器件选择和电路设计等多个方面；在规定的条件下和特定的时间内，减少或消除半导体集成电路可能出现的各种可靠性问题，从而提高性能。在综合平衡成本和时间（开发和生产周期）的基础上，生产出高可靠性的集成电路产品。

集成电路的可靠性设计是在实现产品功能的基础上，同时关注所设计的集成电路布线网络对工作环境的适应性和功能的稳定性造成的影响。半导体集成电路的线路可靠性设计是根据电路可能存在的主要失效模式，尽可能地在线路设计阶段对原功能设计的集成电路网络进行修改、补充、完善，以此杜绝电路可能出现的故障，提高其可靠性。

现实中导致集成电路硬件失效的因素有很多，如静电放电（ESD）、集成电路互连引线电迁移、电磁辐射干扰等。下面将逐一进行介绍。

4.1.1　静电放电

在历史的长河中，人们不断地探索和研究自然界，在发现“静电现象”之后，一些研究人员将自然界中存在的两种不同的电荷规定为正电荷和负电荷，这两种电荷之间会产生电势差。当两个带不同种电荷的物体相互接触、短路，或者靠近到一定的间距时，两者之间的介质就会被击穿，从而形成瞬态的电荷转移，这就是 ESD 现象。ESD 示意如图 4-1 所示。

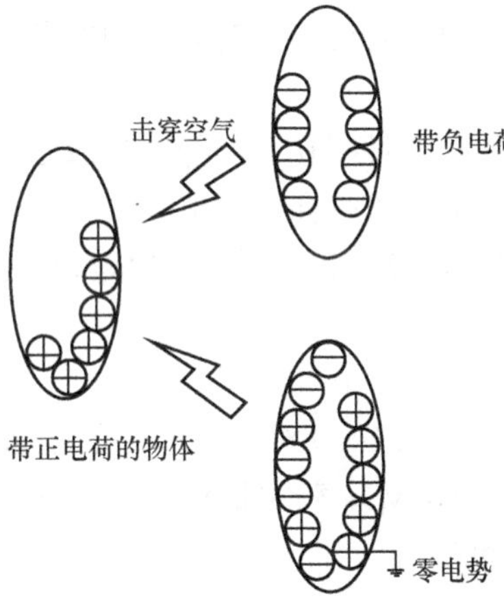

图 4-1　ESD 示意

在人们的日常生活中，ESD 现象随处可见，如自然界的打雷、脱毛衣时的电火花、冬天干燥时手接触金属时的轻微麻痹感等。因此 ESD 问题是集成电路可靠性问题中最受关注的一个问题。表 4-1 列出了一些产生静电的日常活动在不同环境湿度下的静电电压[1]。

从表 4-1 可以看出，只要产生静电现象，其产生的电压一般很大，在干燥的环境下产生的电压则更大，大到能够轻松产生瞬时的脉冲大电流，轻易损害芯片的结构。这对集成电路的生产以及使用带来了巨大的挑战。

表 4-1 产生静电的日常活动的静电电压

产生静电的日常活动	相应湿度下的静电电压	
	湿度为 10%	湿度为 55%
人走过地毯	35 000 V	7 500 V
人走过乙烯塑料地板	12 000 V	3 000 V
工作人员在工作台工作	6 000 V	400 V
DIP 封装 IC 从塑料管中移出	2 000 V	400 V
DIP 封装 IC 从塑料芯片托盘中移出	11 500V	2 000 V
DIP 封装 IC 从泡沫塑料中移出	14 500 V	3 500 V

ESD 现象发生时会产生电场，直接影响电路功能的正常运行。ESD 过程会产生一个振幅很大的冲击信号，并产生强电磁辐射，形成 ESD 电磁脉冲，该电磁脉冲足以损坏集成电路中的敏感元器件。因此，当芯片在制造过程中与带有静电的设备或工作人员接触时，或芯片自身积累了一定的静电，不小心与零电势面接触到时，都会引发 ESD。

ESD 会引起芯片的短暂性失效。ESD 现象所释放的大电流会引发电效应，通过近场的电容耦合、电感耦合或远场的空间辐射耦合等途径干扰集成电路正常工作。虽然只是短暂性的干扰，但是有可能会对运行中的芯片产生一定的影响，使芯片功能失常、程序跑飞等。

ESD 也会引起集成电路的永久性损伤。当静电释放出的大电流通过芯片的引线放电到地时，芯片中大量的半导体就会被大电流击穿，导致其无法工作。大电流所产生的热能也会使芯片烧毁、线路短路等，造成集成电路的永久性损伤或者失效。

1. ESD 放电模型

为了更好地比较不同情况下的 ESD 对集成电路的损害，把 ESD 归纳为以下 3 种放电模型：人体放电模型（HBM），带电器件模型（CDM），机器模型（MM）。下面将对这 3 种模型做简要介绍[2]。

（1）HBM

HBM 主要模拟的是带静电荷的人体接触芯片引脚直接对其放电的过程，是 ESD 业界应用最早和最广泛的模型。HBM 示意如图 4-2 所示。

HBM 的几个重要参数是人体充电电容 $C_{HBM}\approx100$ pF，人体等效电阻 $R_{HBM}\approx1\,500\ \Omega$。不考虑 HBM 中人体和测试元器件相互影响而产生的电容、电感参数的基本等效电路如图 4-3 所示。

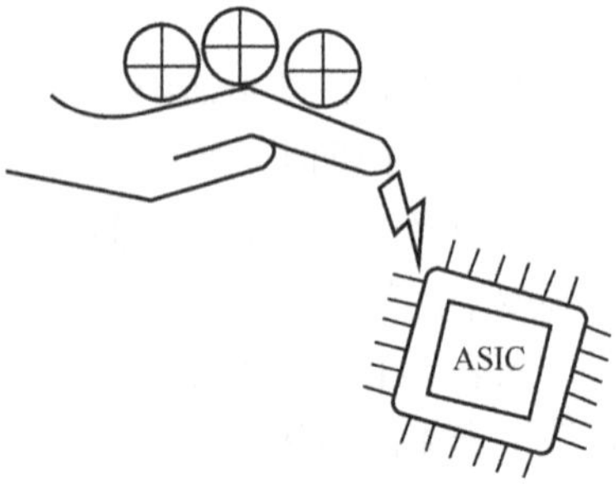

图 4-2 HBM 示意

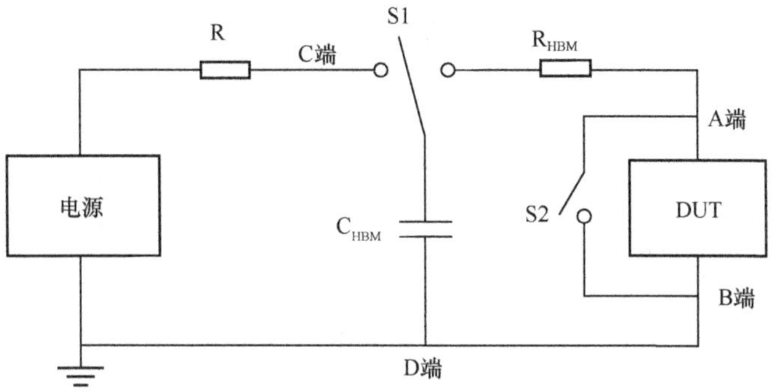

图 4-3　HBM 等效电路

该等效电路模拟了生活中常见的人体带电现象，其中 C_{HBM} 是人体等效电容。当开关 S1 打向左边时，模拟人体在摩擦的过程中不断聚集某个极性的电荷；当开关 S1 打向右边时，C_{HBM} 所存储的电荷将被释放出去，代表人体接触金属导体释放静电的过程。

根据上述 HBM 等效电路，可以计算出 ESD 放电过程中静电电流脉冲信号的冲激响应时间。由于人体作为导体其电阻值比较大，因此 HBM 的静电脉冲信号的振幅不会很大，但 HBM 的放电电流足以使没有任何 ESD 保护电路的芯片失效。

测量结果表明，ESD 波形具有很短的上升时间（<1 ns）和很高的起始尖峰。起始尖峰是从手经由低电感通路放电的结果，随着电流峰值的增大以及人体接近速度的提高，脉冲上升斜率也逐渐陡峭。另一方面，人体放电会产生一个持续时间可达数十微秒的脉冲（比其他部位放电时间长得多）。因此，这两种波形组合就反映了包含人体在内的 ESD 特性。HBM 的典型波形如图 4-4 所示。

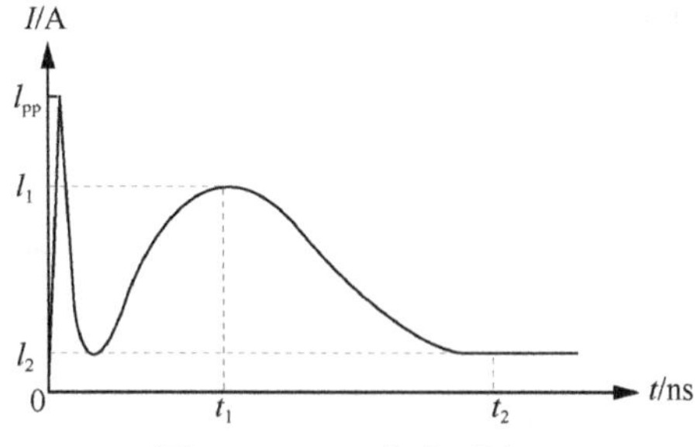

图 4-4　HBM 的典型波形

（2）CDM

CDM 主要模拟的是带静电荷芯片的引脚接触到低电势的平面直接放电的过程。这会引起芯片内部的静电荷快速转移到低电势的平面上，产生大量电流，对芯片中的一些薄弱部位造成损坏。CDM 与 HBM、MM 有着本质的区别，它是自放电的过程，其示意和等效电路分别如图 4-5 和图 4-6 所示。

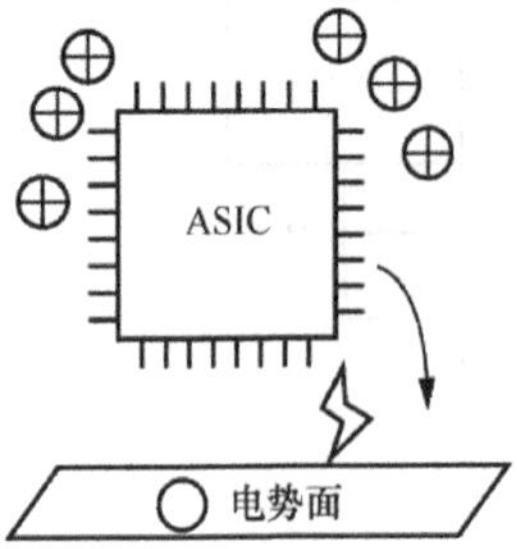

图 4-5　CDM 示意

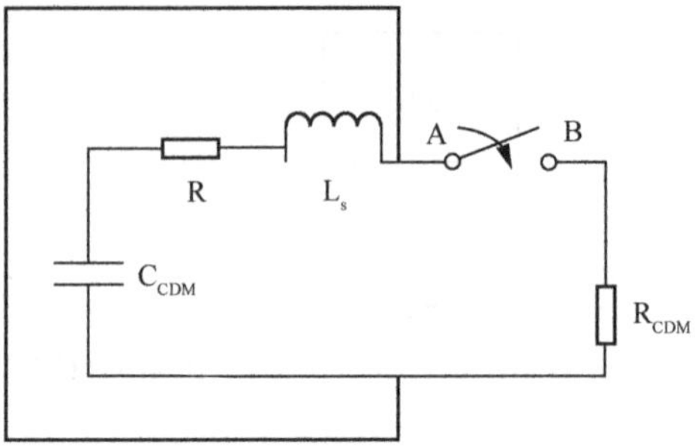

图 4-6　CDM 等效电路

CDM 等效电路模拟了现实中常见的带电器件产生 ESD 的现象，其中 R_{CDM} 和 C_{CDM} 是芯片等效电阻和等效电容，它们的值都很小。开关闭合会使存储的电荷释放。CDM 放电的电流很大，高达几十安培，是 HBM 的几十倍，对芯片内部的三极管、场效应管的薄弱部位危害巨大。其电流脉冲波形宽度约为几十纳秒，上升时间极短。因为其电流脉冲信号上升的时间很短，所以对 CDM 的防护设计比较注重于 ESD 防护电路的开启速度。

（3）MM

带静电的金属机械设备接触到芯片的放电过程就是 MM 放电。随着制造业的不断升级，现如今集成电路的制造过程中，芯片难免要和生产设备接触。如果生产设备没有很好的防静电措施，就很容易产生静电荷。如果带有静电荷的机器接触到要加工的芯片某个引脚，而芯片刚好处于接地零电势状态，那么机器上的静电荷就会通过芯片转移到地，造成集成电路的 ESD 损伤。MM 示意及其等效电路分别如图 4-7 和图 4-8 所示。

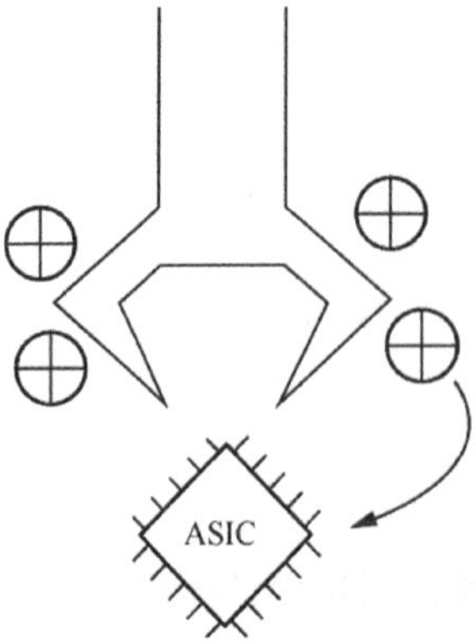

图 4-7　MM 示意

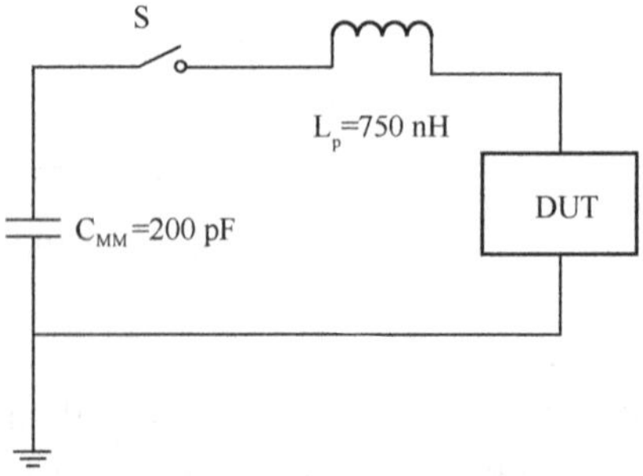

图 4-8　MM 等效电路

机械器件的 ESD 电容较大，这是因为生产机器可以存储很多静电。电容 C_{MM} 为 200~300 pF，电感 L_P 约为 750 nH。而 R_{MM} 一般为几欧姆，在等效电路中可约等于零，这是因为生产机器一般为金属，其导电率很高。由于机器模型的等效电阻 R_{MM} 特别小，因此该模型的放电电流的峰值电流特别大，很容易击穿芯片中的半导体元器件，造成不可逆转的损害。

2．ESD 改善方案

为了避免 ESD 现象损坏芯片的功能，一般设计集成电路时需要同时设计一个 ESD 保护电路，以保证能够避免上述 3 种 ESD 模型带来的危害。ESD 保护电路的启动速度必须大于冲激到来的速度，保护电路启动后必须及时释放静电，并且保护电路自身不能被静电释放所破坏，能承受静电带来的大电流。

目前常用的 ESD 保护器件主要有以下几种。

（1）二极管

二极管是最简单的半导体材料，是组成集成电路的基本单元。利用二极管的单向导通性设计的 ESD 保护电路结构简单、寄生参数少。一般二极管导通后电阻很小，可以将静电产生的瞬时大电流引向电源，从而避开主要的电路。在电压恢复正常之后，二极管截止，电流流向主电路，元器件正常工作。

（2）MOS 场效晶体管

该器件非常符合 ESD 保护电路器件所需要的电气特性，因而被广泛应用于集成电路的 ESD 保护电路中。人们可以利用其场效应管的“开关”特性，通过栅极的电压控制漏极与源极间流经沟道的电流，以达到泄放静电电流的效果。

（3）硅控整流器件

硅控整流器件是晶闸管的一种，其因泄放电流能力强、放电效率高、器件稳健性好而被广泛用于 ESD 保护电路中。

4.1.2　集成电路互连引线电迁移

集成电路互连引线是指芯片内部用来传导工作电流的金属薄膜。现代集成电路的设计越来越高级，芯片的特征尺寸不断缩小，这就导致金属互连引线因 EM 产生缺陷的概率不断升高。芯片集成度提高会使互连引线变得很细，这就使芯片工作时互连引线的电流密度变大。在较大的电流密度作用下，互连引线中的金属离子会沿着电场的正方向移动，相应的空穴会沿电场的负方向移动。这种现象被称为 EM 现象。

EM 有可能导致金属互连引线上某些地方的金属离子缺失，形成空洞。图 4-9 描绘了金属互连引线中的空洞示意[3]。虽然没有造成电路直接失效，但是可以诱发器件可靠性问题。EM 是一种负反馈的现象，它不仅会使金属线条出现空洞、线条变窄，还会使引线电阻变大、电流密度增加及温度升高。

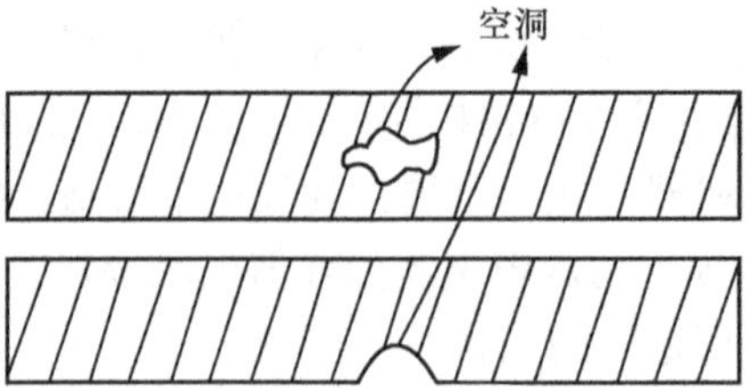

图 4-9　金属互连引线中的空洞示意

当有空洞缺陷的金属互连引线出现 EM 现象时，金属离子迁移会使金属导线出现更大空洞。空洞扩大到一定程度就会造成电路断路，使芯片发生故障，无法正常工作。同时 EM 会导致一些部位的金属离子向外扩展，破坏引线的钝化层。如果金属离子扩展过多，就会产生晶须，使相邻的互连引线直接接触，造成电路系统短路。图 4-10 展示了电迁移导致的断路和短路现象。

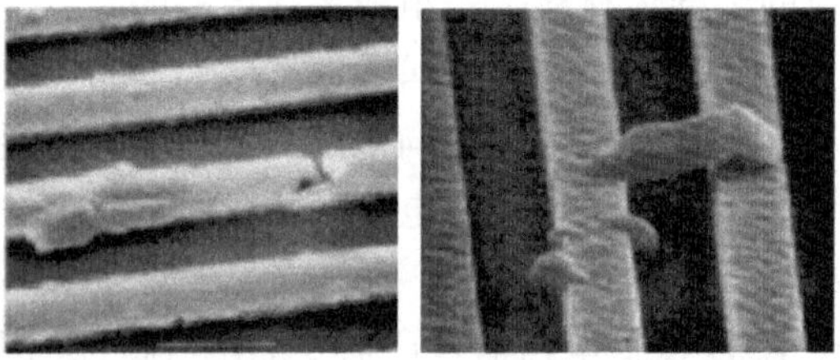

（a）断路　　（b）短路

图 4-10　电迁移的破坏

EM 现象产生的原因是金属互连引线在较高的电流密度作用下，金属离子迁移，因此可以在设计布线时采取以下几种预防措施。

（1）尽量减少金属线条的覆盖面积，目的是避免电迁移使金属离子向外扩张到附近的引线，导致短路。

（2）尽量将金属互连引线布在厚氧化层上，同时采用短金属布线方式。

（3）对于需要窄金属互连引线的部分，一定要增加互连引线的厚度，减小其电流密度。

在降低互连引线中的电流密度时，必须保证金属互连引线有足够的电流容量，在制造过程中应加强检测，保证质量。制造时对互连引线的损伤，将会导致线路接触不良、热阻增加，应避免金属互连引线划伤的情况发生。金属层的厚度和宽度侧面刻蚀应尽量均匀，金属晶格应尽量大且一致，覆盖层与金属层应结合良好。

同时也可以在金属材料的选择上做一些改进，比如在原来的金属材料中融入少量不容易产生 EM 现象的金属（如硅、铜、镍等），形成抗 EM 的合金，或在互连引线的表面涂抹钝化保护膜。在电路设计环节和芯片制造环节，只要充分注意，就可以有效避免互连引线的 EM 现象产生。

4.1.3　电磁辐射干扰

电磁辐射干扰是 IC 中常见的问题，特别是在一些特殊环境中，这类问题更加严重，对芯片的可靠性要求更高。在医院中，一些医疗设备带有很强的辐射，可能会导致芯片中某一引线的电平发生跳变，使电路无法正常运行，医疗设备的检测结果也会因此不准确。因此如果 IC 是用在特殊的有大量电磁辐射干扰的环境中，那么在设计时就应针对此问题做相应的电路设计。比如使用抗辐射材料，对电路进行抗总剂量辐射加固设计、抗单粒子翻转加固设计、抑制电离辐射效应设计等。

4.2　制造环节上的可靠性问题

IC 除了在设计时要注意可靠性问题，在生产制造环节中也应特别注意可靠性问题。随着 IC 设计水平的提高以及制造工艺的不断升级，芯片特征尺寸不断缩小。这就像是一把双刃剑，先进的工艺使集成电路设计更高效，也使芯片性能更加强悍，但是这也造成芯片制造困难，制造环节上的可靠性问题越来越突出。

4.2.1　制造工艺引起的可靠性问题

在 IC 芯片的制造过程中，制造工艺的缺陷可能会导致制作完成的晶片质量不达标，影响 IC 的可靠性。工艺缺陷有涂胶引入的缺陷、显影过程引入的缺陷、孔缺失缺陷、曝光过程引入的缺陷等。

（1）涂胶引入的缺陷

涂胶引入的缺陷包括底部抗反射层、晶体、气泡和其他由光刻胶本身引入的颗粒，以及硅片表面外的颗粒导致的涂胶脱落引起的放射状缺陷。

（2）显影过程引入的缺陷

显影过程引入的缺陷包括显影剂溅出产生的水蒸气导致硅片外围出现小面积的过度显影；以及显影剂上本应要洗掉的残余光敏剂没有被洗掉，仍然留在硅片表面；还有与基片附着力差造成的剥离缺陷。

（3）孔缺失缺陷

孔缺失是由光刻胶的显影不良造成的。由于显影不良或显影冲洗不好，溶解的和部分溶解的光刻胶残留物没有被有效清除；也可能是光刻工艺的对焦深度没有达到标准，所以当硅片表面有小的波动时，孔缺失就发生在某一区域。

（4）曝光过程引入的缺陷

制造过程中晶片曝光后可能会引入颗粒，附着在晶片上，产生缺陷。也可能是光刻胶顶部存在水，水中含有气泡就会对成像造成干扰，进而导致集成电路制造缺陷。

4.2.2 制造环境引起的可靠性问题

环境因素包括工艺场所的温度、湿度、振动、洁净度和噪声等。在流水线工作过程中，应时刻注意环境因素对 IC 芯片的影响。现代的 IC 制造工艺已经达到了纳米级别，这导致在制造过程中芯片流片的成品率会受环境因素的影响。当环境的温度和湿度发生变化时，很容易引起许多问题。比如温度不符合规范可能会导致晶片表面发生形变，成品率下降；湿度过小会容易引发静电放电现象，湿度过大又会影响芯片材料的性能。ESD 问题是 IC 制造中最常发生的问题。流水线上的机器都是导体，与芯片接触时很有可能产生静电。低电压的静电不会对电路造成威胁，但当电势差过大时，瞬时的静电会产生很大的电流，使电路被烧毁或电子元器件被击穿，最终导致芯片无法工作，影响工艺质量。

周围环境的振动也会对工艺平台光路稳定性和零部件寿命造成影响，降低生产出来的芯片质量。若芯片受到环境的污染，就会使其性能和可靠性降低。因此，在芯片制造过程中应严格按照相关标准及内控要求对制造环境进行严格把控。

4.2.3 制造污染引起的可靠性问题

现代大规模 IC 制造工艺制程已经达到纳米级别，这使得在制造过程中可能存在各种肉眼不可见的污染（如颗粒污染、金属离子污染、薄膜污染等）影响芯片器件的可靠性。

1. 污染方式

IC 制造过程中有很多种可能存在的污染方式[4]，具体介绍如下。

（1）颗粒污染

颗粒是晶片上出现的异常小的材料块。制造车间里的设备、制程反应室壁脱落、晶片盒等都有可能产生颗粒污染；人也有可能产生颗粒污染，如衣服、毛发、皮屑、指纹等；设备在运行过程中相互接触或机械振动，也会产生颗粒污染；清洗液中的颗粒会吸附滞留于晶片的表面。

高密度的集成电路的图形特征尺寸和表面沉积层的厚度都已经降到亚微米甚至纳米级别，这就使 IC 更容易受到颗粒的影响。图 4-11 是常见的微粒尺寸，这些微粒附着在晶片表面可能会形成致命的缺陷，导致元器件、电路直接失效。

（2）金属离子污染

半导体通过在硅上掺杂，提供了精确的掺杂区、掺杂节点和可控的电阻率。目前，如果有移动金属离子污染，那么它们会在半导体中利用其强大的移动性改变开启晶体管所需的阈值电压，导致设备的电气性能失效。移动金属离子主要包括钠、钾、铁、铜、镍、铝等离子。因此，在半导体生产中，生产人员必须注意防止金属离子污染。

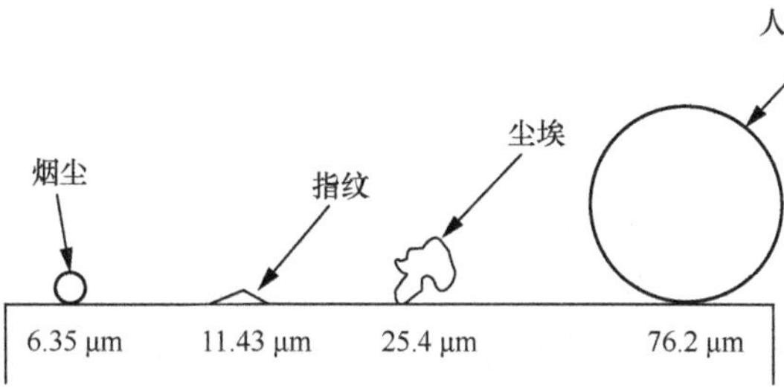

图 4-11　常见的微粒尺寸

（3）薄膜污染

薄膜污染是指在蚀刻过程中由外来颗粒、内应力、表面污染等因素造成的薄膜错位、变形和损坏，最终导致后续制造过程失败。

2. 污染清洗

IC 制造过程中可能存在各种污染，这些污染会对晶片造成不良影响。因此，晶片清洗是半导体器件制造中最重要的一步，其清洗的效果将直接影响集成电路芯片的成品率和可靠性。污染清洗的方法主要分为物理清洗和化学清洗两种，以下将对如何去除污染做简单介绍[4]。

（1）物理清洗

物理清洗一般是使用水合动力、机械张力、冲击力等物理力，靠能量的传递把污染物从晶片上分离去除。

① 刷子擦洗法。刷子擦洗法是指用刷子在晶片表面不断擦拭，通过机械张力使污染颗粒从晶片上脱离开。有时会在刷子上加些喷头，喷头会喷射出流动的化学试剂，用来降低污染颗粒表面与晶片表面以及刷子上的静电力，同时脱落的污染颗粒会随着流动的化学试剂被冲走，不会再附着在晶片的其他部位造成二次污染。

② 液体喷射法。液体喷射法是依靠高压将清洗液体喷射到晶片表面，运用液体的冲击力去除晶片上存在的污染颗粒。喷射过程中微米级小液珠会撞击晶片表面，不合适的液珠大小和速度分布会对晶片的结构造成损伤。小直径和高流速的液珠对污染去除很有效，但会对晶片有损伤。所以液体喷射法的挑战就是如何选取分布均匀合适的液珠大小和速度分布，获得无损伤的污染去除方案。

③ 低温喷射法。将惰性气体低温时的冷冻液态微粒，以高速喷射到晶片表面上，其动能会传递到晶片的污染颗粒上，同时低温微粒接触到晶片开始升华，吸收晶片上大量的热量，使晶片瞬间冷却。污染颗粒与晶片间膨胀系数差产生一个机械张力，当这种张力大于污染颗粒的黏附力时，就会剥离晶片上的污染颗粒，且一旦污染被剥离，高速气流就会将污染物带走，这就是使用低温喷射法进行污染清洗的过程。低温喷射法一般不会对晶片造成损伤，且惰性气体也无污染，是

一种环保的方法。

④超声波清洗法。超声波清洗法在半导体行业中应用范围最广，该方法能在不破坏晶片表面特性的基础上有效去除晶片表面的污染。刷子擦洗法和液体喷射法都很容易破坏晶片的表面。而超声波清洗法由于其独特的工作原理，即声波在介质中传播产生的冲击力和穿透性，在所有的污染清洗方法中是清洗效率最高、效果最好的。超声波清洗机很容易就可以把晶片表面缝隙中的污染颗粒清洗干净。超声波污染清洗简单示意如图 4-12 所示。

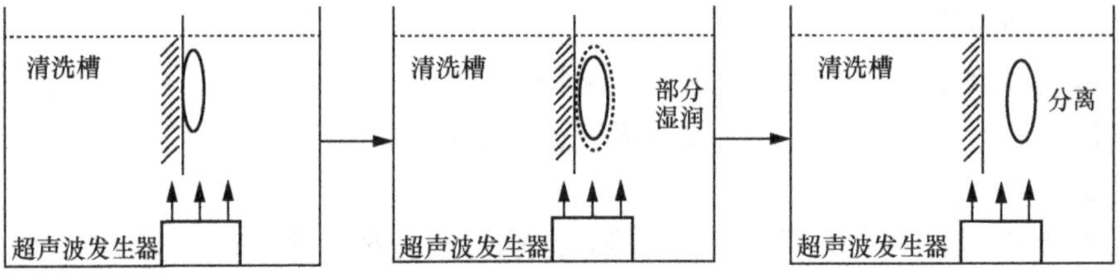

图 4-12　超声波污染清洗简单示意

（2）化学清洗

化学清洗是利用一些水溶性物质之间的化学反应来清洗污染物。例如，湿法清洗需要利用一些化学试剂与吸附在被清洗物表面的污染物进行反应，使污染物溶解到试剂中，然后用大量干净的去离子水冲洗，将污染物去除，得到一个表面干净的晶片。常用试剂的性质和作用如表 4-2[4]所示。污染物不同，所使用的试剂、工序就不同。所以需要根据晶片清洗的污染物和要求，选择适当的试剂和洗液，确定好清洗的顺序。

表 4-2　常用试剂的性质和作用

类别	常用试剂	性质或作用
无机酸碱	盐酸、硫酸、硝酸、氢氟酸、王水、氨水、氢氧化钾、氢氧化钠等	通过化学反应去除光胶或杂质
氧化剂	硝酸、浓硫酸、重铬酸钾、过氧化氢等	氧化作用
络合剂	盐酸、氢氟酸、氯化铵、氨水等	络合作用，有利于去除金属杂质
有机溶剂	无水乙醇、丙酮、异丙醇等	相似相溶原理，去除有机杂质或光胶
合成洗涤剂	主要成分为表面活性剂	表面活性乳化作用

4.3　封装环节的可靠性问题

除了在设计环节、制造工艺上，可靠性问题在 IC 的封装环节也同样存在。本节主要讨论塑料封装的缺陷和失效。

4.3.1 封装缺陷问题

产品在生产封装的过程中，受材料自身成分、封装设计和外界环境等因素的影响导致生产不符合规范，则称该产品有封装缺陷。封装缺陷的出现会促使和加速封装器件失效，影响芯片的可靠性。常见的塑料封装器件的缺陷位置和类型如图 4-13 所示[5]。

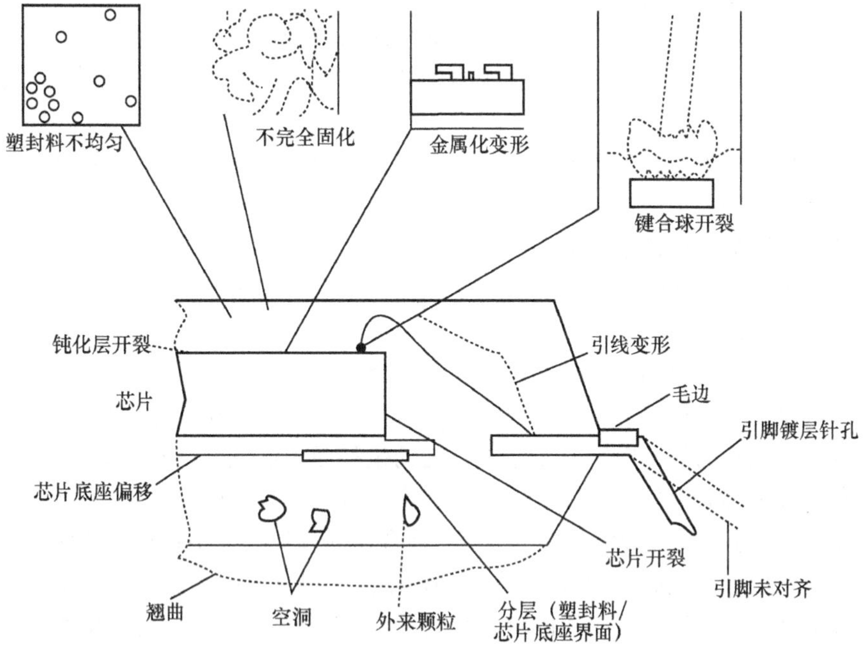

图 4-13　常见的塑料封装器件的缺陷位置和类型

图 4-14 为芯片封装的剖面结构，封装缺陷可能存在于塑封微电子器件的各个部位，如芯片、钝化层、引线、引线框架、塑封器件等。

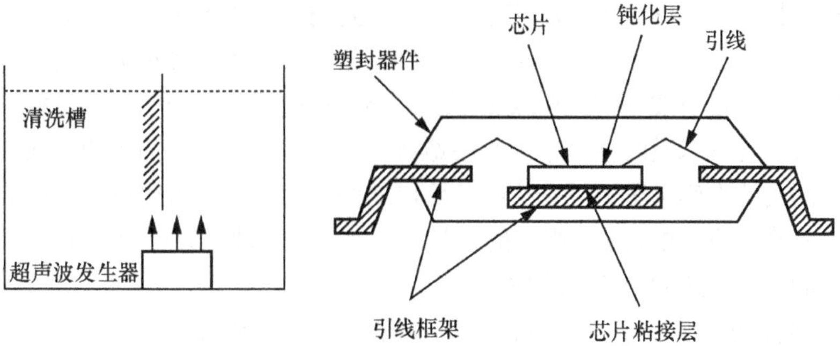

图 4-14　芯片封装的剖面结构

（1）封装缺陷存在于芯片上

芯片上的封装缺陷具体可分为芯片破裂、芯片腐蚀、金属化变形3类。

在测试过程中，当电压和电流超过芯片所能承受的范围时，芯片会产生过流应力，导致芯片破裂。同时芯片粘接层不均匀、切割过程中操作失误以及晶圆成形时的应力作用都可能使芯片破裂，造成芯片内部断路。

塑封器件内的潮气在高温环境下产生的水汽压力和内部应力会进一步诱导分层，分层的出现会引起内部芯片裸露，进而使芯片受到污染腐蚀。当塑封器件存放在易诱发降解的环境中时，塑封材料的加速降解同样会加速芯片腐蚀。若芯片本身受到污染，则在潮气和温度等因素的共同作用下易发生电化学腐蚀，进而导致并加速封装的失效。

芯片尺寸和塑封材料的厚度之比不合适、塑封材料在不恰当的后固化工艺中产生残余应力等都会造成金属化变形的封装缺陷。

（2）封装缺陷存在于钝化层上

当沉积参数失配时，钝化层会产生针孔和空洞，加速芯片腐蚀。

（3）封装缺陷存在于引线上

引线上的封装缺陷包括键合丝变形、键合切变和断裂。

键合丝变形的原因有很多。当塑封材料的黏性很大、流动速率很快时，键合丝可能会在拖曳力的影响下发生较大程度的偏移而无法完全恢复。如果塑封材料在填充过程中因为空气进入模穴产生了气泡，或者在封装中摄入了较大的填充颗粒，两者的碰撞可能造成键合丝的变形。键合丝的几何尺寸不良也可能使其变形。键合丝的变形容易造成接触短路，当变形程度过大时，甚至会断裂引发断路。

若键合丝受到污染或引线的键合参数不当，则键合丝易发生键合切变和断裂，进一步导致断路。

（4）封装缺陷存在于引线框架上

引线框架上的封装缺陷具体可分为框架偏移、引线失配、引线框架飞边毛刺、引线开裂等。

当塑封材料的黏度过大、流速过快时，塑封材料产生的拖曳力就会过大，导致框架偏移，若引线框架本身设置不合理，则框架偏移的可能性更大。引线框架的处理和成形不良会使引线失配，引线失配会影响芯片的正常工作。刻蚀过程中刻蚀液的浓度过大、药液未及时冲洗干净都会造成生成物的附着，进而形成引线框架的飞边毛刺，而飞边毛刺会影响下一个封装阶段的黏附和键合。若引线在裁剪的过程中方式不当或冲裁的参数失配，很可能会开裂，而引线开裂又会进一步导致断路。

（5）封装缺陷存在于塑封器件

塑封器件的封装缺陷具体包括灌封胶内部空洞、固化不完全、塑封层破裂等缺陷。

灌封胶内部空洞形成的原因主要有两种：一是由于空气进入或残留在模穴中，灌封胶内部有气泡嵌入而形成空洞；二是受塑封材料黏度和湿气影响，在湿气较高的情况下，若处于高温环境中，湿气开始蒸发，在水蒸气压力的作用下，空洞乃至分层就出现了。灌封胶内部的空洞会加速塑封层的破裂。

干燥温度过低、加热时间不足或对不同包装材料的浇注相对控制不当，会导致加热不完全，而加热不完全会影响包装材料的性能。

若塑封材料吸潮严重，则会受高温下产生的水汽压力和其内部应力的诱导形成裂缝（爆米花现象），裂缝不断扩展，进而造成塑封层破裂，影响塑封器件的可靠性。除此之外，操作程序错误和焊接前的烘烤不充分也会使塑封层破裂。

4.3.2　封装失效问题

功能完好的晶片在封装过程中性能受机械、热、化学或电气作用产生封装缺陷，导致最后制成的芯片在使用中可能会出现可靠性低的问题，即封装失效。封装失效的因素大体可归纳为潮气、温度、污染物和溶剂性环境、残余应力、自然应力 5 种[5]。

① 塑封材料在湿热的条件下会不可抗地吸入一定的水分，造成水汽破裂，加速塑封微电子器件的分层、裂缝和腐蚀失效。与此同时，塑封材料的一些特性诸如玻璃化转变温度、体积电阻率等也受潮气的影响。

② 温度对湿气的扩散速率影响较大，温度越高，扩散速率越高，塑封微电子器件越容易加速产生分层、裂缝的封装失效。温度升高还会加快化学反应速率和金属间扩散速率，进而加速腐蚀失效和金属间扩散失效。此外，温度也影响着与温度相关的材料属性和熔解性。

③ 污染物会在塑封器件内扩散并在金属部位与湿气发生化学反应，造成腐蚀失效，腐蚀速率与离子污染物浓度、局部电场以及元器件材料等有关。而在清洗工艺中，塑封器件难免要暴露在有机溶剂里，若溶剂的杂质含量很高，在特定的条件下就会引发腐蚀。

④ 芯片在黏接时会产生残余应力，其大小受封装设计影响。塑封器件内部的残余应力越大，产生水汽破裂所要吸收的湿气要求就越低，换言之，残余应力越大，爆米花现象越容易出现。

⑤ 在自然环境应力的作用下，塑封器件是会降解的。在高温的密闭空间中，塑封器件的降解速率会明显增加，从而影响封装的可靠性。

4.4　测试环节的可靠性问题

IC 芯片设计和制造的流程十分烦琐。IC 芯片的生产制造过程一般是先设计电路，再对所设计的电路进行验证，目的是排除电路设计中的错误，最后投入生产。在制造过程中芯片可能出现各种缺陷，如晶片被污染、封装缺陷等。因此在生产后就需要对生产完成的芯片进行测试，目的是检测出制造加工过程中可能产生的故障，在将芯片提交给客户前把有缺陷的芯片找出来，避免其流入市场。这种由生产制造产生的故障与设计错误产生的故障有着本质的区别，后者通过仿真和综合实验就可以解决，而前者显然只有在芯片制作完成后才能被检测出来。如果芯片故障在测试时没有被发现，那么在印制电路板时就更难被发现，所花费的测试成本将成倍地提高。因此整个 IC 的生产制造过程中，测试是一个必不可少的环节，其对分析生产完成的 IC 芯片的可靠性有很大的帮助。

随着 IC 向微米甚至纳米方向发展，现代电路系统都具有特大规模和高密度的特性，这使传统的测试手段已经无法满足目前的测试需求，因此需要一些新的测试方法来解决这一问题。可测性设计就是为解决现代集成电路测试需求孕育而生的，它是一种在芯片设计的时候就考虑系统测试问题的新型 IC 设计方法。

4.4.1 可测性设计内容

可测性设计是指在 IC 设计时添加一些设计结构和模块，目的是使最终生产出来的电路可以更好地满足测试的需求。同时参与设计的工程师需要依据设计的可测性电路，制定周密细致的电路测试方法和规范。

首先，设计出来的可测性电路必须方便测试，可以将测试状态和正常工作状态分隔开。对测试引脚施加外部激励，可测性电路要能产生响应，能由外部设备观察测试点的状态。其次，电路应尽量减少额外电路的设计。最后，设计的附加电路对原功能电路的影响应最小，电路回收试验方法的适应性应尽可能广泛。

一般来说，可测性设计技术为了方便测试矢量的生成和测试过程，提高检测故障的覆盖率，会将测试结构嵌入原功能电路结构中。下面对 3 种常用的测试结构做简要介绍[6]。

1．扫描测试

设计扫描测试是为了提高电路中翻转器的可控性和可观察性。一旦被测电路进入测试模式，电路中的所有触发器就会与一个或多个变化寄存器相连，形成一个扫描链，以实现扫描、存储和传输测试数据的功能，增强电路的可控性和可观察性。扫描测试技术的电路原理如图 4-15 所示。

由图4-15 可以看出，扫描测试技术需要在原功能电路上增加一些额外的引脚，扫描路径在每个触发器前面增加了一个多路选择器。SE 引脚可以使测试电路在工作状态和测试状态之间切换。选择器可根据 SE 引脚的信号，选择电路原始输入端 PI 或测试信号 SI 作为输入信号。SO 引脚作为扫描输出，可与电路原始输出引脚复用。触发器连接在一起，形成一个寄存器结构，构成一个扫描链。扫描测试的具体步骤介绍如下。

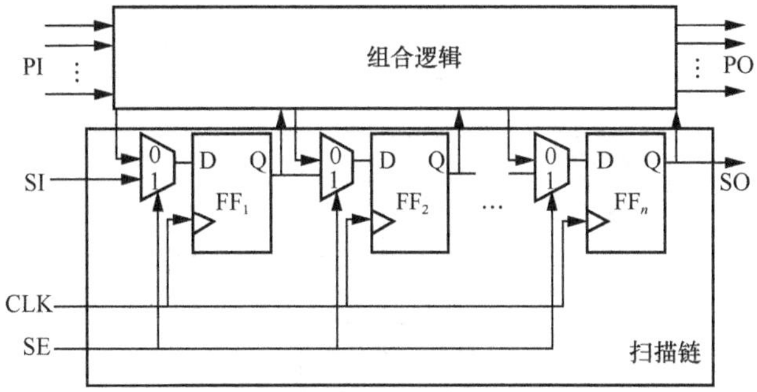

图 4-15　扫描测试技术的电路原理

① 设置 SE 信号，将被测电路置于测试模式。

② 测试扫描链中所有触发器的状态和功能是否正常。通过扫描输入引脚 SI，依次将所有触发器设为高电平或低电平，观测扫描输出中的电平信号是否正确。

③ 输入由不规则的 0 和 1 组成的测试矢量，转换各触发器的电平，观测扫描输出的电平信号，检查寄存器的移位和翻转功能是否正常。

④ 对电路进行扫描测试，即使选择器不停切换，电路在测试状态和工作状态之间来回切换。在测试状态时将测试矢量输入，而后切换至工作状态工作，再切换回测试状态，观察输出端信号是否正常。

扫描测试设计相对简单容易，也可获得较高的故障覆盖率，但随着 IC 的发展，电路越来越复杂，导致扫描路径延迟增加，测试时间将不断上升。部分扫描技术可以在一定程度上解决此问题。部分扫描是对电路中部分的触发器进行扫描测试，即不是每一个触发器前都加上多路选择器。其设计的关键就是扫描路径上触发器的选择，要保证测试面积开销和测试覆盖率满足需求。

2. 内建自测试

由于大规模 IC 的发展，留给外部测试设备的测试引脚数目不足以支持对系统芯片的测试，且外部测试设备速度慢、成本高，于是工程师提出了一种内建自测试技术。

内建自测试技术就是让电路拥有自动测试的能力。测试的样例先自动地生成，然后自动地进行测试，最后自动地分析测试结果。其解决了超大规模 IC 有限的 I/O 所带来的限制，广泛应用于存储器这类芯片的可测性设计中。

内建自测试电路的结构一般由测试控制器、测试样例生成器以及测试输出分析器 3 个模块构成。内建自测试电路的测试过程和通常的测试过程类似，唯一不同的就是在自测试电路的整个测试过程中，各部分均是由内部测试控制器控制完成的，如图 4-16 所示。

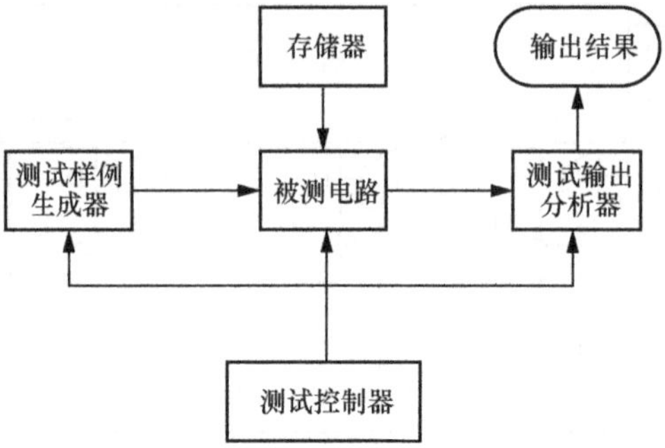

图 4-16　内建自测试结构

内建自测试电路的各模块功能介绍如下。

（1）测试控制器

测试控制器是整个测试的核心模块，控制电路的模式状态（工作状态和测试状态）。在正常工作状态下，自测试电路被禁止；在测试状态下，自测试电路被开启。测试电路与工作电路隔离可以避免测试电路对正常电路产生影响。测试控制器也负责控制各部分的测试逻辑，使之正确完成测试任务。

（2）测试样例生成器

测试样例生成器用于产生测试样例并输入被测电路。其生成方式主要有 3 种。

① 穷举生成：用 N 个输入信号创建所有组合。设备的设计成本低，但测试时间长。

② 伪随机生成：使用一个特殊的测试电路来获得伪随机测试案例。如果有足够长度的测试矢量，则可以获得相对较高的故障覆盖率。

③ 特殊生成：使用特殊算法为要确定的故障生成测试案例，将样本存储在存储器中，并在测试模式下将其加载到电路中。所生成的样本长度很短，这大大减少了测试时间。

（3） 测试输出分析器

测试输出分析器从施加于参考电流的在线测试样例中生成测试响应，将其与参考测试的响应值进行比较，然后在观察点生成一个参考结果，以确定测试结果是否正确。

3. 边界扫描测试

边界扫描测试结合电路故障诊断技术，与外部信息交换时采用串行通信方法，测试集和测试指令以串行通信发送给芯片，然后用串行通信读出测试的结果。这是通过待测器件的每个引脚与边界扫描寄存器单元中的寄存器链以及串行总线相连实现的，即利用扫描测试原理实现对器件边界信号的控制和观察，优点在于可以用少的引脚数目解决复杂的电路测试问题。

4．专用可测性设计技术

除了上述 3 种关于测试结构的设计技术外，还有一种专用的可测性设计技术。专用的可测试性设计是使用传统方法对局部电路进行迭代设计，在电路内部不容易测试的节点插入控制点和测试点。测试时由芯片的输入引脚输入，通过观测芯片的原始输出引脚来测试芯片的可靠性。由于芯片原始的 I/O 引脚数目的限制，这种方法能检测的缺陷数量是非常有限的，且这种方法不具有普遍性，不能解决所有的可测性设计问题，而关于测试结构的设计技术就是针对所有电路的可测性提出的。因此大规模 IC 通常很少采用专用的可测性设计技术，更多的是采用上述 3 种关于测试结构的设计技术。

4.4.2　可测性设计优缺点

可测性设计虽然在一定程度上提高了测试时的故障检测率，间接提高了芯片的可靠性，但是其附加的电路或多或少会影响芯片的性能。可测性设计的优缺点介绍如下[6]。

优点：① 可以利用 EDA 工具进行可测性样例的生成；② 便于故障的检测、诊断和调试；③ 减少了测试的成本；④ 提高了芯片的可靠性、成品率，并且可以通过测试衡量芯片的品质。

缺点：① 增加了 IC 设计的复杂度；② 增大了芯片的面积，提高了电路设计出错的概率；③ 需要额外的引脚，增加了晶片的面积；④ 影响了芯片的功耗、速度和性能。

因此对于 IC 的可测性设计，需要结合多方面的因素考虑。对于企业来说，加入可测性设计的确有助于芯片可靠性的提高，可以大幅度降低芯片的制造成本。总体来说，可测性设计是利大于弊的，并且可测性技术也在不断发展，其缺点会慢慢减少。

4.5　使用寿命引起的可靠性问题

一般来说，一个电子系统中使用的电子元器件越多，可靠性问题就越严重。对于一个具有强关联性的电子系统来说，系统的可靠性是所使用的电子元器件的可靠性的累积。在今天的大型 IC 中，有过百万的电子元器件，这使 IC 对电子元器件的可靠性要求越来越严格。许多因素会影响电子元器件的寿命，进而影响 IC 的可靠性，以下将介绍对电子元器件寿命影响最大的两种效应[4]。

4.5.1 负偏压温度不稳定性问题

负偏压温度不稳定性（NBTI）会影响MOS场效晶体管元器件的性能。NBTI效应是指场效应管在栅极负偏压和较高温度工作时引起一系列电学参数的退化，导致其器件参数如阈值电压、跨导、饱和电流等不稳定。随着设备尺寸的不断缩小，在没有适当降低电源电压的情况下，NBTI问题越来越严重。特别是在超深亚微米尺寸的集成电路领域中，NBTI已经成为MOS场效晶体管寿命最主要的影响因素之一。

NBTI的原理是MOS场效晶体管在高温的环境下，场效应管栅极的空穴会被激发，然后与Si-H键发生反应，生成氢分子，分散到栅极。NBTI效应会严重影响元器件的电气特性，如栅极电流增加、阈值电压下降、漏极电流减小。这将导致晶体管失效，无法在原功能电路上正常工作。

4.5.2 热载流子注入问题

热载流子注入（HCI）是固态电子装置中的一种常见现象。当电子或空穴获得足够的动能时，它们可以突破势垒。如图4-17所示，载流子被注入MOS场效晶体管的栅极电介质层中，经过一段时间，会造成饱和电流减小、跨导降低、关态泄漏电流升高以及阈值电压漂移、元器件的电学性能逐步退化等。晶体管的开关性能可能被永久改变，最后导致元器件不能正常工作。热载流子注入可以对半导体元器件的可靠性产生负面影响。

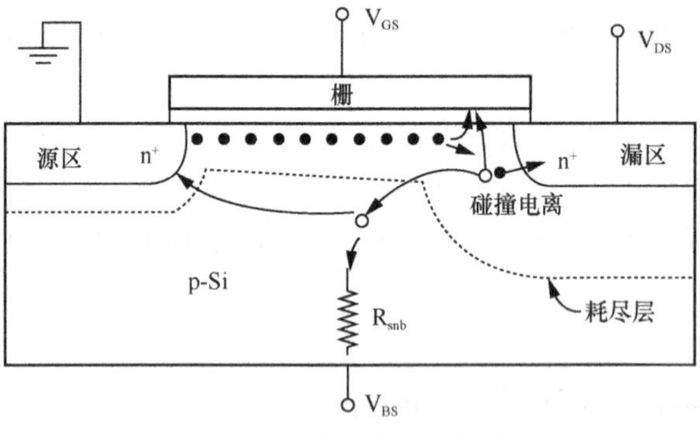

图4-17 载流子注入示意

热载流子注入将会导致元器件电气特性发生变化，使其不能正常工作。现代集成功率元器件为了提高开关速度，增加了内部的电场。这虽然可以提高功率的转换效率，但是热载流子注入使电路工作时间一长就会出现可靠性问题，从而使元器件更加容易被损害，这对芯片的寿命造成极大的影响。

参考文献

[1] 钟雷. 先进工艺下的片上 ESD 防护设计研究[D]. 杭州: 浙江大学, 2015.
[2] 李盛. 集成电路 ESD 保护及其可靠性检测研究[D]. 西安: 西安电子科技大学, 2017.
[3] 周文, 刘红侠. 有丢失物缺陷的铜互连线中位寿命的定量研究[J]. 物理学报, 2009, 58(11): 7716-7721.
[4] 张汝京. 纳米集成电路制造工艺[M]. 2 版. 北京: 清华大学出版社, 2017.
[5] 康福桂. 集成电路芯片封装技术基础[M]. 西安: 陕西师范大学出版总社, 2015.
[6] 叶以正, 来逢昌. 集成电路设计[M]. 2 版. 北京: 清华大学出版社, 2016.

第 5 章

生物芯片基础

5.1 生物芯片的结构

目前的生物芯片主要分为两大类，一类是数字微流控生物芯片（DMFB），另一类是连续微流控生物芯片（CMFB）。此外，还有先进的生物芯片架构——微电极点阵列（MEDA）和完全可编程阀门阵列（FPVA）。其中，MEDA 从工作原理上可以归为升级版的 DMFB，FPVA 兼具 CMFB 和 DMFB 的特点。图 5-1（a）展示了 DMFB 的结构，其使用地电极释放的电场来驱动液滴的活动，使液滴能在生物芯片上进行相应的实验。图 5-1（b）展示了 MEDA 的结构，MEDA 是基于 DMFB 的工作原理设计的，它可以支持使用多个较小的电极来驱动大液滴。小电极的优点是可以更好地调节分离液滴的体积，甚至可以按倍数进行液滴的分离。图 5-2 中的 CMFB 通过施加压力推动通道内液体以流体形式运动，并随着阀门的打开和关闭在圆形混合器中与其他试剂混合。CMFB 的混合液体可以存储在存储室中。图 5-3 中的 FPVA 构建了以二维矩阵形式排列的由阀门和腔室构成的生物芯片，并且由多路选择器控制每个阀门。除了像 CMFB 那样以流体形式驱动试剂运动之外，混合操作也在预定的腔室区域中进行。而 FPVA 也具有类似于 DMFB 的可编程性，并且可以划分为不同的操作区域。

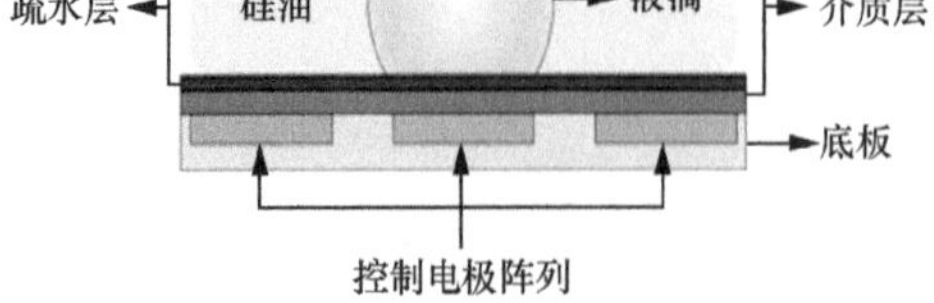

（a）DMFB

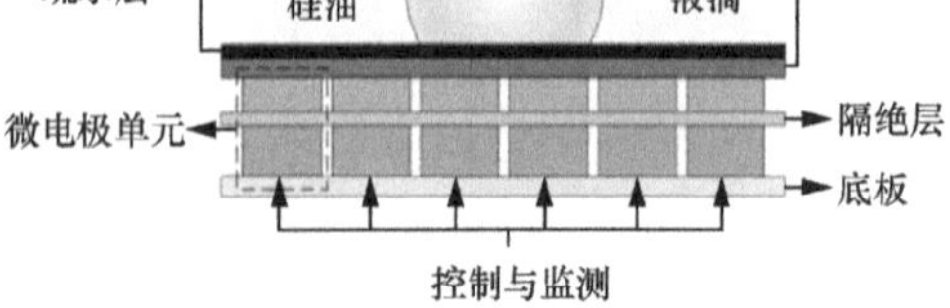

（b）MEDA

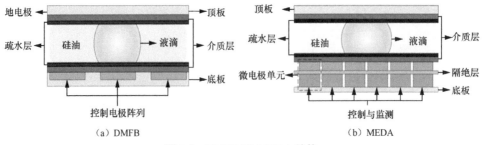

图 5-1　DMFB 和 MEDA 结构

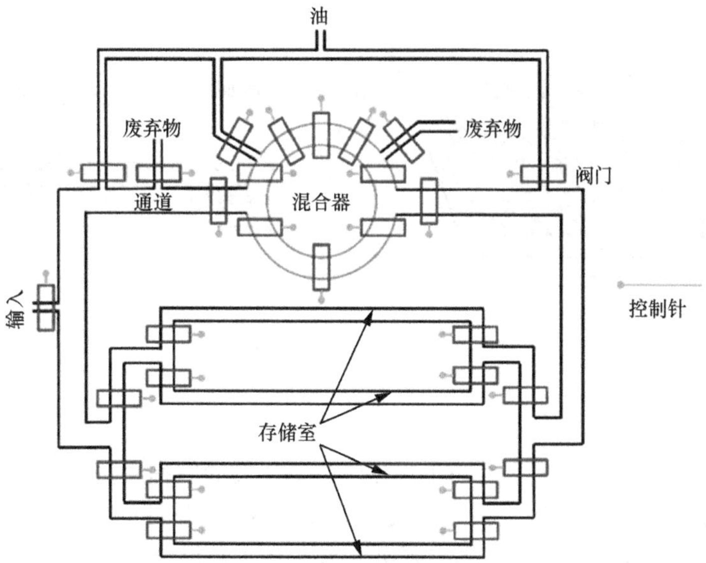

图 5-2　CMFB 结构

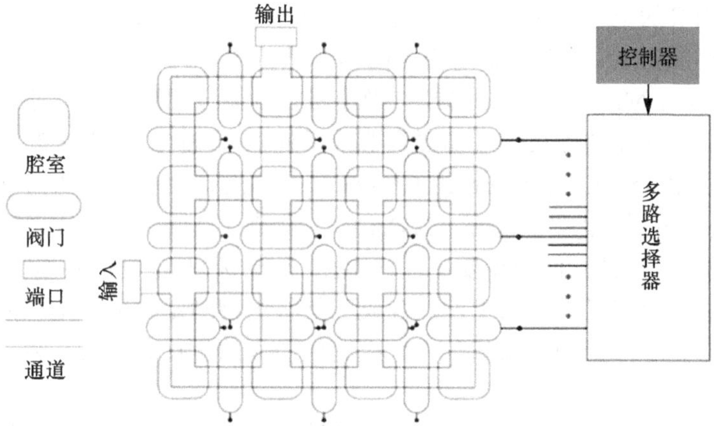

图 5-3　FPVA 结构

5.1.1　数字微流控生物芯片

如图 5-4 所示[1]，DMFB 使用介质电润湿（EWOD）原理来操纵液滴并实现生物测定的所有操作。图 5-4（a）显示，DMFB 通常由一个二维电极阵列组成，其带有一些外围设备，如分配端口和控制引脚等。图 5-4（b）中有两个带电极的平行板，电极表面涂有一层绝缘体和一层薄薄的疏水层，用于平滑的液滴驱动。当通过打开电极的控制销在 DMFB 的平行板之间施加电场时，液体和绝缘体表面之间的界面张力将减小，进而改变液滴表面的接触角，这种现象被称为 EWOD。有了 EWOD，液滴可以通过向其相邻电极施加高电压来移动。

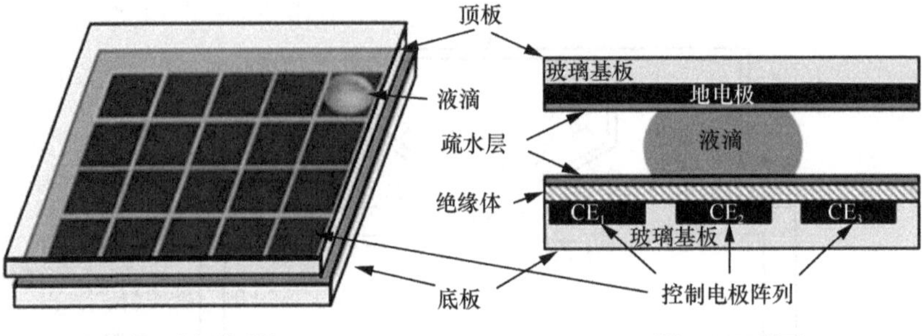

（a）一个带有2D电极阵列的DMFB　　（b）DMFB剖面

图 5-4　DMFB 示意

5.1.2　微电极点阵列

DMFB 是一个具有吸引力的生物化学自动化实验室程序技术平台。然而，目前的 DMFB 存在几个局限性：液滴尺寸受限，不能以精细的方式改变液滴体积；缺乏用于实时检测的集成传感器；需要特殊制造工艺以及可靠性和产量问题。

为了克服上述问题，基于 DMFB 的 MEDA 结构[2]被提出。在传统的 DMFB 中，大小相等的电极以规则的模式排列，而 MEDA 体系结构基于微电极海洋的概念，微电极海洋具有一系列相同的基本微流体单元组件，称为微电极单元。如图 5-5 所示，MEDA 体系结构允许微电极被动态分组以形成能够在芯片上执行不同微流体操作的微组件（如混合器或稀释器）。基于 MEDA 的生物芯片的原型已经使用 TSMC 0.35 μm 的 CMOS 技术制造，而且，这些器件只能使用 3.3 V 的电源电压。因此，基于 MEDA 的生物芯片克服了传统数字微流控生物芯片的一些关键限制，例如需要更高的电压（几十伏）和定制的制造工艺。DMFB 的高级合成已经有了大量的工作，合成工具将生物测定映射到电极阵列，将化验操作绑定到芯片上的资源部分，生成流体操作的优化时间表，并计算液滴传输路线。

然而，目前由于 DMFB 和 MEDA 之间的固有差异，现有的合成解决方案不能用于基于 MEDA 的生物芯片。下面列出了其中的一些差异。与传统的 DMFB 相比，基于 MEDA 的生物芯片上的流体操作（如层压混合）可以在更短的时间内完成。因此，与先前工作中的假设相反，液滴路径时间不再是可忽略的，需要加以考虑。如图 5-6 所示[3]，MEDA 引入了液滴的对角运动，与传统的液滴运动仅限于 x 和 y 方向的 DMFB 相比，它提供了更大的自由度。这种自由度可用于更有效的生物测定执行。由于集成了有源 CMOS 逻辑，使用者就可以在基于 MEDA 的生物芯片上的任何位置进行检测，并且检测的响应时间（10 ms）比传统 DMFB 所需的时间（30 s）要短得多。目前 DMFB 的一个限制是传感器只能集成在生物芯片的特定区域，并且只能有几个这样的传感器。而 MEDA 具有更大的灵活性，每个电极下面可以集成一个传感器，MEDA 允许精确、灵活地控制液滴大小和形状，因此，与传统方法不同，基于 MEDA 的生物芯片需要液滴大小感知合成。

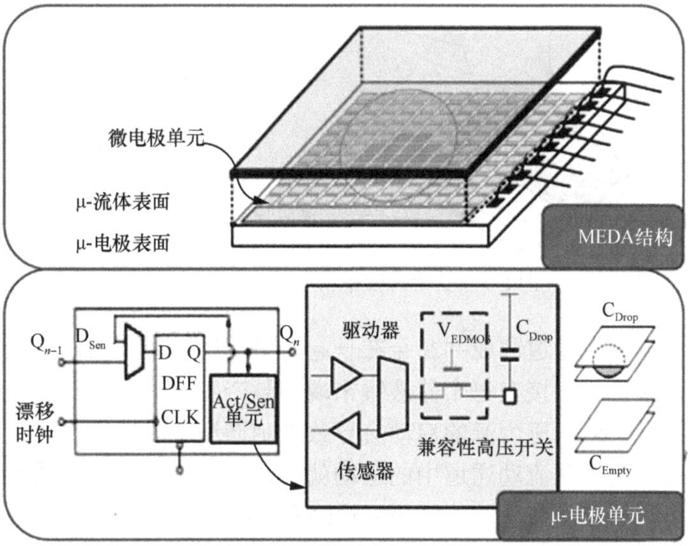

图 5-5　MEDA 结构和微电极细胞示意

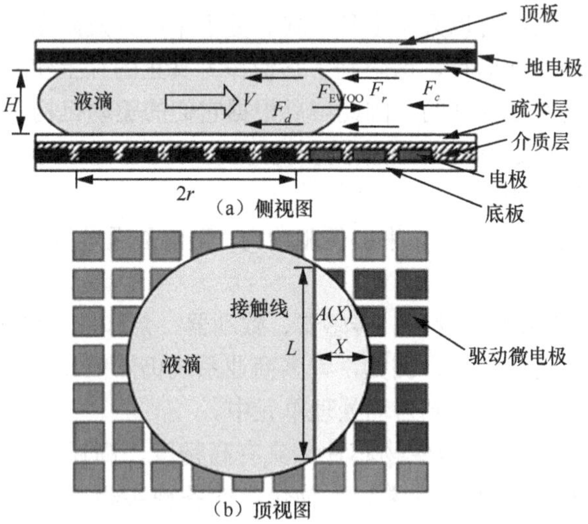

图 5-6　在 MEDA 生物芯片中传输的微滴

5.1.3　连续微流控生物芯片

早期的基于流的微流体装置是利用硅和玻璃衬底制造的，且借用了半导体工业的技术。后来，诸如聚二甲基硅氧烷的材料因具备压力源、控制层、流动层、阀门的结构而变得流行。流动层中的流体由位于与控制层交叉处的阀门偏转来控制。基于流的生物芯片的典型结构如图 5-7 所示[4]。

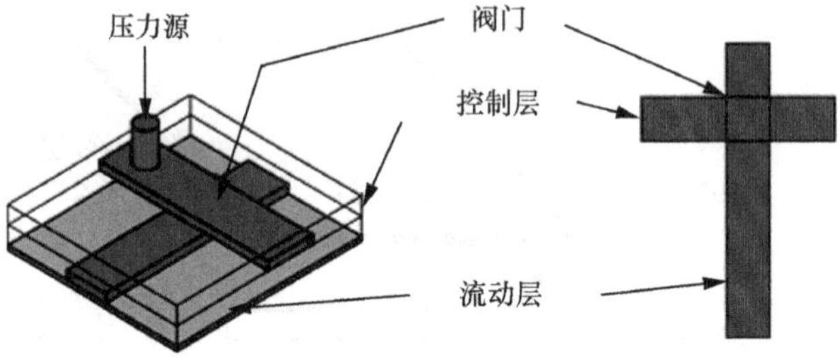

图 5-7　基于流的生物芯片的典型结构

两个弹性体层由通道制成并黏合在一起，第一层由用于操作样品和试剂的流动通道组成，流量由连接在每个储液罐末端的泵产生。下一层包括连接到外部压力源的控制通道网络，压力源的启动会导致控制通道和流动通道相交处的偏转，从而形成阀门，流体在流动通道中的运动就会被中断。流体阀和通道可以布置成更复杂的网络，以实现高通量处理和参数研究。例如，M 个输入样品可以用 N 种不同的试剂进行测试，总共有 $M\times N$ 个独特的反应。这些流量控制网络的设计可以自动化，以符合复杂协议和设计优化的目标（如引脚数最小化）。

自含式微流体系统可以采用多种形式。处于早期开发阶段的技术通常需要外部实验室设备才能正常运行，这限制了它们作为真正的片上实验室平台的应用。没有这种限制的装置是独立的，因此可以根据它们的驱动机构进行分类。

① 被动式独立微流体系统使用毛细管流动和比色检测等机制来提供不依赖于任何外部支持的功能。

② 手动系统需要人的动作来提供驱动力，无论是通过按压注射器、移液还是挤压泡罩包装。

③ 主动系统使用电子设备、传感器、致动器、泵和控制阀来自动处理流体。实际系统可能具有混合特性，例如，许多商业系统仍然依靠人工将样品和试剂吸到药筒中，然后将药筒装载到自动处理单元中。

CMFB 也被称为流液型生物芯片，具有高精度、高通量和低成本的特点，因此越来越多地被应用于生物学和生物化学的各种实验室程序中，如酶联免疫吸附测定和蛋白质结晶。CMFB 的优势很大程度上源于其在阀门控制方面的有效性。图 5-8（a）和图 5-8（b）分别展示了简单生物芯片的结构和横截面。为了关闭阀门，由外部空气压力源产生高压，并从控制端口注入控制通道。然后，阀门处的弹性体被向下推动，以相应地密封流动通道。当气压释放时，流动通道再次打开，用于流体输送。通过组合阀，可以构建复杂的微流体装置，例如混合器和开关，并且这些装置可以通过一系列预定的阀致动模式自动执行生化应用。

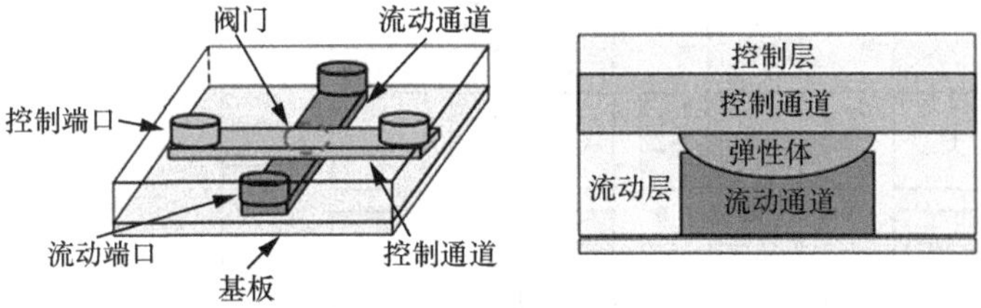

（a）CMFB结构　　（b）横截面

图 5-8　简单生物芯片的结构与横截面

随着制造技术的进步，碳纤维布的特征尺寸不断缩小，已经有可能在几平方毫米的面积内建造成千上万个阀门。这些阀门通过注射空气压力模式打开或关闭，导致控制端口快速增加。这些控制端口占用额外的芯片面积，每个控制端口最多 4 mm^2，从而防止芯片的总面积缩小。此外，具有大量控制端口的生物芯片变得更容易受到物理缺陷的影响，因为控制端口实际上是在弹性体材料上打孔。

5.1.4　完全可编程阀阵列

生物芯片平台使微流体操作（如分配、混合和分裂）成为可能。反过来，这些操作可以用来建立更复杂的协议生化分析。目前已经提出的有基于 DMFB 和 CMFB 的生物芯片平台。DMFB 提供了一个通用的可编程流体平台，其中离散的液滴可以通过电子驱动进行操纵。相比之下，CMFB 基于微通道中的连续流体流动，缺乏可编程性，并使用压力驱动的微阀来控制微通道网络中的流体流动。CMFB 是为单个应用程序创建的，类似于应用程序特定集成电路。

然而，类似于超大规模集成电路中的 FPGA，可编程微流控装置是降低设计/生产成本的理想方法，这使其能够得以发展。

FPVA 生物芯片是一种流体室的二维阵列，如图 5-9 所示[5]。FPVA 的每个腔室都由多达 4 个独立可寻址的阀门环绕，以实现腔室的可编程互连。

设计人员可以配置阀门创建一个任意的通道网络来连接所需的腔室。这些腔室被用作容器来存储和混合试剂。为了减少 I/O 引脚的数量，FPVA 使用多路选择器来控制每个阀门。这提供了一个通用的可编程平台来实现广泛的生物测定。生物芯片的安全性和可信赖性非常重要，因为它们常常被用于安全性要求高的应用，如定点医疗诊断、药物发现等。

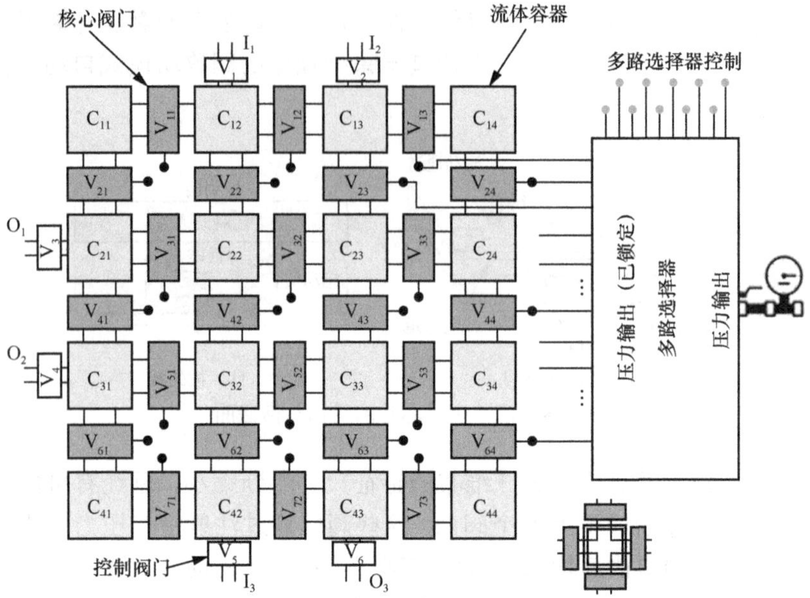

图 5-9　FPVA 生物芯片物理结构

阀门的结构如图 5-10（a）所示。这种结构在基板上建立流动通道，用于流体的输送；在流动通道上方建立控制通道，并连接到气压源。由于两个通道均由弹性材料构成，施加在控制通道中的压力将流动通道紧紧挤压，从而阻塞流体的运动。相反，如果控制通道中的压力被释放，流体可以恢复其运动并到达目的地。由此，在两个通道的交叉处便形成了一个阀门。阀门还可以用来制造复杂的设备，例如，混合器的结构（如图 5-10（b）所示）通过施加和释放控制通道中的压力，交替驱动混合器顶部的 3 个阀门，在该装置周围形成循环流，以混合不同的样品和试剂。操作完成后，中间结果可以被传输到其他设备或暂时存储在专用存储单元中。图 5-10 （c）展示了连接到具有 8 个存储单元的混合器。这些相邻的存储单元可以使用正常的流动通道和两端的多路复用控制阀来构造。制造技术的最新进展使阀门密度达到每平方厘米 2 100 万个。FPVA 的出现用于构建更加灵活和高度可重构的流基生物芯片。在这种结构中，阀门有规则地沿水平和垂直流动通道布置，并由空气压力源通过控制通道控制。通过在流动通道交叉点上打开两个阀门和关闭另外两个阀门，可以形成临时输送通道，存储在那里的流体样品将向预定方向移动。

除了输送通道外，利用芯片的灵活性和可重构性，还可以在阀门阵列上构造混合器等复杂器件，例如，4×2 混合器和 2×4 混合器（分别如图 5-11（b）和图 5-11（c）所示）。在这种动态混合器中，沿着封闭通道的 8 个阀门起着泵阀的作用，它们按给定的模式开关以驱动流体样品和试剂进入通道进行混合。与图 5-10（b）所示的传统混合器相比，这些动态混合器有不同的形状和更多的泵阀，以形成强烈的循环混合流。图 5-11（b）和图 5-11（c）中的两个混合器可以共享图 5-11（d）所示的芯片区域的同一部分（不是同时使用）。因此，阀门阵列的同一区域可以执行各种功能，如混合和流量输送，以及检测该区域是否包含相应的传感器。与传统的不规则流控结构相比，规则的结构易于设计和制造，这使 FPVA 作为大型集成器件的制造变得非常方便，类似于半导体行业的 FPGA 阵列。此外，动态可重构性使阀门阵列可以执行几乎所有的应用程序。这种灵活性使芯片供应商可以专注于提高集成规模，而不必担心应用程序。另一方面，使用这种芯片的客户也可以灵活地执行不同的操作。

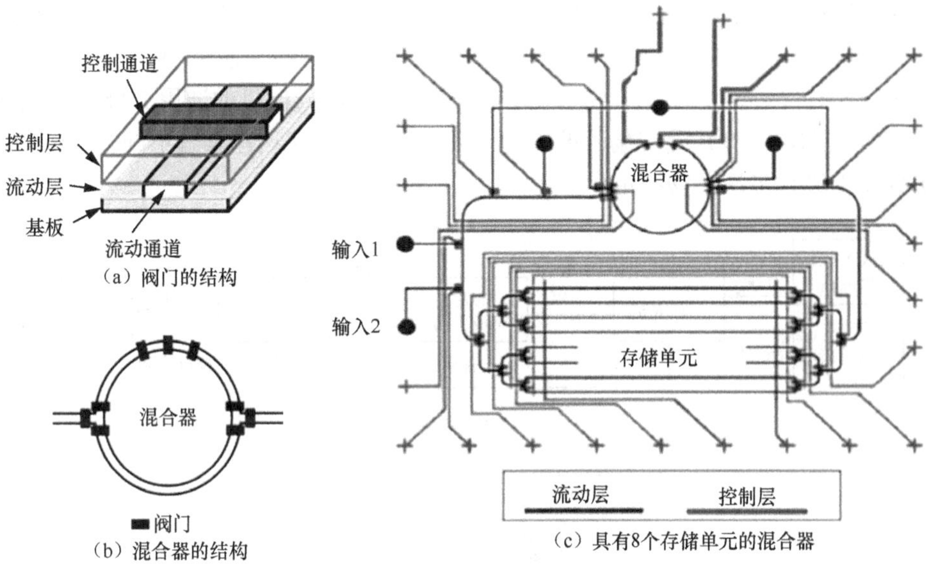

图 5-10 生物芯片阀门的组成和结构

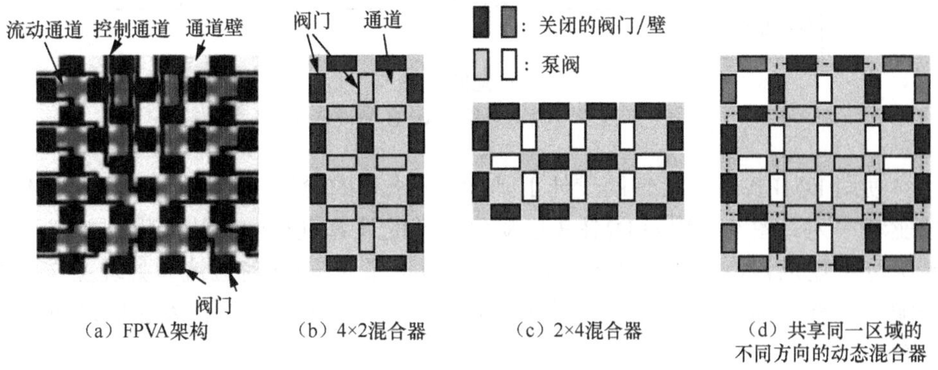

图 5-11 可编程阀门阵列示意

5.2 生物芯片制作过程

本节将介绍 DMFB、MEDA、CMFB、FPVA 这 4 种生物芯片的制造过程，以及使用计算机进行生物芯片的设计。

5.2.1 DMFB 设计流程

图 5-12（a）是定制 DMFB 的设计流程，生物编码器首先将生物测定的操作转换成测序图。然后，设计人员用给定的测序图开发驱动顺序和布局，芯片制造厂商根据设计来生产定制 DMFB，测试人员使用驱动顺序来测试给定的 DMFB。最后，用户在 DMFB 上执行特定的生物测定。另一方面，通用 DMFB 的设计流程如图 5-12（b）所示。设计人员只需为 DMFB 供应商提供的通用 DMFB 设计驱动顺序，通用 DMFB 是现场可编程的，所以用户可以在这些具有不同驱动顺序的 DMFB 上进行多次生物测定。

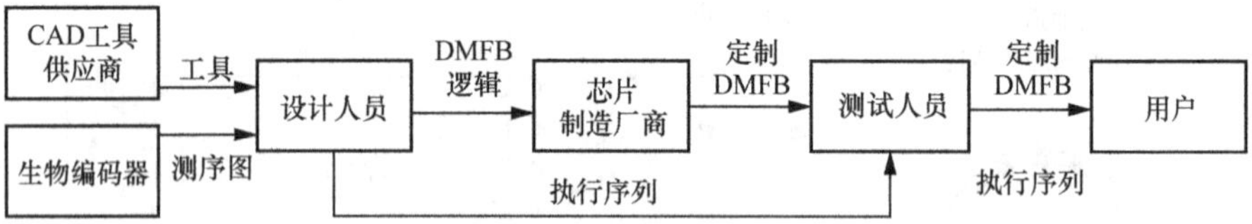

（a）定制DMFB

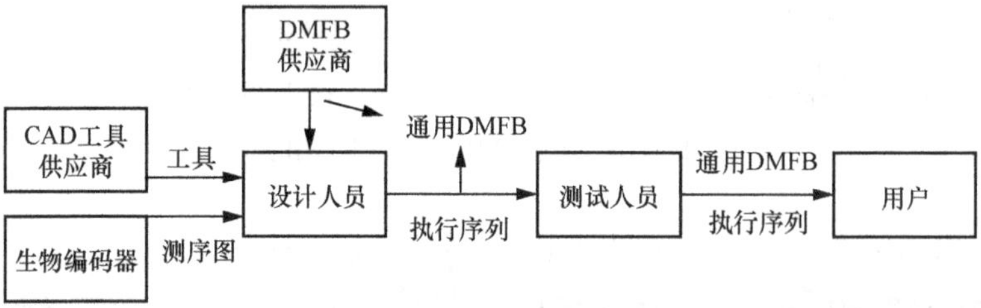

（b）通用DMFB

图 5-12　定制与通用 DMFB 的设计流程

使用 DMFB 计算机辅助设计工具，将高水平的检测规范转换为运行 DMFB 的驱动序列。图 5-13[1]为 DMFB 自动化设计的计算机辅助设计流程。首先，将高级分析规范转换成测序图 $G=(V, E)$，其中，节点 $v \in V$ 对应流体处理操作（如分配、混合、稀释和检测），两个节点(v_1, v_2)之间的边 $e \in E$ 代表它们之间的依赖关系。

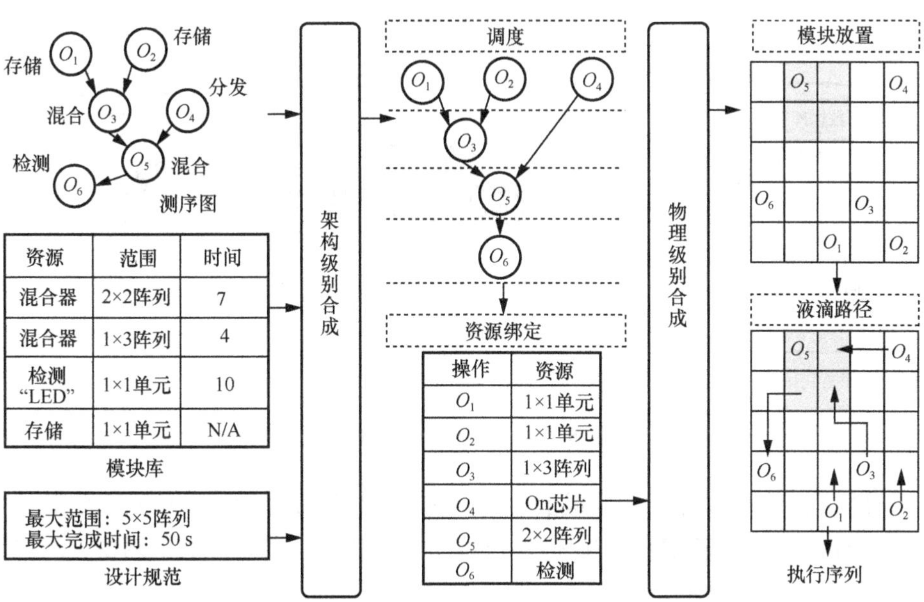

图 5-13　DMFB 自动化设计的计算机辅助设计流程

除了测序图，DMFB 的设计规范和模块库也是计算机辅助设计工具的输入。设计规范规定了微流体阵列和完成时间的上限，模块库包括不同的微流体模块（如混合器、存储单元）以及它们的范围（如宽度、长度）和操作持续时间。该模块库类似于基于单元的超大规模集成电路设计中使用的标准/定制单元库。在架构级别合成中，执行资源绑定和调度操作。在资源绑定中，分析操作被映射到可用的功能资源上。一旦执行了资源绑定，就可以确定所有化验操作的开始时间和结束时间。然后调度器根据排序图施加的优先约束来调度操作。在物理级别合成中，模块放置决定了微流体模块在二维微流体阵列中的位置，例如集成光学检测器和存储器/分配端口。

图 5-13 右上角的二维阵列显示了阵列中的模块放置。一旦进行了模块放置，路由算法就根据调度约束来确定化验操作的单个液滴的最佳路线。此外，它还考虑了流体约束，如液滴之间的最小距离，以防止液滴的意外混合。液滴路径的输出是执行序列，其存储每个时间步骤的液滴运动控制信息。在给定的时间步长内，单个控制信号的状态为 1（启动）、0（未启动）或 X（无关紧要）。

根据 Illumina 公司最近的一项声明，自动化数字微流体平台已经过渡到下一代样品制备市场。全自动数字微流体平台由控制 DMFB 的中央处理器组成，如图 5-14[1]所示。

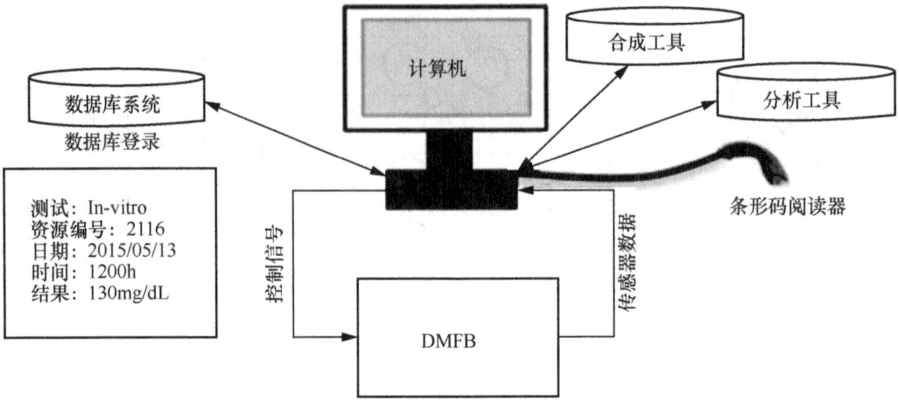

图 5-14　全自动 DMFB 平台

计算机运行由 4 个模块组成的生物系统软件，这 4 个模块具体介绍如下。

① 合成工具，获取输入排序图，执行调度、绑定、模块放置、路由并产生驱动序列。

② 分析工具，获取传感器数据、执行分析并生成化验最终结果。

③ 条形码阅读器，将样品和试剂详细信息输入系统。

④ 数据库系统，存储每个单独测试细节，例如源 ID 和测试结果。

目前数字微流体系统的商业生产遵循定制设计流程。在这种特定于应用的流程中，设计流程的所有阶段都在内部执行，即垂直集成。

如图 5-15 所示，制造过程的微流体装置由一个丙烯酸顶板和一个硅底板组成。为了制造底板，首先，在 525 μm 的硅晶片上沉积 1 μm 的二氧化硅和 60 nm 的电子束物理气相沉积铬。然后，铬层用 32 个 EWD 电极及其相应的芯片在接触垫进行光刻构图。最后，施加 1.1 μm 的化学气相沉积聚一氯对二甲苯（Parylene C）电介质和 80 nm 旋涂的全氟树脂疏水层。为了制造顶板，首先，通过计算机数字控制在 1 mm 的丙烯酸板上研磨移液管端口。第二，用 140 nm 的氧化铟锡接地电极溅射丙烯酸板。第三，贴上激光图案的安全双面黏合剂，它作为一个 120 μm 的垫圈，为试剂在各自的容器中提供最佳的密封。第四，用 80 nm 的全氟树脂进行旋涂来完成顶板制作。最后，通过黏合剂将两块板黏合在一起组成微流体装置。定制的校准指南有助于两块板之间的校准。在一夜真空干燥以蒸发环磷酰胺溶剂后，该装置就可以进行测试。总体来说，该器件的尺寸为 31 mm× 24 mm×1.6 mm。由 700 μm 直径的电极和 120 μm 的垫圈定义的最终单位液滴体积约为 46 nL。这里，至少一个容器装载有 0.08%w/v 的吐温 20（TWEEN-20）在去离子水中，并且余下的底部用 525 μm 的硅油填涂，以减轻液滴蒸发并降低液滴致动导致的电压。

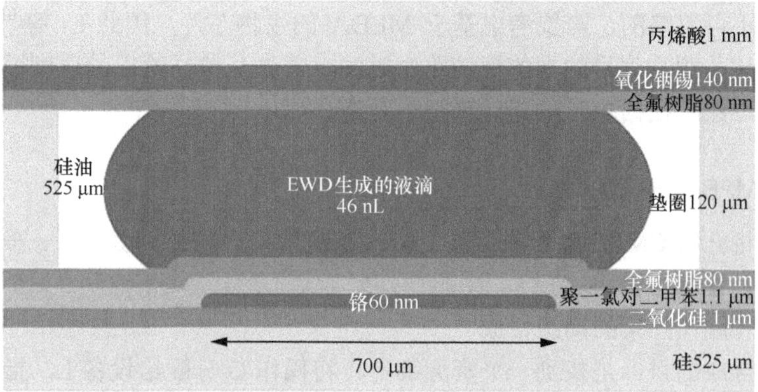

图 5-15 DMFB 制造过程的微流体装置

5.2.2 MEDA 合成流程

与传统 DMFB 数字阵列的合成方法不同，存在着另一种统一的合成流程，即基于生物芯片 MEDA 的合成流程，如图 5-16 所示。首先，储层放置器决定储层位置。之后，调用由优先级控制器、调度器、放置器和路由器组成的统一合成工具。优先级控制器根据给定的顺序图动态生成操作列表，调度器、放置器和路由器决定每个操作的开始/执行时间和模块放置。

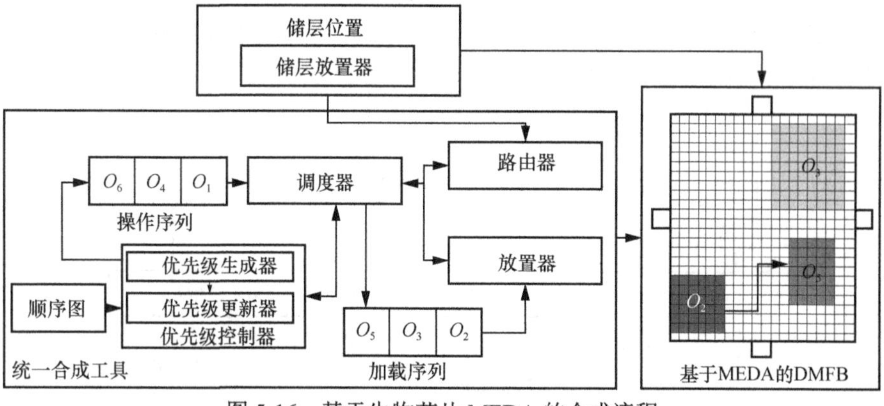

图 5-16 基于生物芯片 MEDA 的合成流程

（1）动态优先级分配

每个未调度操作的优先级由优先级控制器动态确定。优先级控制器由优先级生成器和优先级更新器组成，其中，优先级生成器用于为每个操作生成初始优先级，优先级更新器用于在调度或完成操作时更新优先级。

（2）路线估计

基于 MEDA 的生物芯片可以在更短的时间内完成路线的估计。但是，液滴路由时间是不可忽略的，需要考虑基于 MEDA 的生物芯片，因此 Li 等[6]提出了路由器来估计从源端到目的端的液滴路由时间。首先从前文给出的速度模型中导出液滴速度，然后根据相对位置计算路径距离。

5.2.3 CMFB 合成流程

本节将介绍 CMFB 的合成流程，依次是有端口约束的高级合成、安排调度、物理设计及设备布置。

（1）有端口约束的高级合成

高级合成的目标是找到一个资源绑定，将操作 O 分配给设备 L，指定每种设备类型的最大数量。操作的开始时间由该过程中操作的依赖性决定，从而产生所有操作的时间表。然而，这个调度绑定问题是 NP 完全问题，控制端口约束进一步增加了这个问题的复杂性。为了解决调度与绑定问题，现有方法[7]主要采用启发式优化算法——粒子群优化（PSO）算法。该算法最早由 Kennedy 和 Eberhart[8]引入，通过模拟鸟群的社会行为而发展起来，在解决复杂工程和优化问题方面具有较强的稳健性。考虑 d 维搜索空间中的一个粒子种群，每个粒子与两个向量有关，其中，位置向量表示可行解，速度向量表示飞行方向。

在每次迭代中，根据粒子的速度向量、个体经验感知（与历史最佳位置交换信息）和全局经验感知（与种群最佳位置交换信息）更新每个粒子的位置。经过一定次数的迭代后，选择种群的全局最优位置作为最终解。待评估的调度绑定方案的适应度用控制端口的数量表示。粒子更新流程如图 5-17 所示。

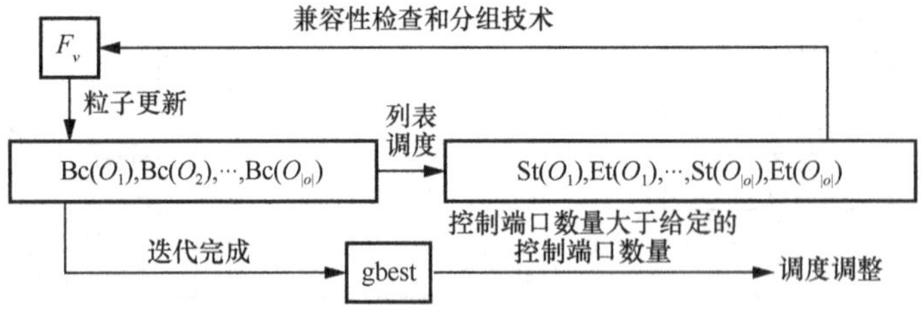

图 5-17　粒子更新流程

操作与设备的绑定是通过统计来确定的。开始时间 $St(O_i)$和结束时间 $Et(O_i)$可操作性的计算使用著名的列表调度算法。然后应用兼容性检查和分组技术来确定所需控制端口的最小数量 F_v，F_v是该调度和绑定的适应度，也就是该粒子在粒子群优化算法中的适应度。

（2）安排调度

经过一定次数的迭代后，检验种群的全局最优解。如果控制端口的数量仍超过给定的控制端口的数量，则进行调度调整，如图 5-18 所示。此时采用调整策略调度伸缩和装置缩减来减少控制端口的数量。调度伸缩的目的是通过延长某些操作的执行时间来实现同类型设备之间的同步控制，进而减少所需的控制端口的数量。

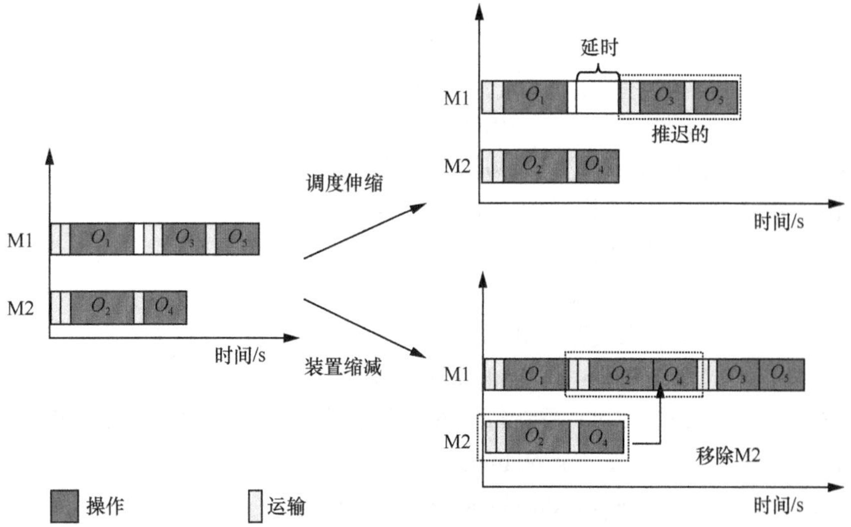

图 5-18　安排调度时间轴

（3）物理设计

生物芯片的物理设计决定了设备及其连接的位置。在生成调度绑定方案后，就确定了与之兼容的阀门开关方式。然而，在物理设计中，引入的阀门可能使版图失效。在物理设计期间，为了减少控制要求，设计人员可以尝试直接减少新增阀门的数量。对于那些无法避免的阀门，设计人员会尝试同步它们与现有的片上阀门的切换活动，以便可以将它们分组并连接到相同的控制端口。

（4）设备布置

设备布置流程基于经典模拟退火算法实现，如代码清单 5-1 所示。该算法从随机生成的设备放置开始，然后以初始温度 $T=T_0$ 输入迭代循环，并在 $T<T_{min}$ 时终止。T 的还原速度由一个参数 K 控制。对于包括 I_{max} 优化迭代在内的每个温度循环，通过执行一系列转换操作（包括平移、旋转和设备之间的位置交换）迭代生成新的放置解决方案。

代码清单 5-1　经典模拟退火算法

输入　已分配设备集 D 和路由网络集 N

输出　布局和路由解决方案

1.　初始化 $T=T_0, I_{max}=0$ 和 $P=\text{Rand\_Position}(D)$;

2.　while $T > T_{\min}$ do

3.　　　while $I_{\max} <$ threshold do

4.　　　　　$P' =$ Translation_Rotation_Swapping(P);

5.　　　　　if Rand_Num(0, 1) < $\mathrm{e}^{\frac{-(E(P')-E(P))}{T}}$ and $E(P') - E(P) < 0$ then

6.　　　　　　　$P = P'$;　　　//end if

7.　　　　　$I_{\max} = I_{\max} + 1$;　　　//end while

8.　　　$T = \kappa\, T$;　　　　　//end while

9.　把所有网络按其优先级顺序放入网络集 N

10.　初始化每种网络模式的权重和 RP $= \varnothing$;

11.　while 无路由网络依然存在 do

12.　　　for $n_{i,j} \in N$ do

13.　　　　if $n_{i,j}$ 未被路由 then

14.　　　　　　RP \leftarrow A*_Path_Finding($n_{i,j}$); //end if

15.　　　按式（5-8）更新每个网络节点的权重; //end for, end while

16.　if 控制端口总数大于 N_c then

17.　　　Flow_layer_Feedback(RP) ; //end if

在确定被分配设备的相对位置后进行路由，在路由图上构建设备之间的流路径，网格上的每个节点都可以被处理信道交叉的设备或交换机占用。在路由图上，节点被标记为 4 种类型，如图 5-19 所示。

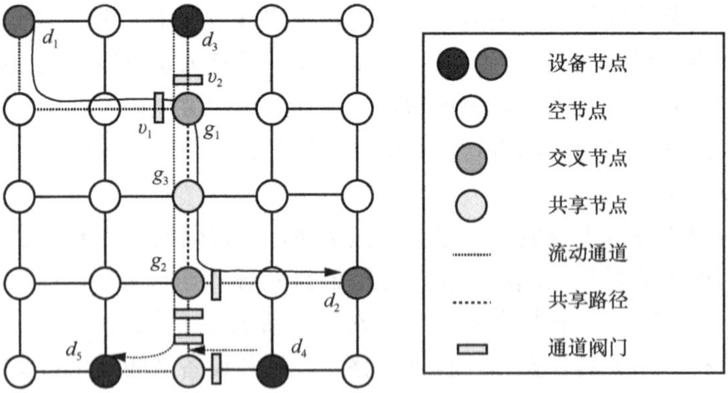

图 5-19　网络路由及节点类型

通过路由图上构建的流动通道网络，将所有的设备节点替换为真实的设备，将所有的路由路径替换为流动通道，从而生成最终的生物芯片架构。虽然在放置和路由过程中已经仔细考虑了减少额外控制需求的目标，但最终架构中的控制端口数量仍可能大于指定的 N_c。最后将此结果反馈到高级合成阶段，以使用新的初始位置向量重新调用合成流。

5.2.4 FPVA 设计流程

如图 5-20 所示[5]，FPVA 设计流程包括生物测定描述到 FPVA 生物芯片上的流体操作的映射，进而映射到核心阀的驱动，最后对应螺线管的驱动。

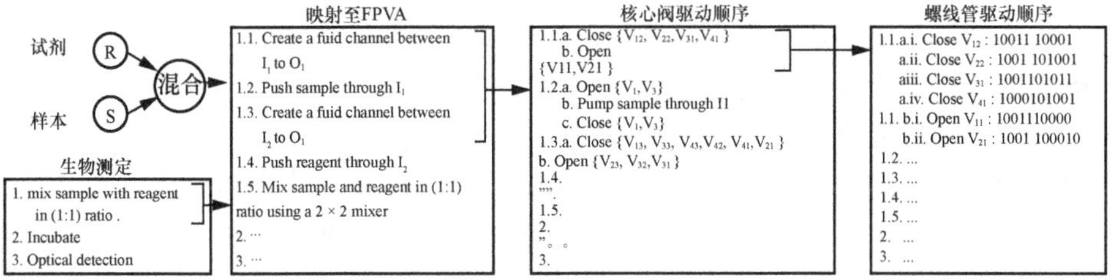

图 5-20　FPVA 设计流程

FPVA 生物芯片在通道形成过程中，流体室充当挡隙，并作为混合和孵化操作的临时存储。围绕这些腔室的核心阀可以通过施加压力从而单独控制（开启/关闭）。多路选择器用于削减生物芯片 FPVA 的压力输入数量。控制阀控制通过 I/O 通道进入流体网络的流体流动。外部电磁阀引导压力排放到控制阀和多路选择器控制。在 FPVA 上实施生物测定，需要将每个测定操作转化为 FPVA 支持的一个或多个流体操作。

在 FPVA 平台上进行生物测定的设计流程为通过在输入流体端口和输出流体端口之间设置流动通道并迫使流体通过该通道来实现输入流体的加载。流动通道是通过多路选择器控制线调节（即开启/关闭）阀门而建立的，而多路选择器控制线又通过外部微控制器驱动电磁开关。生物芯片可能有制造缺陷，这可能导致运行时发生故障。为了暴露这些故障并促使错误恢复，生物芯片网络物理系统包含一个或多个传感器。

电荷耦合器件照相机捕捉一个腔室的图像，通过观察流量 I/O 端口的压力传感器显示以确定流体是否存在。基于传感器的检测可以获得一定的稳健性和可靠性。

5.3 生物芯片工作原理

本节将介绍生物芯片工作的原理，包括介质电润湿和基于 CMFB 的控制原理。

5.3.1 介质电润湿

微光刻制造技术的进步使电子元器件的规模化和批量制造成为可能，并使数字计算机从占用空间大、速度慢、价格高和能源密集演变为普遍存在的机器。这些微制造技术的日益普及预示着一个全新的研究领域的到来，如微全分析系统。该概念旨在实现所有不同的台式实验室操作，包括在一个小设备上进行样品制备、反应、分离和检测，通常在几平方厘米的范围内。微型分析系统极大地受益于微制造技术的最新发展，就像电子产品消费所做的那样：更快的反应速度，更低的分析成本和将实验室转移到医疗点的能力。

1990 年，曼兹引入了微型系统（μ-TAS）的概念，将所有必要的分析步骤（从取样到检测感兴趣的化合物）集成在一起。这些系统的一个关键因素，也是改进的主要动力，是流体的互连，确保了可靠的样品处理。第一个成功的流体系统是连续微流体系统，它基于液体通过预先定义的微通道连续流动。到目前为止，该系统在毛细管电泳、核酸分析、流式细胞仪等应用中仍有一定的应用价值。在过去的 10 年里，一种新型的微流体系统——数字微流体被设计出来，在这种系统中，流体通过单个液滴进行处理。在数字微流体中，微小的液滴从产生、运输、混合到分裂，从而创造出可在时间和空间上单独控制的微型反应室。对于这种液滴处理，最灵活的驱动机制之一是 EWOD。在这种机制下，通过在液滴一侧施加交流或直流电压，其表面张力被局部可逆地修正。

因此，表面张力梯度被诱发，将液滴吸引到激活区域。液滴的运动可以沿着电极的模式自由控制，这些电极都是通过软件单独控制的。此外，驱动机构与微光刻制造非常兼容，适用于广泛的（生物）流体，不需要阀门或泵，固有地不会造成死体积。虽然使用液滴作为微反应器是新颖的，而且还在不断发展，EWOD 芯片实验室已经被广泛应用于分析应用，如免疫传感、蛋白质组学、DNA 和基于细胞的分析。在这些应用中，EWOD 芯片实验室得益于其多功能和自动化液滴驱动机制，成为一个有前途的生物检测平台。然而，与 EWOD 芯片实验室设备相关的一个需要解决和克服的关键问题是它们的性能分析。

图 5-21 为一个芯片上的 EWOD 实验室的横截面。当通过激活其各自的 MOS 场效晶体管（用灰色表示）在电极上施加电压时，液滴被吸引到激活区域。多种 EWOD 芯片上实验室设备配置的存在主要是因为使用了不同的介质材料。在 EWOD 芯片上的实验室配置中，介质层具有关键元素，因为它隔离了液滴与驱动电极，从而防止了在液滴上施加电压时发生电解。

所有芯片都是在 ESAT-MICAS 洁净室制造的，主要流程包括玻璃晶圆用丙酮和异丙醇清洗 5 min，再用去离子水冲洗，最后用氮气枪干燥。50 nm 的铝通过磁控溅射沉积在玻璃晶片上。接下来，晶片旋转涂胶速度为 3 000 rpm，在 90 ℃下软烤 9 min，通过光掩模使用公开接触光刻机。随后，铝层被一个预热（50 ℃）Transene 公司的 A 型铝蚀刻剂蚀刻 20 s。通过将晶片浸入预热的丙酮浴中，并用异丙醇和去离子水冲洗，将剩余的光刻胶剥离。

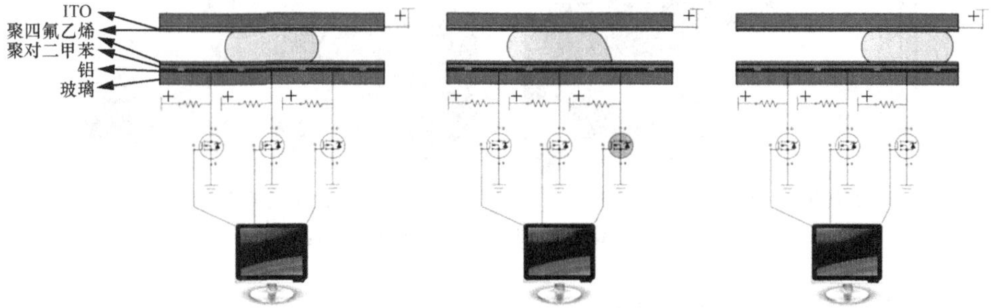

图 5-21 一个芯片上的 EWOD 实验室的横截面

图 5-22[9]为用于不同生物测定的芯片布局大纲。其中，芯片的总尺寸为 32 mm×32 mm，电极的总尺寸为 1.4 mm×1.4 mm。

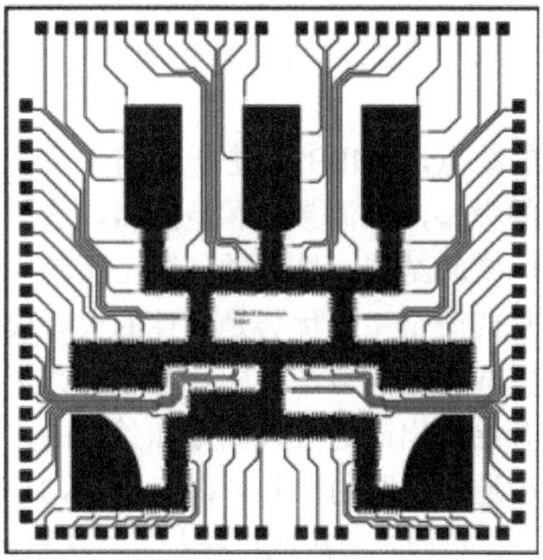

图 5-22 不同生物测定的芯片布局大纲

图 5-23（a）和图 5-23（b）[9]分别为优化不同液滴操作界面设置和不同生物测定界面设置。图 5-23 中晶圆的表面在 O2plasma（100 W, 120 s）中活化，真空中以硅烷 A174 为底漆，然后通过化学气相沉积在表面涂上一层 Parylene C 绝缘层。最后，在 Parylene C 层上旋转涂覆 300 nm 非晶氟聚合物（Teflon™AF）层，在 110 ℃和 200 ℃下烘烤 5 min，以使芯片表面更疏水。其中，Teflon™AF 是一系列无定形氟塑料。这些材料在光学透明度和机械性能（包括强度）方面类似于其他无定形塑料，在宽温度范围内具有与其他氟塑料相当的性能，具有优异的耐化学性，并且具有优异的电性能。因此，根据上述相同的方案，将氧化铟锡镀膜

玻璃载玻片的盖板旋转涂上 300 nm 的 Teflon™AF。芯片的组装方法是将两个片板相互叠加，用胶带或带图案的 SU 8 垫片层隔开。

（a）优化不同液滴操作界面设置

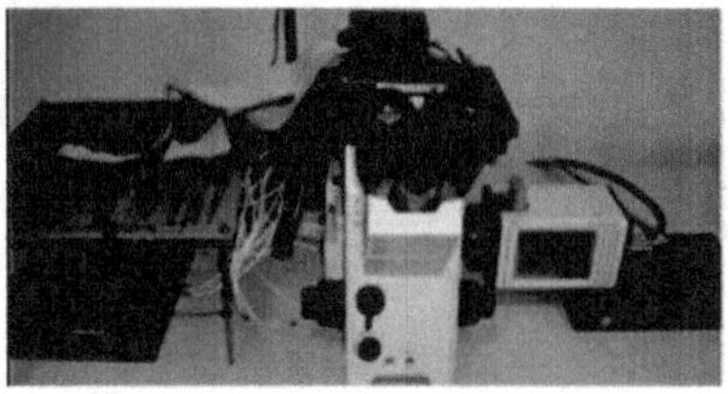

（b）不同生物测定界面设置

图 5-23　优化液滴操作和生物测定界面设置

5.3.2　基于 CMFB 的控制原理

在传统的生化实验室中，实验是用管子、滴管等笨重的装置操作的。由于需要人工干预，此工作不方便且容易出错。生化工业已经取得了显著的进步，通过提供一系列系统的解决方案，实验可以在一个紧凑的系统内完成。与传统的生化实验室相比，该系统集成大大提高了实验效率，但只有相对简单的实验方案才能被自动处理，而疾病彻底诊断等复杂的生化实验仍不能完全避免人为的干预。

为了克服上述系统的缺点，CMFB 在过去 10 年中得到了广泛的研究。在这样一个芯片中构造了大量的设备，如混频器和检测器。这些器件通过微通道（也称为流道）连接，传输中间实验结果。结果的传输由微阀控制，微阀是建立在流道上的微小开关。生物芯片的一个主要优势是器件的大规模集成。因此，生物芯片的制造工艺采用了类似集成电路的方法，即在基底上蚀刻微通道。观察到这种相似性，设计自动化社区开始提出改进设计质量和效率的方法和工作流程，生物芯片体系结构的合成和流动通道的路由在其中都有涉及。此外，Hu 等[10]也提出了制造后缺陷检测的测试方法。然而，与集成电路相比，生物芯片有一些特殊的地方。除了用于运输流体样品的流动通道外，阀门还需要由空气/流体压力模式驱动来改变其状态。

生物芯片的原理和横截面分别如图 5-24（a）和图 5-24（b）所示，其中，控制通道建立在流动通道之上。通过控制通道的空气/流体压力挤压流动通道以阻止流动样品的移动。当控制通道中的空气/流体压力被释放时，流动通道再次打开以进行流体输送。换句话说，一个阀门就像一个开关，它的状态是由控制通道中的空气/流体压力控制的。

以阀门为控制单元，可以构建复杂的生物芯片，如图 5-24（c）所示。在执行应用程序时，控制通道中的空气/流体压力模式应该由控制逻辑生成，因为控制逻辑在生物芯片中起着关键作用，所以它管理应用程序的整体执行。最近，考虑控制信道优化的相关研究也开始出现。例如，使控制通道中的压力传播时延最小，以减少阀门的响应时间；控制通道的长度应匹配在同步开关时间的阀门。然而，这些方法主要关注于将空气压力传递给阀门的控制通道，而生成所需压力模式的控制逻辑尚未得到充分研究。

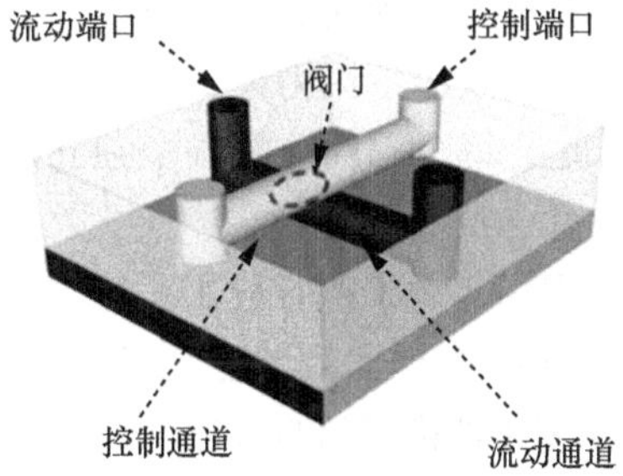

（a）基于流的微流体生物芯片原理

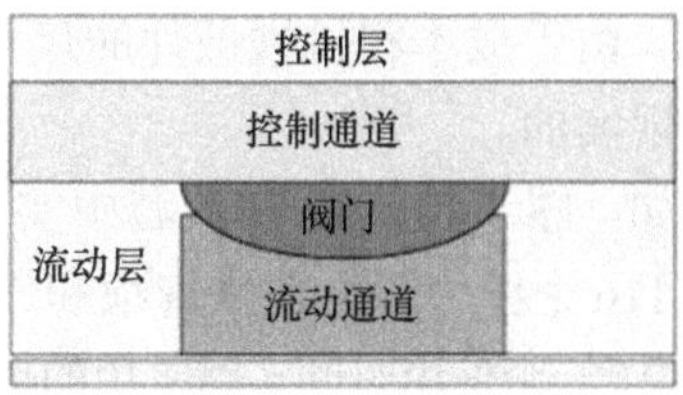

（b）具有流动通道和控制通道的微流控生物芯片的横截面

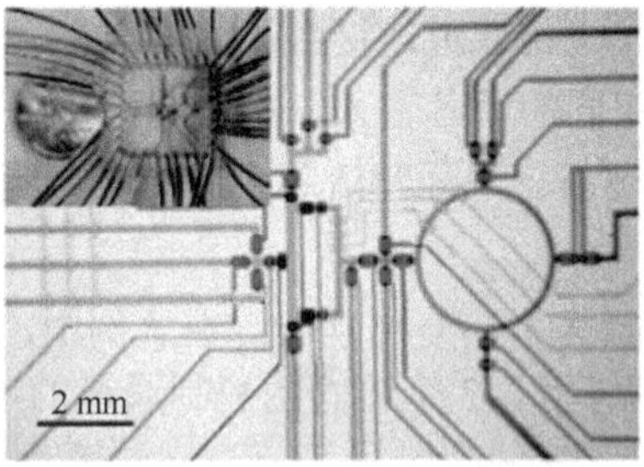

（c）基于多个阀门气压的CMFB俯视图

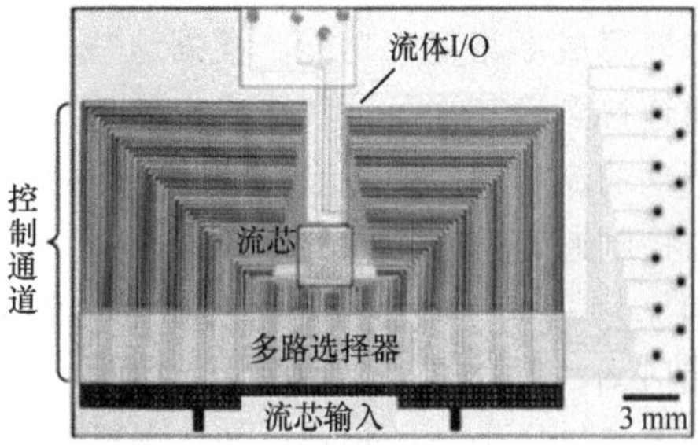

（d）完整生物芯片的结构

图 5-24　生物芯片示意

到目前为止，只有一种方法被提出来考虑控制逻辑的可靠性，即调整控制阀所需的模式顺序，以减少控制逻辑中的最大开关次数。不幸的是，这种方法仍然不能有效地生成所需的压力类型。Zhu 等[11]研究了控制逻辑的设计，并提出了一种方法，以提高其效率产生所需的压力模式。此外，控制逻辑所需的资源也减少了。

Zhu 等[11]首次提出了一种新的通道切换机制，即通过布尔逻辑表达通道切换模式，可以同时切换多个控制通道。与新引入的开关状态压缩进行混合控制，产生所需的压力模式的效率可以显著提高。控制逻辑的结构是通过将识别的控制模式映射到一个通用路由网格来确定的。这种映射允许控制通道被水平和垂直地路由，在决定控制逻辑的新结构方面提供了更大的灵活性。与此同时，这也是检验控制逻辑本身设计的第一个工作。

针对自动控制逻辑构造，Zhu 等[11]还提出了一种结合了多通道切换和容错的系统方法。该方法使用 PSO 算法和高效网格路由算法来确定控制阀的位置以及它们的连接方式。

仿真结果证实，优化的控制逻辑带来更少的阀门开关时间和更低的总逻辑成本，同时成功实现了所有控制通道的容错。

在基于流量的生物芯片中，流量和控制通道交叉处的阀门需要通过控制逻辑产生的空气/流体压力模式来切换。图 5-24（d）显示了完整生物芯片的结构。生物芯片的流芯位于执行生化操作的中心。围绕流芯的控制通道、多路选择器、流芯输入以及右侧的压力源一起形成一个控制逻辑，以产生压力模式来切换流芯中的阀门。由于成本和机械部件的尺寸限制，因此给每个阀门分配一个独立的压力源是不现实的。

例如，图 5-24（d）在流芯中实现了 116 个阀门。对于执行应用程序来说，直接使用 116 个压力源会非常麻烦和昂贵，仅仅使用 15 个压力源就能生成压力模式。换句话说，一个使用时间多路复用的控制逻辑被部署来切换阀门的状态。在图 5-24（d）中，底部的流芯输入提供了一个可开启/关闭的压力源。右边的控制端口连接到外部压力源，以创建控制模式，指定哪个控制通道可以连接到流芯输入。中间的多路选择器形成多路复用功能，根据这些控制模式将通道连接到流芯输入。一旦控制通道连接到流芯输入，其压力值就更新为相同的流芯输入。相应地，由该控制通道驱动的流芯阀门的开启/关闭状态也得到更新。下面将流芯中的阀称为流阀，它们与控制通道具有相同的指标。

图 5-25 说明了减少压力源数量的控制逻辑的多路复用功能。在本例中，4 个控制端口 x_1、$\overline{x}_1$、x_2、$\overline{x}_2$ 连接到压力源，以控制驱动 3 个流阀的控制通道的连接。在控制逻辑设计中，控制端口的压力值通常是互补的。

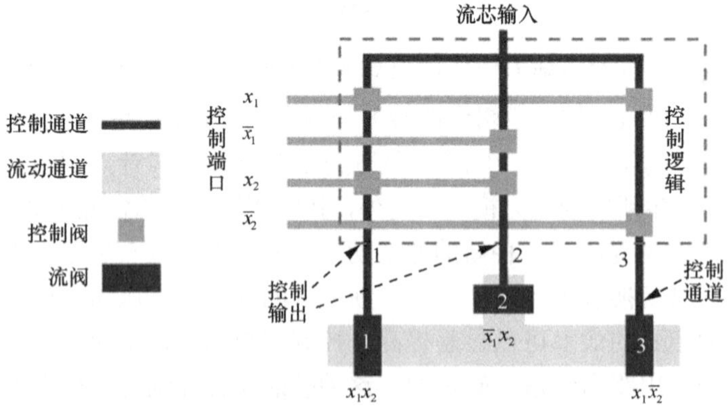

图 5-25　控制逻辑多路复用 3 个控制通道

控制端口 x_1、$\overline{x}_1$、x_2 和 $\overline{x}_2$ 被用来控制建立在控制逻辑通道上的阀门，称为控制阀。控制逻辑的输出表示控制通道的状态，称为控制输出。控制端口和控制阀的状态决定了哪个控制孔要连接到流芯输入来改变控制输出。例如，控制通道 1 驱动流阀 1 连接到控制输出 1，当 x_1 和 x_2 都设为逻辑“1”时，其值更新为流芯输入的值。控制通道上的控制阀组成用于通道多路复用的控制模式。例如，图 5-25 中使用了 3 种控制模式 x_1x_2、$\overline{x}_1x_2$ 和 $x_1\overline{x}_2$ 来控制这 3 个通道。在任何时刻，只能有一个为真，因此只有一个控制输出可以连接到流芯输入更新其压力值。如果目标压力都很高，则激活流芯输入的压力；否则，流芯输入在控制通道中释放压力。通过这种机制，n 个控制端口可以用于多路传输 $2^{n/2}$ 个控制通道。如果控制通道的数量在 $2^{n/2-1}$ 和 $2^{n/2}$ 之间，则不使用一些控制模式。在图 5-25 的控制逻辑中，压力源的数量为 5 个，大于控制通道的数量。因此，在这种情况下，控制多路复用实际上需要更多的压力源。然而，随着控制通道 n 的增加，相比于 n 所需的压力源数量减少至 $2[\mathrm{lb}\,n]+1$ 个。图 5-25 改变的是压力值控制渠道，使流阀可以切换执行应用程序。这些压力值被称为通道状态。假设 t 时刻通道状态为“011”，其中“1”表示对应控制通道的压力较高，“0”表示压力较低。那么在 $t+1$ 时刻，控制通道的状态需要更新为“100”。

由于图 5-25 中的控制逻辑在某一时刻只允许一个控制通道连接到流芯输入，因此需要通过 3 种切换操作来实现状态转换，其中控制变量 x_1 和 x_2 分别设置为“11”“01”和“10”。在此过程中，3 个控制通道依次连接到流芯输入，分别由 x_1x_2、$\overline{x}_1x_2$、$x_1\overline{x}_2$ 控制模式激活。因此，流芯输入的压力应依次设置为“1”“0”和“0”，以更新控制通道中的压力。为了方便起见，将所有控制通道从 t 时刻的状态更新为 $t+1$ 时刻的状态的时间称为一个时隙。在一个时隙内，可能需要通过控制逻辑改变几个控制通道的状态。因此，从 t 时刻到 $t+1$ 时刻的状态转换可以分割为若干个时间块，每个时间块代表控制逻辑的一个驱动。

5.4　生物芯片的应用

作为微流控技术最典型的代表之一，微流控生物芯片通常用于生化实验或医学即时检测，如 DNA 测量、葡萄糖检测等。此外，它也可用于其他领域，如环境检测，包括空气质量检测、水质检测、土壤污染检测等。生物芯片具有成本低、实验结果准确、易于户外使用等优点。生物芯片的小型化有效节约了昂贵的试剂，避免了试剂浪费。一些简单快速的生物实验可以直接在生物芯片上完成，进一步减轻了对人力资源的依赖。近年来，生物芯片发展迅速。调查显示，由于应用前景广阔，2022 年生物芯片的市场价值达到 258 亿美元。

商用微流体平台作为带有装载盘的台式仪器提供。如图 5-26 所示[12]，典型的外围设备结构包括连接到一系列气动执行器、压力传感器的嵌入式计算机，以及用于自动设置和数据收集的条形码阅读器，可为高级数据收集、固件更新或重新编程提供连接。

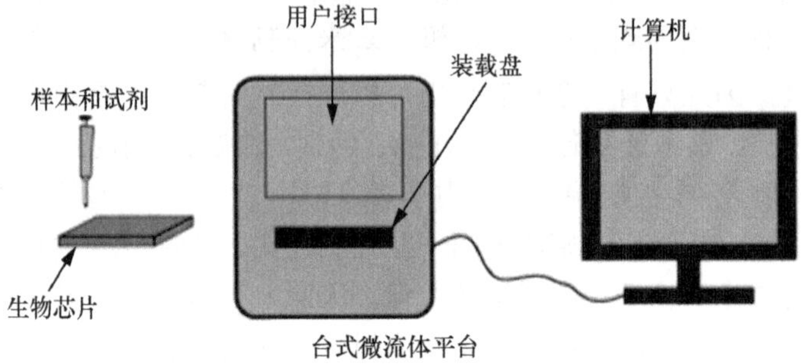

(a) 生物芯片外围设备环境

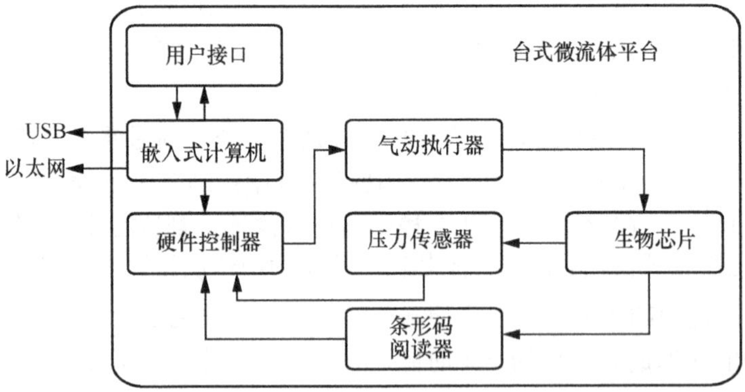

(b) 台式微流体平台模块

图 5-26 生物芯片外围设备环境及台式微流体平台模块

在过去的几十年里，DMFB 在生化应用中发挥了重要作用，如医疗点临床诊断、DNA 测序和药物发现的蛋白质结晶，这是因为它们具有成本低、效率高和便携性的优势。此外，DMFB 具有可重新配置的芯片实验室技术，能够有效地使生化应用的分析系统小型化。随着 DMFB 在 Illumina 等商业开发市场的推出，DMFB 市场大幅增长。

CMFB 中的被动式独立微流体系统使用毛细管流动和比色检测等机制来提供不依赖于任何外部支持的功能。纸质微流体和家庭妊娠试验就是被动微流体的例子。

微流控技术使 dPCR 方法及其应用成为可能，如复制数变异和药物代谢的研究。这些设备目前仅用于研究用途，预计只有在技术进一步成熟后才会出现诊断应用。目前的主要应用是提供低成本、易于使用的便携式分析平台，用于多分析或半定量（甚至定量）分析，以便为生活贫困的人们提供负担得起的环境友好型疾病诊断。根据反应机制，这些测试可以分为生化、免疫学和分子检测。

5.4.1　生化检测

纸基生化检测[13]已被应用于测试多种分析物。当来自取样区的样品溶液到达图案纸上的检测区时，目标化合物和固定化试剂之间会发生化学反应，如酸碱反应、沉淀反应、氧化还原或酶促反应，并产生信号。然后通过比色、电化学、荧光、化学发光（CL）、电化学发光或光电化学等方法来进行生化检测。使用基于微流控纸的分析设备进行生化检测并进行检测方法之间的比较，包括制造技术、设备成本、完成检测所需的时间、分析物、检测限、线性范围和所需设备。

比色法[13]是 μPADs 中最常用的分析方法，这是因为它操作简单、信号读数直观。它是基于未知物质生成的有色化合物，而不是已知分析物浓度生成的有色化合物。然后通过扫描仪或照相机记录颜色的强度，这些扫描仪或照相机将数字化读数传送到场外进行定量分析。化学反应是产生颜色变化的常见原因。

Zhou 等[14]开发了基于纸的比色生物传感平台，利用交联硅氧烷 3-氨基丙基三乙氧基硅烷作为探针检测包括 H_2O_2 和葡萄糖在内的广泛目标。当该复合物与戊二醛交联时，得到的复合物呈现砖红色，并且当该复合物与 H_2O_2 反应时观察到视觉颜色变化。通过将该复合物与滤纸结合，改性纸能够定量检测 H_2O_2，并且通过将葡萄糖氧化酶固定在改性纸上，可以通过检测酶促产生的 H_2O_2 来检测葡萄糖。

Lopez-Ruiz 等[15]制造了一种基于智能手机的能够同时进行 pH 和亚硝酸盐比色测定的 μPADs。该装置由一个主要中心区域（采样区域）和 7 个具有独立通道的传感区域组成。酸碱度感应区使用两种不同的酸碱度指标，即酚红和氯酚红。亚硝酸盐敏感区基于格里斯反应，还有一个空白供比色检测时参考。当分析物落入微流体装置的中心区域时，滤纸的毛细作用和压印的不可擦除墨水形成屏障，使溶液流向 7 个传感区域。当微流控设备干燥时，安装在智能手机上的应用程序可以轻松检测到均匀稳定的颜色。因此，有可能在一个单一实验中使用一个单一的微流体装置进行区域的多重检测，而不需要外部处理元器件。这种多重检测的思想也被用于检测尿液、尿酸、葡萄糖和乳酸盐。纳米粒子比色传感方法也被用于纸基比色分析设备，这是因为它们的消光系数高于普通染料。

Nath 等[16]设计了一种金纳米粒子（AuNP ）与硫辛酸（TA）和硫鸟嘌呤（TG）分子偶联的化合物 Au-TA-TG。Au-TA-TG 与 As3 离子在纸基底上横向扩散混合形成纳米粒子聚集体，显示出可见的蓝黑色沉淀。Ratnarathorn 等[17]研究了 μPADs 对 Cu2þ 的银纳米粒子比色传感。银纳米粒子比色传感检测 Cu2þ 的特点是紫外可见光谱。同型半胱氨酸和二硫苏糖醇上的巯基用于修饰银纳米粒子表面，而 -COOH 和-NH2 官能团相对于溶液中的其他离子对 Cu2þ 有很强的亲和力。在 Cu2þ 存在下，404 nm 处的等离子体共振吸收峰强度降低，502 nm 处出现新的红移带。由于纳米粒子聚集，添加 Cu2þ 后，涂有改性 AgNPs 溶液的纸装置从黄色变为橙色和绿棕色。

此外，Zhao 等[18]的一项研究报告了姜黄素纳米粒子的纳米化和在溶液中的低溶解度，以螯合金属离子并形成络合物。许多纸基电化学微流体装置与电分析传感器相结合，显示出比比色分析低得多的检测极限，并且电化学检测对环境光照条件和样品中的杂质不敏感，特别适合在野外或不干净的环境中使用。Dungchai 等[19]和 Tan 等[20]通过丝网印刷技术在平装微流体装置上制备了用于葡萄糖和金属离子测定的电极。Yang 等[21]还通过测量 H_2O_2 检测葡萄糖开发了一种小型化的纸基微流控电化学酶生物传感平台。

荧光分析法是另一种光学方法，其固有的灵敏度比比色法高得多。Thom 等[22]描述了一种即时检测策略，其中可见光区的荧光用作读数，而配备摄像头的手机用于捕获荧光响应并对检测进行量化。当暴露于特定的酶生物标记时，小分子试剂从弱荧光转变为强荧光。通过使用配备摄像头的蜂窝手机拍摄化验区域，将产生的可见荧光数字化。上转换荧光是由上转换磷光体发出的一种反斯托克斯发光，它可以减少来自添加剂的严重背景荧光和纸张基质中的散射光，从而显著提高荧光分析的稳健性和灵敏度。

He 等[23]用特定探针标记的上转换荧光在 μPADs 上的测试区，然后引入检测目标。在完成探针到目标反应完成期间，上转换荧光检测在测试区直接进行，没有任何后处理。因此，μPADs 与上转换荧光检测的结合有望提供一种具有预期的简单性、准确性和灵敏度的工具，从而促进 μPADs 在临床诊断中的应用。化学发光法可以与 μPADs 结合建立新型化学发光 μPADs 生物传感器，最终得到价格低廉、灵敏度高的生物传感器。

Yu 等[24]设计了一种新型的微流控纸基化学发光分析装置，通过改变两个样品的行进距离，实现对葡萄糖和尿酸的同时定量响应。新的器件支架设计在片盒底部，用于固定 μPADs 的位置。然后，可以用黑色金属盖关闭盒子，该金属盖可用于样品注射的注射孔。当 μPADs 放入支架时，样品注入区与分析仪的光电倍增管对齐。为了进行检测，样品溶液向化学发光检测区域迁移，以获得化学发光信号，该信号用计算机记录。

5.4.2 免疫学检测

免疫学检测是一种将免疫测定技术用于多种应用的方法[25-27]，例如人绒毛膜促性腺激素、大肠杆菌 O_{157}:H_7、山羊抗兔 IgG、红细胞凝集[21]。在临床检测中，它主要用于通过抗原抗体反应检测体液抗原或抗体物质。在这项技术中，纸张经过化学修饰与官能团结合，并与小分子和蛋白质共价结合。

Mu 等[28]列出了微流控纸基分析设备中免疫检测的建议检测方法的比较。利用多重微流控纸基免疫分析不可替代的优点，对抗丙型肝炎病毒（抗-HCV）的 IgG

抗体进行血清学检测。纸张是在环境温度下通过手工打孔图案制作的，而且手工打孔图案很便宜（不到 2 美元）。“花瓣”可以用作多个检测区，径向形状通过在检测区之间使用空气屏障来防止交叉污染。液体可以直接用管道输送到每个检测区域，由一系列红色染料显示。前者消耗的样本较少，而后者劳动强度较小。该方法显示出显著的优点，例如在 96 孔酶联免疫吸附试验（ELISA）中，多重纸基装置中一个检测区的材料成本估计为一个孔的五分之一，并且每个检测区所需的血清低至 6 nL，而 ELISA 中的血清为 10～20 uL。

Su 等[29]设计并制作了基于纸的电化学细胞装置，具有可扩展且经济的制造方法，以证明使用 μPADs 对癌细胞的灵敏监测。该研究制备了核酸适体修饰的三维大孔金纸电极，并将其作为工作电极用于特异性、高效地捕获癌细胞。连续的电极内 3D 细胞培养显示出对癌细胞捕获能力的增强和保持捕获的活细胞的活性的良好生物相容性。与传统的检测方法相比，比色（半定量的“是”或“否”答案不足以进行早期和准确的癌症诊断）和荧光方法（昂贵、耗时且需要先进的仪器）的电化学检测是定量的，并且在现场使用简单。

Wu 等[30]将纸基微流控电化学免疫装置与石墨烯薄膜上的纳米探针相结合，用于 4 种癌症生物标志物的超灵敏多重检测。纸用 SU-8 3010 光致抗蚀剂浸渍，被光致抗蚀剂浸泡的区域不渗透液体，而光致抗蚀剂洗脱的区域保持亲水性。辣根过氧化物酶和抗体共固定的二氧化硅纳米粒子和石墨烯用于实现双信号放大。4 种癌症生物标志物的最低检测浓度分别为 0.001 ng/mL、0.005 ng/mL、0.001 ng/mL 和 0.005 ng/mL。

5.4.3 分子检测

基于微流控纸的分子检测分析依赖于核酸杂交的序列特异性检测。捕获探针用标签标记序列，或者捕获探针浓度的变化使反应可见或可测量。

Tsai 等[31]在一项研究中报告了一种盐诱导的比色传感策略，该策略采用未经修饰的 13 nm 光学纳米粒子和用于结核病诊断的纸化验平台。将固体蜡印刷在层析纸上以形成疏水屏障，然后将未知提取的人 DNA 序列与检测寡核苷酸序列杂交，随后加入 AuNPs 胶体并用氯化钠溶液触发比色传感。如果提取的 DNA 序列由靶序列组成，检测寡核苷酸序列将与它们杂交，只有少数 DNA 序列将被吸附在 AuNP 表面，以避免加入盐后聚集。在没有靶序列的情况下，杂交后混合物保持红色不变。纳米粒子的聚集状态取决于纳米粒子的表面电荷和空间效应，可以通过将盐引入溶液或通过静电吸附结合生物分子来控制。

Wang 等[32]在 μPADs 中引入了一种无介体和无隔室的葡萄糖/空气酶生物燃料电池，分别以 AuNPs 和铂纳米粒子修饰的纸电极为阳极和阴极底物，实现了自供电 DNA 检测。之后，使用蜡作为纸张疏水化和隔离剂，在色谱纸上构建疏水屏障。阳极产生的电子通过外部电路进入 PtNPs 修饰的阴极，在质子的参与下催化氧的还原。此外，产生的电流可以被纸超级电容器收集和存储。然后，超级电容器在开关的控制下自动缩短，以输出瞬时放大的电流，该电流可以被终端数字万用表检测器灵敏地检测到。

Lu 等[33]将电化学DNA传感器引入基于折叠纸的AuNPs/石墨烯修饰丝网印刷的工作纸电极上。该装置的制造过程包括蜡印、烘烤蜡模片、丝网印刷电极和切割。整个制造过程不到 10 min。此外，最初在电极表面沉积 5 uL 的石墨烯纳米片，之后通过氨基与金的相互作用在石墨烯上修饰纳米片。

Rosa 等[34]通过蜡印制作 μPADs，用于通过将抗体与碳水化合物结合模块和 PADs 结构域的融合体锚定在纸上来捕获和检测 DNA 杂交体，也是开发分子诊断分析的合适平台。使用绘图软件将疏水屏障的图案设计为白色背景上的黑线，并用蜡笔打印机和样品液体打印，使其沿微通道的长度行进约 5 min。在扫描 μPADs 后测量测试区的荧光强度，在 15 uL 样品体积中，对于低至 1 pmol 的 DNA 浓度，可以看到荧光信号。

Wang 等 [35]利用可重复使用和 μPADs 上的 DNA 定量响应提出了超灵敏的 CL 检测方法。高碘酸钠用于在 μPADs 上的 DNA 与捕获的 DNA 之间形成共价键。所研制的纸基化学发光免疫装置结合典型的鲁米诺–过氧化氢–辣根过氧化物酶化学发光体系，显示出检测 DNA 的优异分析性能。

此外，Mani 等[36]还提出了一种基于微流控纸的电化学装置，通过蜡纸模板的热传递来检测特定的污染物化合物。在作为共反应物的 DNA 的存在下，通过电化学氧化钌聚乙烯吡啶产生 ECL。该装置适用于测量环境样品中是否存在遗传毒性等价物，最终利用电荷耦合器件相机测量的 ECL 输出来检测器件中产生的代谢物的 DNA 损伤。

5.4.4 其他检测方法

除了上述讨论的方法外，研究者还研究并提出了其他检测方法[37-43]，包括葡萄糖测定法；磷酸盐和食品染料的分光光度测定法；质谱用于乙酰胆碱水解测定法，以及用于罗丹明 6 G 和 L-苯丙氨酸测定法；金属离子、pH、聚乙烯胺和聚乙烯硫酸钾的电位滴定测定法。这些方法都为疾病的诊断提供了新的平台。

参考文献

[1] ALI S S, IBRAHIM M, SINANOGLU O, et al. Security assessment of cyberphysical digital microfluidic biochips[J]. IEEE/ACM Transactions on Computational Biology and Bioinformatics, 2016, 13(3): 445-458.

[2] SHAYAN M, LIANG T C, BHATTACHARJEE S, et al. Toward secure checkpointing for micro-electrode-dot-array biochips[J]. IEEE Transactions on Computer-Aided Design of Integrated Circuits and Systems, 2020, 39(12): 4908-4920.

[3] ZHONG Z W, LI Z P, CHAKRABARTY K, et al. Micro-electrode-dot-array digital microfluidic biochips: technology, design automation, and test techniques[J]. IEEE Transactions on Biomedical Circuits and Systems, 2019, 13(2): 292-313.

[4] TANG J, IBRAHIM M, CHAKRABARTY K, et al. Toward secure and trustworthy cyberphysical microfluidic biochips[J]. IEEE Transactions on Computer-Aided Design of Integrated Circuits and Systems, 2019, 38(4): 589-603.

[5] SHAYAN M, BHATTACHARJEE S, SONG Y A, et al. Toward secure microfluidic fully programmable valve array biochips[J]. IEEE Transactions on Very Large Scale Integration (VLSI) Systems, 2019, 27(12): 2755-2766.

[6] LI Z P, HO T Y, LAI K Y T, et al. High-level synthesis for micro-electrode-dot-array digital microfluidic biochips[C]//Proceedings of 2016 53nd ACM/EDAC/IEEE Design Automation Conference. Piscataway: IEEE Press, 2016: 1-6.

[7] HUANG X, HO T Y, GUO W Z, et al. MiniControl: synthesis of continuous-flow microfluidics with strictly constrained control ports[C]//Proceedings of 2019 56th ACM/IEEE Design Automation Conference. Piscataway: IEEE Press, 2019: 1-6.

[8] KENNEDY J, EBERHART R. Particle swarm optimization[C]//Proceedings of International Conference on Neural Networks. Piscataway: IEEE Press, 1995: 1942-1948.

[9] VERGAUWE N, WITTERS D, CEYSSENS F, et al. A versatile electrowetting-based digital microfluidic platform for quantitative homogeneous and heterogeneous bio-assays[J]. Journal of Micromechanics and Microengineering, 2011, 21(5): 054026.

[10] HU K, HSU B N, MADISON A, et al. Fault detection, real-time error recovery, and experimental demonstration for digital microfluidic biochips[C]//Proceedings of Design, Automation & Test in Europe Conference & Exhibition (DATE). Piscataway: IEEE Press, 2013: 1-6.

[11] ZHU Y, LI B, HO T Y, et al. Multi-channel and fault-tolerant control multiplexing for flow-based microfluidic biochips[C]//Proceedings of 2018 IEEE/ACM International Conference on Computer-Aided Design (ICCAD). Piscataway: IEEE Press, 2018: 1-8.

[12] TANG J, IBRAHIM M, CHAKRABARTY K, et al. Security implications of cyberphysical flow-based microfluidic biochips[C]//Proceedings of 2017 IEEE 26th Asian Test Symposium. Piscataway: IEEE Press, 2017: 115-120.

[13] XIA Y Y, SI J, LI Z Y. Fabrication techniques for microfluidic paper-based analytical devices and their applications for biological testing: a review[J]. Biosensors and Bioelectronics, 2016, 77: 774-789.

[14] ZHOU M, YANG M H, ZHOU F M. Paper based colorimetric biosensing platform utilizing cross-linked siloxane as probe[J]. Biosensors and Bioelectronics, 2014, 55: 39-43.

[15] LOPEZ-RUIZ N, CURTO V F, ERENAS M M, et al. Smartphone-based simultaneous pH and

nitrite colorimetric determination for paper microfluidic devices[J]. Analytical Chemistry, 2014, 86(19): 9554-9562.

[16] NATH P, ARUN R K, CHANDA N. A paper based microfluidic device for the detection of arsenic using a gold nanosensor[J]. RSC Adv, 2014, 4(103): 59558-59561.

[17] RATNARATHORN N, CHAILAPAKUL O, HENRY C S, et al. Simple silver nanoparticle colorimetric sensing for copper by paper-based devices[J]. Talanta, 2012, 99: 552-557.

[18] ZHAO C, THUO M M, LIU X. A microfluidic paper-based electrochemical biosensor array for multiplexed detection of metabolic biomarkers[J]. Science and Technology of Advanced Materials, 2013, 14(5): 054402.

[19] DUNGCHAI W, CHAILAPAKUL O, HENRY C S. Electrochemical detection for paper-based microfluidics[J]. Analytical Chemistry, 2009, 81(14): 5821-5826.

[20] TAN S N, GE L, WANG W. Paper disk on screen printed electrode for one-step sensing with an internal standard[J]. Analytical Chemistry, 2010, 82(21): 8844-8847.

[21] YANG X, FOROUZAN O, BROWN T P, et al. Integrated separation of blood plasma from whole blood for microfluidic paper-based analytical devices[J]. Lab on a Chip, 2012, 12(2): 274-280.

[22] THOM N K, LEWIS G G, YEUNG K, et al. Quantitative fluorescence assays using a self-powered paper-based microfluidic device and a camera-equipped cellular phone[J]. RSC Advances, 2014, 4(3): 1334-1340.

[23] HE M Y, LIU Z H. Paper-based microfluidic device with upconversion fluorescence assay[J]. Analytical Chemistry, 2013, 85(24): 11691-11694.

[24] YU J H, WANG S M, GE L, et al. A novel chemiluminescence paper microfluidic biosensor based on enzymatic reaction for uric acid determination[J]. Biosensors and Bioelectronics, 2011, 26(7): 3284-3289.

[25] APILUX A, UKITA Y, CHIKAE M, et al. Development of automated paper-based devices for sequential multistep sandwich enzyme-linked immunosorbent assays using inkjet printing[J]. Lab on a Chip, 2013, 13(1): 126-135.

[26] REINHOLT S J, SONNENFELDT A, NAIK A, et al. Developing new materials for paper-based diagnostics using electrospun nanofibers[J]. Analytical and Bioanalytical Chemistry, 2014, 406(14): 3297-3304.

[27] BAI P, LUO Y, LI Y, et al. Study on enzyme linked immunosorbent assay using paper-based micro-zone plates[J]. Chinese Journal of Analytical Chemistry, 2013, 41(1): 20-24.

[28] MU X, ZHANG L, CHANG S Y, et al. Multiplex microfluidic paper-based immunoassay for the diagnosis of hepatitis C virus infection[J]. Analytical Chemistry, 2014, 86(11): 5338-5344.

[29] SU M, GE L, GE S G, et al. Paper-based electrochemical cyto-device for sensitive detection of cancer cells and in situ anticancer drug screening[J]. Analytica Chimica Acta, 2014, 847: 1-9.

[30] WU Y F, XUE P, KANG Y J, et al. Paper-based microfluidic electrochemical immunodevice integrated with nanobioprobes onto graphene film for ultrasensitive multiplexed detection of cancer biomarkers[J]. Analytical Chemistry, 2013, 85(18): 8661-8668.

[31] TSAI T T, SHEN S W, CHENG C M, et al. Paper-based tuberculosis diagnostic devices with colorimetric gold nanoparticles[J]. Science and Technology of Advanced Materials, 2013, 14(4): 044404.
[32] WANG Y H, GE L, MA C, et al. Self-powered and sensitive DNA detection in a three-dimensional origami-based biofuel cell based on a porous Pt-paper cathode[J]. Chemistry - A European Journal, 2014, 20(39): 12453-12462.
[33] LU J J, GE S G, GE L, et al. Electrochemical DNA sensor based on three-dimensional folding paper device for specific and sensitive point-of-care testing[J]. Electrochimica Acta, 2012, 80: 334-341.
[34] ROSA A M M, LOURO A F, MARTINS S A M, et al. Capture and detection of DNA hybrids on paper via the anchoring of antibodies with fusions of carbohydrate binding modules and ZZ-domains[J]. Analytical Chemistry, 2014, 86(9): 4340-4347.
[35] WANG Y H, LIU H Y, WANG P P, et al. Chemiluminescence excited photoelectrochemical competitive immunosensing lab-on-paper device using an integrated paper supercapacitor for signal amplication[J]. Sensors and Actuators B: Chemical, 2015, 208: 546-553.
[36] MANI V, KADIMISETTY K, MALLA S, et al. Paper-based electrochemiluminescent screening for genotoxic activity in the environment[J]. Environmental Science & Technology, 2013, 47(4): 1937-1944.
[37] DAVAJI B, LEE C H. A paper-based calorimetric microfluidics platform for bio-chemical sensing[J]. Biosensors and Bioelectronics, 2014, 59: 120-126.
[38] GÁSPÁR A, BÁCSI I. Forced flow paper chromatography: a simple tool for separations in short time[J]. Microchemical Journal, 2009, 92(1): 83-86.
[39] ZHANG Y, LI H, MA Y, et al. Paper spray mass spectrometry-based method for analysis of droplets in a gravity-driven microfluidic chip[J]. The Analyst, 2014, 139(5): 1023-1029.
[40] LIU W, MAO S, WU J, et al. Development and applications of paper-based electrospray ionization-mass spectrometry for monitoring of sequentially generated droplets[J]. The Analyst, 2013, 138(7): 2163-2170.
[41] CUI J W, LISAK G, STRZALKOWSKA S, et al. Potentiometric sensing utilizing paper-based microfluidic sampling[J]. The Analyst, 2014, 139(9): 2133-2136.
[42] LISAK G, CUI J W, BOBACKA J. Paper-based microfluidic sampling for potentiometric determination of ions[J]. Sensors and Actuators B: Chemical, 2015, 207: 933-939.
[43] LEUNG V, SHEHATA A A M, FILIPE C D M, et al. Streaming potential sensing in paper-based microfluidic channels[J]. Colloids and Surfaces A: Physicochemical and Engineering Aspects, 2010, 364(1/2/3): 16-18.

第 6 章 生物芯片安全风险

有关各种电子产品中的安全漏洞被恶意攻击者非法利用的新闻屡见不鲜。这些安全漏洞被攻击者利用而造成损失的事情几乎天天都在发生，小到用户信息泄露，大到商业机密被窃取。这些事件发生的原因有信息管理人员对安全问题的疏忽，也有攻击者通过技术手段攻击企业数据库。尽管安全问题经常被人们所忽略，但却真真切切地关系到每一个人的利益。因此，任何系统的设计人员和管理人员都应该要考虑到他们的工作中所涉及的安全问题。接下来本章将介绍生物芯片中的安全问题。

6.1 攻击手段

生物芯片的安全性和可靠性非常重要，比如当生物芯片应用于医疗领域时，若生物芯片不具有安全性和可靠性，那么将可能导致严重的医疗事故。在研究如何保证生物芯片的安全性和可靠性之前，我们也需要了解针对生物芯片的攻击手段。

6.1.1 影子攻击

Shayan 等[1]提出了一种针对 MEDA 生物芯片的影子攻击。影子攻击是利用驱动周期中的时间松弛对生化协议发动攻击。其中，在较大的液滴移动一步所需的时间内，较小的液滴移动多步，这种差异被称为驱动周期中的时间松弛。

首先介绍 MEDA 生物芯片的驱动周期，如图 6-1 所示。其中，加载指的是扫描微电极驱动模式，驱动指的是驱动微电极，感应指的是电极感应数据，读取指的是创建液滴路径图，验证指的是将液滴路径图对照黄金液滴图进行检查，影子加载指的是扫描微电极驱动模式（影子操作），影子驱动指的是驱动微电极（影子操作）。驱动周期包括扫描微电极驱动模式、驱动微电极以及电极感应。当驱动微电极的周期结束时，可以根据电极感应到的传感器监测数据创建液滴路径图。液滴路径图可以对照黄金液滴图进行检查，以检测恶意操作。如图 6-1（b）所示，攻击者可以利用驱动周期中的时间松弛，然后根据时间松弛的大小加载额外的驱动序列。利用额外的驱动序列，攻击者可以操纵液滴实现生化协议之外的操作（如交换液滴的位置、混合不同的液滴等），并且在驱动周期结束时，传感器监测到的液滴路径图与黄金液滴路径图相同，这就是针对 MEDA 生物芯片的影子攻击。

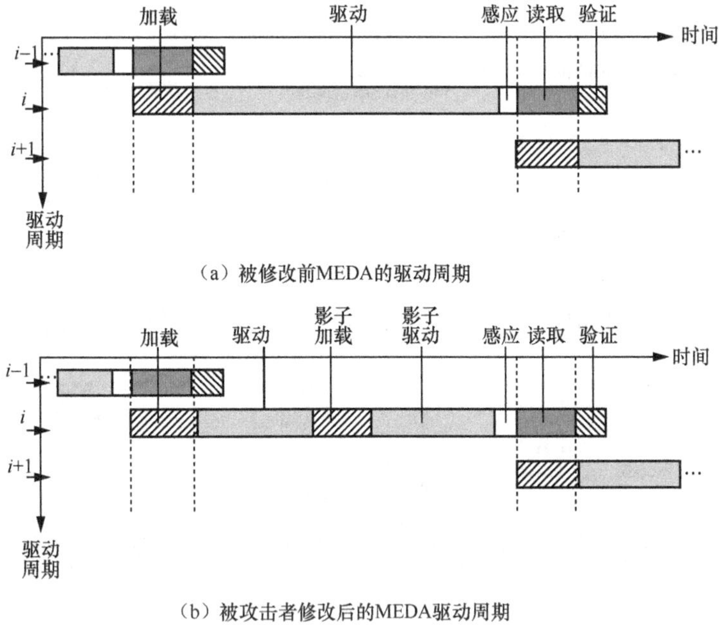

图 6-1 MEDA 生物芯片的驱动周期

影子攻击中攻击者实施的额外操作可以分成以下几种。

① 交换：如图 6-2（a）～图 6-2（c）所示，影子攻击驱动周期中的时间松弛对 A 和 B 两个液滴执行交换操作，同时在驱动周期结束时保持液滴图。为此，液滴之间的距离应该相对较小，而时间松弛应足够多。

② 等分–混合：如图 6-2（d）～图 6-2（f）所示，影子攻击通过启动液滴两端的电极（如图 6-2（e）所示）来执行等分操作，以产生两个大小相等的子液滴。将 A 液滴和 B 液滴的子液滴进行混合，操作后的两个液滴为原先两个液滴的混合液滴，A 液滴和 B 液滴均被污染。

③ 分裂–混合：如图 6-2（g）～图 6-2（i）所示，影子攻击从两个液滴中各分裂出部分液滴，并将不同液滴的部分液滴进行交换和混合，使操作后的两个液滴为原先两个液滴的混合液滴，这种攻击使阴影操作涉及各种大小的液滴。

④ 混合–分裂：两个液滴先进行混合然后分裂，造成两个液滴污染，如图 6-2（j）～图 6-2（l）所示。

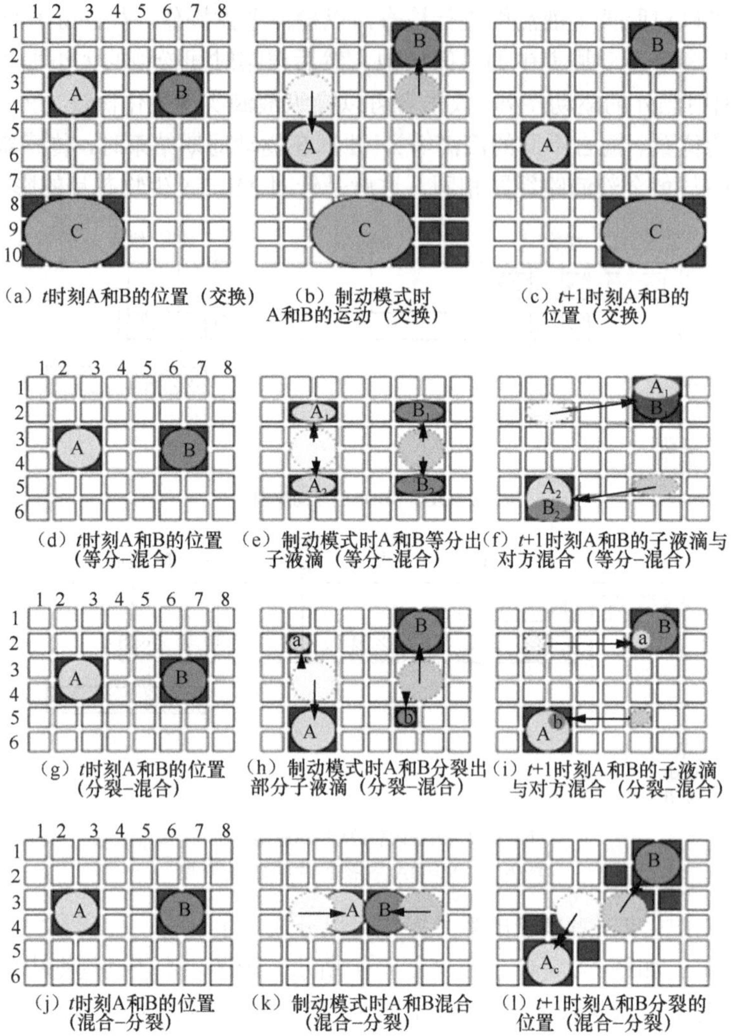

（a）t时刻A和B的位置（交换） （b）制动模式时A和B的运动（交换） （c）t+1时刻A和B的位置（交换）

（d）t时刻A和B的位置（等分–混合） （e）制动模式时A和B等分出子液滴（等分–混合） （f）t+1时刻A和B的子液滴与对方混合（等分–混合）

（g）t时刻A和B的位置（分裂–混合） （h）制动模式时A和B分裂出部分子液滴（分裂–混合） （i）t+1时刻A和B的子液滴与对方混合（分裂–混合）

（j）t时刻A和B的位置（混合–分裂） （k）制动模式时A和B混合（混合–分裂） （l）t+1时刻A和B分裂的位置（混合–分裂）

图 6-2　MEDA 生物芯片上的攻击效果对比

6.1.2　篡改样品浓度攻击与篡改校准曲线攻击

Ali 等[2]提出了一种针对 DMFB 的葡萄糖测定的潜在攻击。葡萄糖测定分析是一种广泛用于糖尿病（高血糖症）的临床诊断方法，本节将使用葡萄糖的体外测量作为案例介绍这种攻击方法。葡萄糖测定分析通过稀释标准葡萄糖溶液构建葡萄糖校准曲线的方式来测量血液样品中的葡萄糖浓度水平，如图 6-3 所示。其中，X 轴代表稀释的葡萄糖浓度（单位为 mg/dL），Y 轴代表通过吸光度变化反应定量的反应速率（单位为 AU/s）。使用该校准曲线，可以通过插值法来估计被测葡萄糖样品的浓度。

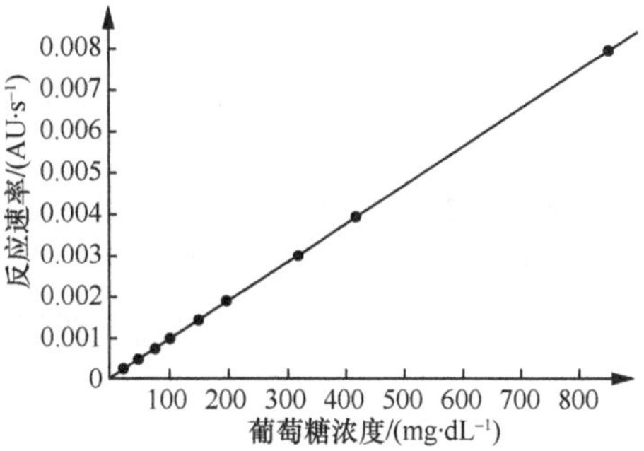

图 6-3　葡萄糖测定校准曲线

经研究发现，攻击者可以通过改变样品的浓度或者篡改校准曲线来操纵检测的结果，这两种手段都可以用来对 DMFB 实施有效的攻击。该研究还演示了模拟攻击者发动攻击的 3 个情景。①黄金执行：没有实施攻击。②攻击 1：对葡萄糖样品的浓度进行恶意稀释操作。③攻击 2：在校准期间通过篡改标准葡萄糖溶液的浓度来操纵校准曲线。

（1）黄金执行

图 6-4 所示的序列图描述了葡萄糖测定的黄金执行。其中，B 为 1.4 uL 缓冲液滴，Sample 为 0.7 uL 葡萄糖样品液滴，R 为 0.7 uL 试剂液滴，GS 为 1.4 uL 800 mg/dL 葡萄糖溶液液滴，W_i 为废液滴，D_i、Dl_i、S_i、M_i 和 I_i 分别是检测、稀释、分离、混合和分配操作。序列图由 4 个独立的反应链组成，各反应链的作用分别是测量空白/缓冲液滴（反应链 1）的反应速率、测量标准葡萄糖溶液浓度（反应链 2 和反应链 4）的反应速率和葡萄糖样品（反应链 3）的反应速率。反应链 1、2 和 4 用于生成校准曲线，而反应链 3 用于确定葡萄糖样品的浓度。

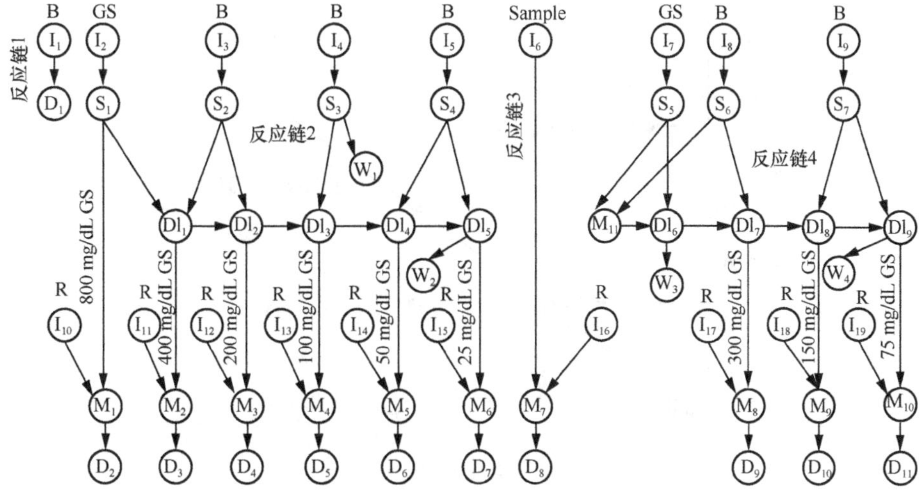

图 6-4　葡萄糖测定的黄金执行

（2）攻击 1

如图 6-5 所示，粗虚线表示攻击者对黄金液滴图的修改操作。攻击者改变葡萄糖样品的浓度，并将 S_3 中产生的废液滴与 I_6 中的葡萄糖样品液滴混合，然后在 Dl_{10} 中稀释。由于此时葡萄糖样品的浓度为原先的一半，因此检测所得出的样品浓度是错误的。使用图 6-6 所示的黄金校准曲线，用户得出的样品浓度为 110 mg/dL，而不是原来的 220 mg/dL。因此，患者可能不会接受高血糖药物的治疗，这将会危及他的生命。

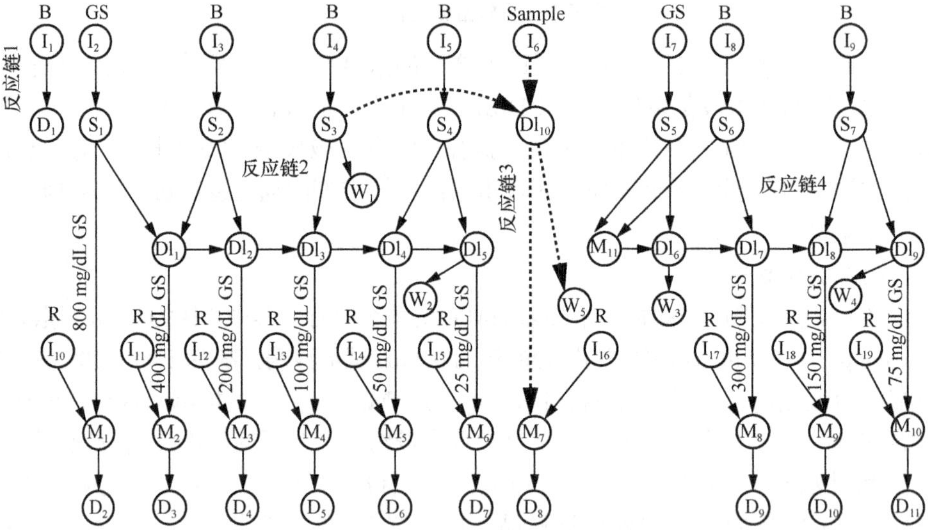

图 6-5　攻击 1 操作示意

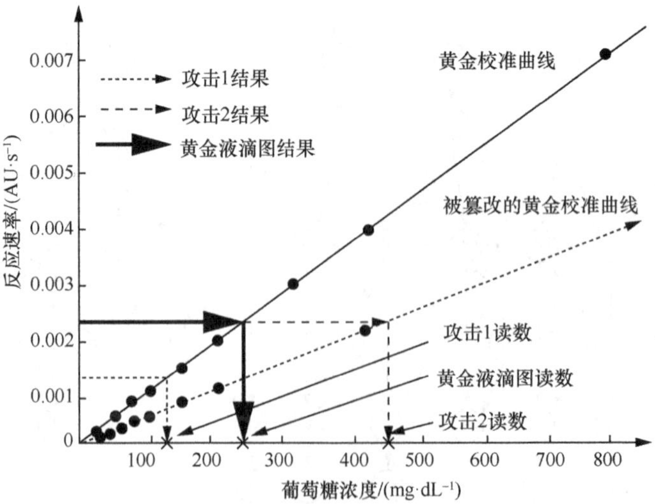

图 6-6　葡萄糖校准曲线

（3）攻击 2

如图 6-7 所示，粗虚线表示攻击者对黄金液滴图的修改操作。攻击者篡改黄金校准曲线，使检测结果显示的葡萄糖样品浓度高于其实际值。攻击者篡改反应链 2 和 4 并使 D_1 和 S_3 产生的两个废液滴，生成错误的校准曲线。反应链 1 中 D_1 操作后产生的废液滴与反应链 2 中 I_2 产生的葡萄糖溶液混合，使反应链 2 中的葡萄糖溶液浓度降低至其真实值的一半，从而稀释整个反应链 2。在反应链 4 中也进行同样的操作，S_3 产生的废液滴与 I_7 产生的葡萄糖溶液滴混合。以图 6-7 为例，使用黄金校准曲线测得的真实浓度为 220 mg/dL。而在遭受攻击 2 之后，使用了被篡改的黄金校准曲线，测得的浓度为 440 mg/dL，导致患者可能会接受高剂量的胰岛素注射。

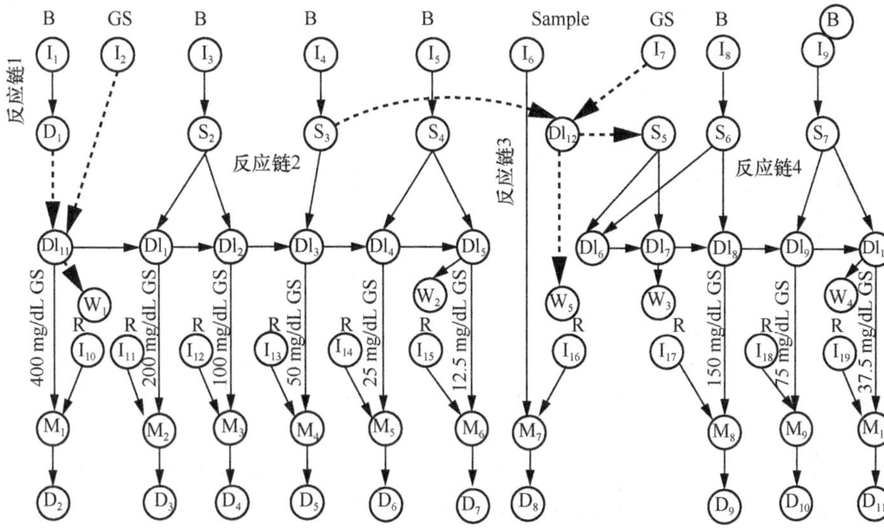

图 6-7　攻击 2 操作示意

6.1.3　参数攻击与污染攻击

Shayan 等[3]提出了针对免疫分析的参数攻击和污染攻击，并基于 DMFB 和 FMB 平台对免疫分析进行评估，展示了几种攻击的方式。本节将针对参数攻击和污染攻击进行详尽的介绍。

（1）参数攻击

设计人员在进行生化检测之前需要对一些参数进行设定，包括混合时间、孵育时间、混合比、试剂体积和浓度等，在生化协议运行时被篡改的任何参数都可能导致结果无效。针对这些参数，以下列举 3 种可能的攻击方式：篡改培养时间、篡改混合频率和篡改压力。

① 篡改培养时间。在免疫测定方案中，液体在与发光剂混合后被培养。增加培养时间将导致化学发光信号下降。这样，攻击者可以改变生化协议的结果，但由于

结果没有超出范围（不像在 DoS 攻击中），使用者并不会发现其遭受到攻击。

② 篡改混合频率。图 6-8（b）～图 6-8（f）中基于 FMB 平台的免疫分析使用旋转混合器进行主动混合。与基于扩散的混合相比，使用主动混合可以减少混合的时间，而混合频率是决定旋转混合器混合质量的关键因素。过高的混合频率将导致混合质量下降，即混合不充分（假设混合的时间固定）；不充分的混合会导致荧光信号强度降低，从而导致定量无效。

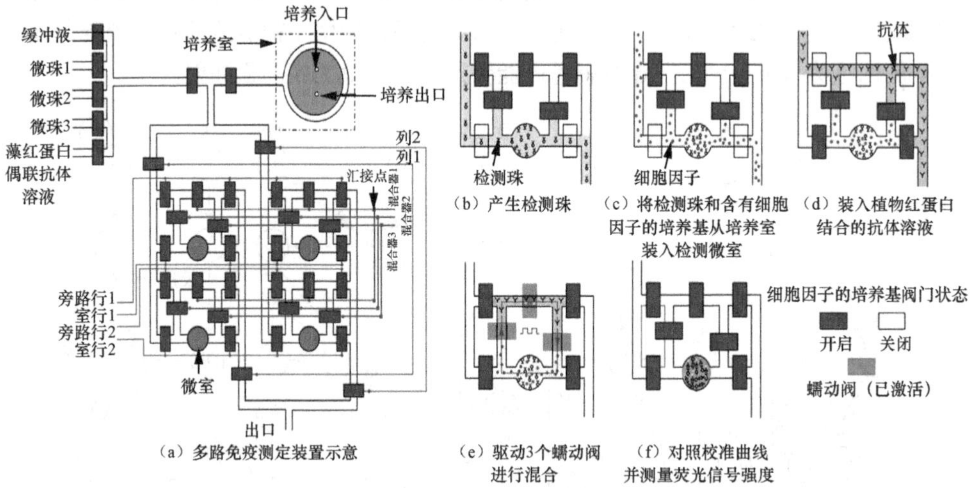

图 6-8　多路免疫测定装置示意和用于细胞因子定量的非竞争性免疫测定方案的步骤

③ 篡改压力。研究人员在细胞培养和刺激室中集成免疫分析生物芯片。在培养室中需要将生物芯片样品培养 2 h，以维持培养条件。在此期间，攻击者可以提高培养室内的压力，杀死细胞，从而导致生物芯片无法使用。此外，攻击者还可以引入兴奋剂，产生超出预期阈值的蛋白质，从而导致错误的结果。

（2）污染攻击

免疫测定需要在生物芯片预设的路径中传输不同的液体。偏离预设路径的液体会相互污染，导致错误的结果产生。文献[3]展示了在进行免疫测定时，对 FMB 平台的液体污染攻击。在一次生化协议中，FMB 中的管道通常需要传输不同的液体，即可多路复用，以增加吞吐量，如图 6-8 所示。攻击者可以交换或混合不同的样本来操纵结果。在多重分析中，使用的微珠在每个腔室中具有不同的靶向细胞因子，它们分布在不同的地方。攻击者可以交换微珠的装载，这样靶向细胞因子与预设不同，会导致错误的结果。

6.1.4　转置攻击、隧道攻击和老化攻击

Shayan 等[4]针对 FPVA 平台提出了 3 种攻击方式：转置攻击、隧道攻击和老化攻

击，其中，隧道攻击和老化攻击为新型的攻击方式。本节将依次介绍这3种攻击。

（1）转置攻击

涉及修改现有的操作以实现攻击的方式称为转置攻击，类似于修改分裂-混合操作。攻击者操纵流体的路径，以交换两个不同流体。如图6-9（a）所示，两个不同的流体在通道中流动。流体1从入口 I_1 流入，并从出口 O_1 流出；流体2从入口 I_2 流入，并从出口 O_2 流出。攻击者发动转置攻击，通过控制FPVA中流体通道的阀门以改变流体1和流体2的流动轨迹。如图6-9（b）所示，在攻击成功后，流体1的流动轨迹为从 I_1 流入从 O_2 流出，流体2的流动轨迹为从 I_2 流入从 O_1 流出。

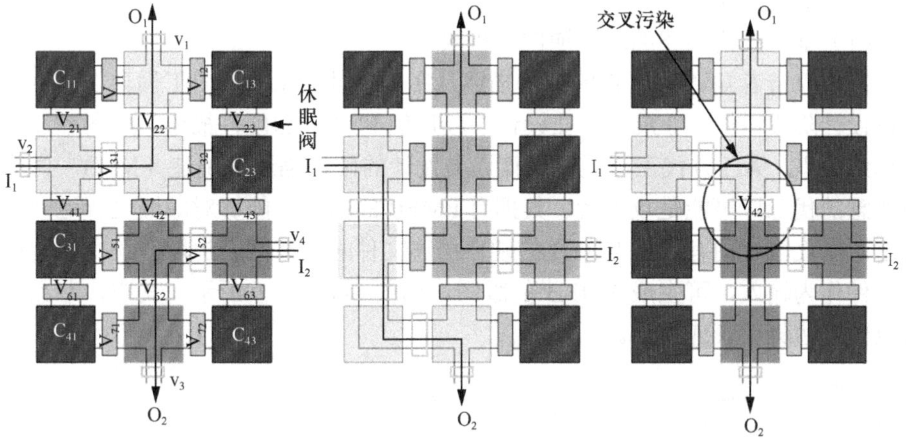

（a）FPVA中的两个流体路径　（b）转置攻击　（c）隧道攻击

图6-9　FPVA攻击效果

（2）隧道攻击

隧道攻击指攻击者施加额外的激励改变原生化协议中阀门的开关，在现有的通道之间形成新的通道，导致流体相互接触造成污染。如图6-9（c）所示，攻击者打开阀门 V_{42}，流体1和流体2在流动的过程中相互接触，污染后的液体分别从原出口 O_1 和 O_2 流出。

（3）老化攻击

老化攻击可以强制启动阀门，从而降低FPVA的使用寿命。攻击者暂时或全程启动处于休眠状态的阀门。FPVA生物芯片的阀门由橡胶材料制成，寿命很短，仅能可靠地运行几千次。攻击者还能够切换强制启动的阀门，从而避开传感器对攻击者的检测。图6-9（a）中有17个阀门，其中 V_{23} 和 V_{61} 这两个阀门的状态不影响本次生化协议的运行。攻击者可以连续改变这些阀门的状态，从而缩短生物芯片的寿命，使其无法再被同一生化协议或其他生化协议使用。

6.1.5 逆向工程攻击与硬件木马攻击

Chen 等[5]提出了一个系统化的框架，用于在 FMFB 平台和 DMFB 平台上应用逆向工程攻击和硬件木马攻击。接下来介绍攻击者使用该框架进行的逆向工程攻击和硬件木马攻击。

6.1.5.1 针对 FMFB 的逆向工程攻击

1．版图级别逆向工程攻击

FMFB 的流体通道是通过蚀刻基底形成的。恶意的代工厂或用户可能会对 FMFB 进行布局重组攻击，以恢复 FMFB 的设计。Chen 等[5]还提出了两种方法来重建 FMFB 的布局。

（1）基于架构描述的版图逆向工程攻击

假设攻击者知道 FMFB 的架构描述，那么针对版图的逆向工程攻击就可能出现在设计阶段。图 6-10 展示了在设计阶段后的 FMFB 的硬件描述和版图描述的可视化结果[6]。第三方代工厂通过设计人员设计的硬件描述来制造 FMFB。供应链中恶意的代工厂可能是攻击者，其拥有 FMFB 的版图，能够对版图进行逆向工程攻击。当攻击者拥有目标 FMFB 的硬件描述文件时，在网表提取系统中将硬件描述文件作为输入，可生成 FMFB 的版图，如图 6-10（b）所示，其中，节点集代表组件，边集代表连接器。


```
<Architecture>
<ID></ID>
<FlowRate></FlowRate>
<UnitSize></UnitSize>
<Height></Height>
<Width></Width>
<ListOfArcComponents>
</ListOfArcComponents>
<ListOfArcConnectors>
</ListOfArcConnectors>
</Architecture>

<ArcComponentProperties>
<ID>Mixer2</ID>
<ArcComponentType>arcmixer</ArcComponentType>
<FlowRate>5</FlowRate>
<UnitSize>500</UnitSize>
<FlowExecutionTime>0.1</FlowExecutionTime>
<Position>
<X>188.5</X>
<Y>178</Y>
</Position>
<Valves>
<string>z24</string>
<string>z25</string>
<string>z26</string>
<string>z27</string>
<string>z28</string>
<string>z29</string>
<string>z30</string>
</Valves>
<IsRight>false</IsRight>
<IsTop>false</IsTop>
<IsLeft>false</IsLeft>
<IsBottom>false</IsBottom>
</ArcComponentProperties>

<ArcConnectorProperties>
<FlowExecutionTime>0.4</FlowExecutionTime>
<FlowRate>5</FlowRate>
<Component1>S4</Component1>
<Component2>In2</Component2>
<EndPointDirectionForComponent1>Both</EndPointDirectionForComponent1>
<EndPointDirectionForComponent2>Output</EndPointDirectionForComponent2>
<ConnectionPoint1>connectionPoint2</ConnectionPoint1>
<ConnectionPoint2>connectionPointOutPut2</ConnectionPoint2>
<LinePoints>
<Point1>
<X>119.5</X>
<Y>402</Y>
</Point1>
<Point2>
<X>39.5</X>
<Y>403</Y>
</Point2>
<LinePoints />
</ArcConnectorProperties>
```


（a）FMFB的硬件描述

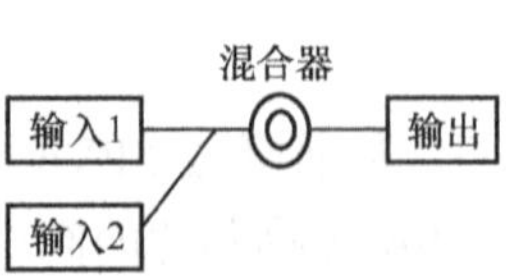

（b）FMFB的版图描述

图 6-10 FMFB 的硬件描述和版图描述的可视化结果

（2）基于图像分析的版图逆向工程攻击

假设攻击者拥有目标 FMFB 平台内部的图像，并且知道部署在 FMFB 中的组件库，则可在进行图像分析的基础上实施版图逆向工程攻击。在供应链中，恶意的代工厂和具有组件知识的恶意终端用户都可以发起这样的攻击，并重构目标 FMFB 的架构。对于 FMFB 来说，去封装和去分层不是必要的。FMFB 在制造过程中使用的基底材料是透明的，图像处理足以恢复 FMFB 的版图。基于图像的逆向工程攻击是通用的，适用于使用不同组件库的 FMFB 平台。在不同的 FMFB 平台中，可能有不同数量的微型阀、微通道连接和版图。但是，目标 FMFB 上任何组件都是确定的，可以从相应的组件库中识别。因此，只要攻击者知道组件库，基于图像的逆向工程攻击就可以处理使用了不同组件库的 FMFB 平台。基于图像分析的版图逆向工程攻击的工作流程如图 6-11 所示。

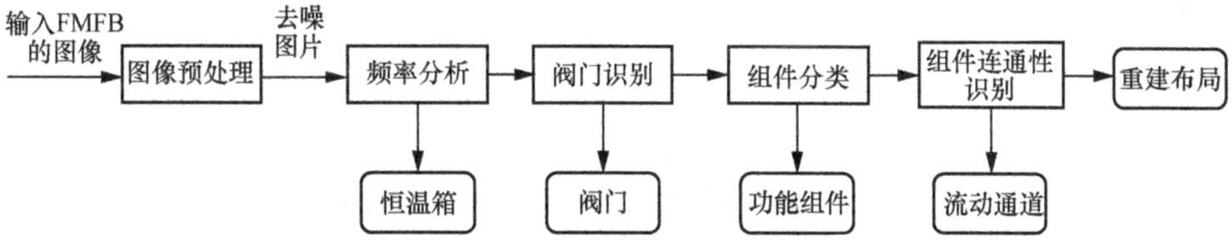

图 6-11 基于图像分析的版图逆向工程攻击的工作流程

该攻击包括 5 个阶段：图像预处理、频率分析、阀门识别、组件分类和组件连通性识别。每个步骤的解释如下。

① 图像预处理。假设攻击者拥有 FMFB 的图像，图像可以用手机或数码相机拍摄。对每个图像应用去噪和非均匀照明校正算法，以便于后续图像处理。

② 频率分析。对于在特定过程中需要高温的生化检测，生物芯片上集成了加热模块，如恒温箱。这些加热模块通常采取周期性的、密集分布的线段的形状，有助于傅里叶域中的高频部分。逆向工程攻击利用这一特征，使用离散余弦变换（DCT）来定位恒温箱。目标 FMFB 的图像首先被变换到频域，并由预定值进行阈值化。只有高频分量被保留并变换回的空间域，才表示恒温箱的区域。

③ 阀门识别。阀门存在于组件库中，可以使用模板匹配进行识别。给定一个阀门的模板和 FMFB 的图像，使用典型的模板匹配算法来识别所有阀门的中心位置。

④ 组件分类。使用 FMFB 的组件库对阀门识别中确定的阀门进行聚类和标记。图 6-12（a）展示了一个攻击已知组件库的示例。利用结构特征对每个功能组件进行分类和标记。为了识别 FMFB 上的组件，计算所有阀门之间的成对距离，并与适当的阈值进行比较，以确定两个阀门是否属于同一组件。之后通过将阀门集群与组件库中的模板进行匹配，每个阀门集群的功能都会被自动注释。组件分类的一个示例如图 6-12（b）所示，其中阀门被分组并标注其功能。

⑤ 组件连通性识别。阀门和组件识别后，最后一步是重构组件之间的连通性。

攻击者探索流体的连续性，并找到每个组件的相邻组件。计算组件之间的成对距离，并与阈值进行比较，以确定连通性。图 6-12（c）显示了一个组件连通性识别后的示例，黑粗线表示组件之间的连接。

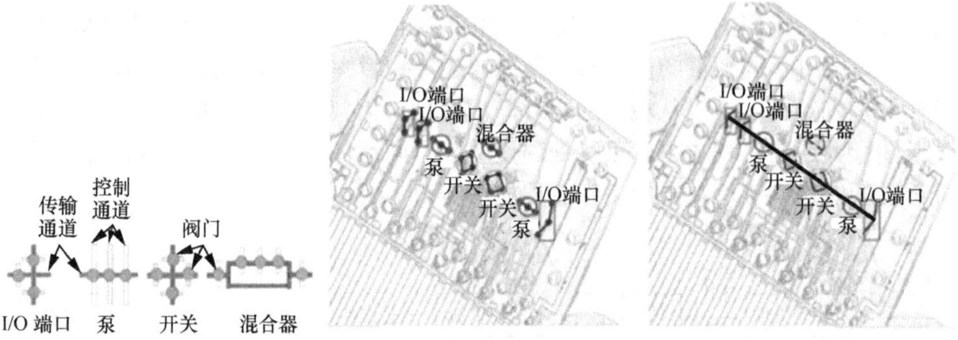

（a）组件库　　（b）组件分类　　（c）组件连通性识别

图 6-12　基于图像分析的版图逆向工程攻击示例

2. 生化协议级别逆向工程攻击

FMFB 上运行的生化协议可以用应用程序图表示。生化协议逆向工程攻击的目的是通过分析阀门控制表来重构生化协议的操作流程。阀门是 FMFB 的构件，负责控制组件或通道内的流动。阀门控制表指定了阀门属于哪些组件或流体路径，因此攻击者必须从阀门状态推断流体活动。实施生化协议级别逆向工程攻击的攻击者可以是供应链中的恶意第三方代工厂或用户，并假设攻击者已知 FMFB 布局、阀门分配和阀门控制表。

为了方便操作识别，这里将操作分为两类：运行在流体组件上的功能操作和在不同组件之间传输流体的传输操作。图 6-13 中分别显示了混合器（功能操作）和流体结构（传输操作）的原理图和阀门控制表。其中，输出列指定组件中使用的阀门，元素可以取 3 个值：0、1 和 X，分别对应于关闭、开启和任意。阀门的值由输入列中的信号编码得来。

代码清单 6-1 概述了对 FMFB 的生化协议逆向工程攻击的工作流程。攻击者通过选择组件或流体路径使用的列，从原始阀门控制表中获得子表。子表确定每个组件的活动和流体路径，并用于推断功能操作和流体传输。应用程序图本质上是一个 DAG，其中节点和边分别表示功能操作和传输操作。

代码清单 6-1　对 FMFB 的生化协议逆向工程攻击算法

输入　FMFB 布局 L，阀门分配 f_v，协议的阀门控制表 $\boldsymbol{T}$

输出　协议的 DAG 表示

1.　从布局中提取组件集 $\boldsymbol{C}=\{C_1,\cdots,C_M\}$和流体路径集 $P=\{P_1,\cdots,P_N\}$；

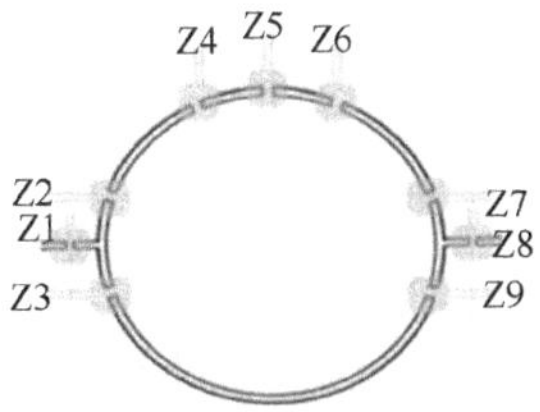

状态	输入			输出						
	Q3	Q2	Q1	Z2	Z3	Z4	Z5	Z6	Z7	Z9
Loading 1	0	0	0	1	0	1	1	1	1	0
Loading 2	0	0	1	0	1	X	X	X	0	1
Mixing 1	0	1	0	1	1	1	0	0	1	1
Mixing 2	0	1	1	1	1	0	1	0	1	1
Mixing 3	1	0	0	1	1	0	0	1	1	1
Unloading 1	1	0	1	1	0	1	1	1	1	0
Unloading 2	1	1	0	0	1	X	X	X	0	1
Unused	1	1	1	X	X	X	X	X	X	X

（a）混合器

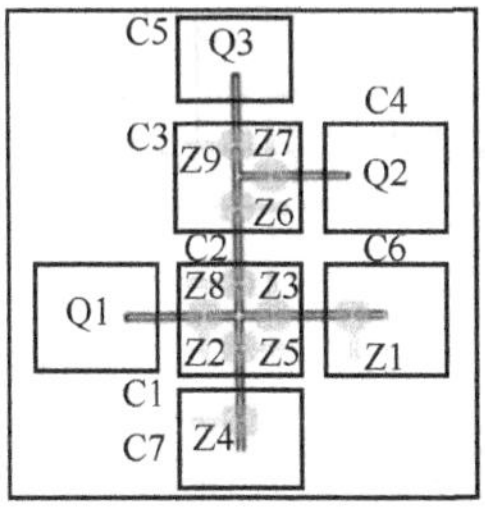

状态	输入			输出								
	Q3	Q2	Q1	Z1	Z2	Z3	Z4	Z5	Z6	Z7	Z8	Z9
Closed	0	0	0	0	X	X	0	X	X	X	X	X
C1→C6	0	0	1	1	1	1	0	0	X	X	0	X
C1→C7	0	1	0	0	1	0	1	1	X	X	0	X
C4→C6	0	1	1	1	0	1	0	0	1	1	1	0
C4→C7	1	0	0	0	0	0	1	1	1	1	1	0
C5→C6	1	0	1	1	0	1	0	0	1	0	1	1
C5→C7	1	1	0	0	0	0	1	1	1	0	1	1
Unused	1	1	1	X	X	X	X	X	X	X	X	X

（b）流体结构

图 6-13　混合器和流体结构的原理图和阀门控制表

2.　每个元素 C_i 和 P_i 是由阀门分配 f_v 得到的一组阀门 $\{Z_1, \cdots, Z_j\}$;

3.　操作计数器清零：cnt ← 0;

4.　for $1 \leqslant i \leqslant M$ do

5.　　确定组件的操作类型：type ← $L(C_i)$;

6.　　从 $\boldsymbol{T}$ 中选择列，保持组件 C_i 的阀门控制子表不变：$\boldsymbol{T}_i \leftarrow \boldsymbol{T}(f_v(C_i))$;

7.　　识别操作的预定时间间隔：$\boldsymbol{O}_{\text{time}} \leftarrow$ IdentifyOperationTime($\boldsymbol{T}_i$);

8.　　恢复功能操作并添加到节点集：$\boldsymbol{N} \leftarrow \{\text{type}, \boldsymbol{O}_{\text{time}}\}$;

9.　for $1 \leqslant i \leqslant N$ do

10.　　从 T 中选择列，为流动路径 P_i 构建阀门控制子表：$\boldsymbol{T}_i \leftarrow \boldsymbol{T}(f_v(P_i))$;

11.　　识别流动路径 P_i 允许运输的时间区间：$\boldsymbol{P}_{\text{time}} \leftarrow$ IdentifyPathTime($\boldsymbol{T}_i$);

12.　　添加到集合：$\boldsymbol{E} \leftarrow \{P_i, \boldsymbol{P}_{\text{time}}\}$;

13.　　协议的 DAG 表示：DAG ← $\{\boldsymbol{N}, \boldsymbol{E}\}$;

图 6-14 显示了一个阀门控制表和映射到 FMFB 上的生化协议的 DAG 的示例，其中 O1～O20 表示操作 1～操作 20。每个时间的阀门状态在控制表中被指定。生化协议逆向工程攻击的开销随着阀门控制表中的阀门数量和生化协议的执行周期的增加而线性增加。

3. 基于穷举信号跟踪的有限状态机级别逆向工程攻击

Nguyen 等[7]介绍了 FMFB 的有限状态机的控制器和异步计数器设计，旨在实现自动流体处理。该研究利用气动阀来构建控制流体处理部件的数字电路。图 6-15 显示了一个能够提供 4 个独立操作的两位有限状态机。

时间	Z0	Z1	Z2	Z3	Z4	Z5	Z6	Z7	Z8	Z9	Z10	Z11	Z12	Z13	Z14	Z15
00:00:00:000	0	0	1	0	0	0	0	0	1	0	0	1	0	0	0	0
00:00:00:100	0	0	1	0	0	0	0	0	1	0	0	1	0	0	0	0
00:00:00:200	0	0	1	0	0	0	0	0	1	0	0	1	0	0	0	0
00:00:00:300	0	0	1	0	0	0	0	0	1	0	0	1	0	0	0	0
00:00:00:400	0	1	0	0	0	0	1	0	0	0	1	0	0	0	0	1
00:00:00:500	0	1	0	0	0	0	1	0	0	0	1	0	0	0	0	1
00:00:00:600	0	1	0	0	0	0	1	0	0	0	1	0	0	0	0	1
00:00:00:700	0	1	0	0	0	0	1	0	0	0	1	0	0	0	0	1
00:00:00:800	1	0	0	1	1	1	0	1	0	1	0	0	1	1	1	0
00:00:00:900	1	0	0	1	1	1	0	1	0	1	0	0	1	1	1	0
00:00:01:000	1	0	0	1	1	1	0	1	0	1	0	0	1	1	1	0
00:00:01:100	1	0	0	1	1	1	0	1	0	1	0	0	1	1	1	0

（a）生化协议的阀门控制表

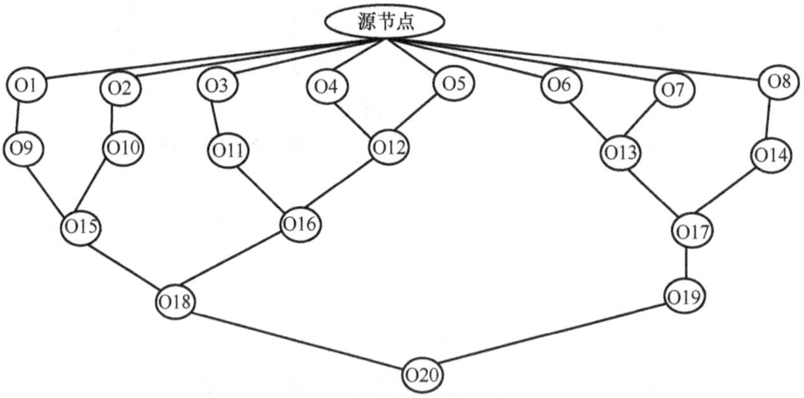

（b）生化协议的DAG

图 6-14　阀门控制表和映射到 FMFB 上的生化协议的 DAG 的示例

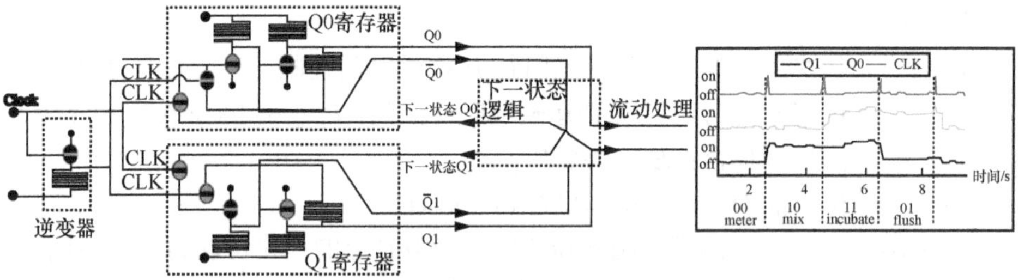

图 6-15　一个能够提供 4 个独立操作的两位有限状态机

该研究还提出了一个基于穷举信号跟踪方法的有限状态机逆向工程攻击。信号跟踪应用一组综合输入序列来刺激目标有限状态机中出现的所有转换。图 6-16 展示了用穷举信号跟踪的有限状态机的逆向工程攻击。

图 6-16 示例中的有限状态机有 4 个状态，用两位字符 A 和 B 表示，下一状态用 A^*和 B^*表示，输入 X 控制状态的转换。有限状态机 Z 的输出是可选的，取

决于应用。假设有限状态机复位到状态 AB=00。一个输入序列{1，0，1，1，0，1，1}被应用于未知的有限状态机，并模拟状态转换。从时序波形可以看出，输入序列只发现了图 6-16（b）中矩形框标记的 6 个转换，丢失了另外两个转换。为了恢复完整的真值表，攻击者可以应用额外的输入序列{1，0，1，0}，按照状态 00—01—10—11 进行跟踪，以捕获剩余的转换。

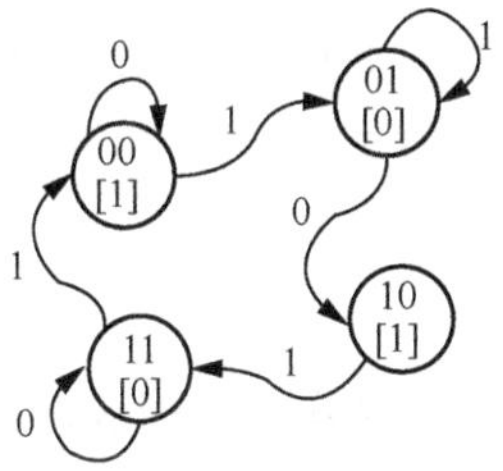

（a）一个2 bit有限状态机的示例

A	B	X	A*	B*	Z	
0	0	0	0	0	1	⑤
0	0	1	0	1	0	①
0	1	0	1	0	1	②
0	1	1	0	1	0	⑥
1	0	0	0	0	1	
1	0	1	1	1	0	③
1	1	0	1	1	0	
1	1	1	0	0	1	④

（b）有限状态机的状态转移和输出的真值表

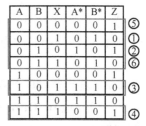

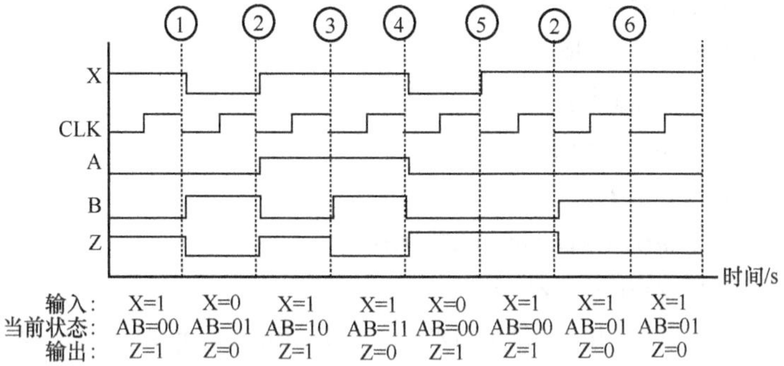

（c）在测试中的有限状态机的时序波形

图 6-16 用穷举信号跟踪的有限状态机的逆向工程攻击

攻击者首先将输入序列的综合集合应用于 FMFB 控制电路，观察操作，并测量来自传感器的反馈。这组操作表示有限状态机的下一状态，传感器的反馈对应于当前状态和输入激励下的输出。如图 6-16（c）所示，时序波形由挑战–响应对（当前状态，输入；下一状态，输出）组成。然后从时序波形中获得下一状态和输出的真值表，如图 6-16（b）所示。最后，从真值表中恢复描述生化协议控制阀门机制的有限状态机的状态转换，如图 6-16（a）所示。

6.1.5.2 针对 DMFB 的逆向工程攻击

生化协议级别的逆向工程攻击的方式有两种，分别是基于驱动序列和视频帧。潜在的对手可能是 DMFB 供应链中的恶意测试人员或终端用户。通过分析液滴位置的变化，提取液滴坐标并重构协议。下面讨论两种攻击方法的工作流程。

（1）基于驱动序列的生化协议逆向工程

该方法主要包括 3 个步骤：推导每个时间步长内液滴的位置；从驱动序列中识别液滴操作；从上一个步骤中识别到的所有液滴操作恢复生化协议。

代码清单 6-2 概述了基于驱动序列攻击的工作流程。所提出的协议可重复攻击，适用于直接寻址和引脚受限的 DMFB。在直接寻址方案中，每个引脚仅连接一个电极，而在引脚受限方案中，多个电极可以共享一个外部引脚。假设攻击者知道引脚映射方案并且可以访问外部引脚，利用液滴传输的连续性约束，即液滴只能移动到其相邻的电极，攻击者可以从引脚的状态推断出液滴的位置。

代码清单 6-2　基于驱动序列攻击的工作流程

输入　I/O 端口位置 **In, Out**，执行周期 T，驱动矩阵 S，引脚映射函数 f_m，混合持续时间阈值 t

输出　协议集 $P = \{O^{(1)}, \cdots, O^{(T)}\}$

1.　for $1 \leqslant i \leqslant T$ do
2.　　　$I^{(i)} \leftarrow f_m(s^{(i)})$;
3.　　　$N^{(i)} \leftarrow \#\text{rows}(I^{(i)})$;
4.　for $1 \leqslant i \leqslant T$ do
5.　　　InputID \leftarrow HasInput($I^{(i)}$, **In**);
6.　　　if InputID $\neq \varnothing$ then
7.　　　　　add InputID to ID$^{(i)}$;　　add('Input', InputID, i) to $O^{(i)}$;
8.　　　OutputID \leftarrow HasOutput($I^{(i)}$, **Out**);
9.　　　if OutputID $\neq \varnothing$ then
10.　　　　deletes OutputID from ID$^{(i)}$; add('Output', OutID, i) to $O^{(i)}$;
11.　　　$Ds \leftarrow$ pdist2($I^{(i)}$, $I^{(i)}$);　　$Dx \leftarrow$ pdist2($I^{(i)}$, $I^{(i+1)}$);
12.　　　if find ($Dx == 0$) $\neq \varnothing$ then
13.　　　　id \leftarrow find($Dx == 0$);　　add('Store', id, i) to $O^{(i)}$;
14.　　　if find ($Dx == 1$) $\neq \varnothing$ then
15.　　　　id \leftarrow find($Dx == 1$);　　add('Mov', id, i) to $O^{(i)}$;
16.　　　if find ($Dx == 1$) $\neq \varnothing$ & $N^{(i)} > N^{(i+1)}$ then
17.　　　　adds('Merge', id, i) to $O^{(i)}$;
18.　　　if find ($Dx == 1$) $\neq \varnothing$ & $N^{(i)} > N^{(i+1)}$ then
19.　　　　adds('split', id, i) to $O^{(i)}$;
20.　　　for $1 \leqslant j \leqslant N^{(i)}$ do
21.　　　　id \leftarrow ID$^{(i)}(j)$;　　route $\leftarrow I^{(i:i+t)}(j, :)$;

```
            if ContinuousMove(route) == 'True' then
                add('Mix', dropletID, i) to O^(i);
    I^(i+1) ← UpdateIDList(I^(i));
```

（2）基于视频分析的生化协议逆向工程

在网络物理系统中，数码相机无法抵御恶意攻击，对手可能会非法访问集成的 CCD 相机。装有 CCD 相机的 DMFB 可以实时监控生化协议的执行，并将运行情况反馈给 DMFB 的控制系统。但 CCD 相机可能会造成信息泄露，并被攻击者滥用以盗版知识产权。视频分析首先通过在每个视频帧上应用模板匹配来识别现有液滴的位置，后续的步骤与代码清单 6-2 所描述的步骤相同。由于液滴是通过模板匹配来定位的，因此合成阶段使用的引脚映射方案不会影响匹配的结果。在 DMFB 上进行的 PCR 生化协议的可视化仿真结果如图 6-17 所示，其中，共享控制引脚的电极用相同的数字表示。如果目标生化协议运行时的视频被恶意的攻击者窃取，引脚优化过的 DMFB 就容易受到生化协议逆向工程的攻击。在这种情况下，重新合成生化协议或重新配置 DMFB 并不能提高安全性。

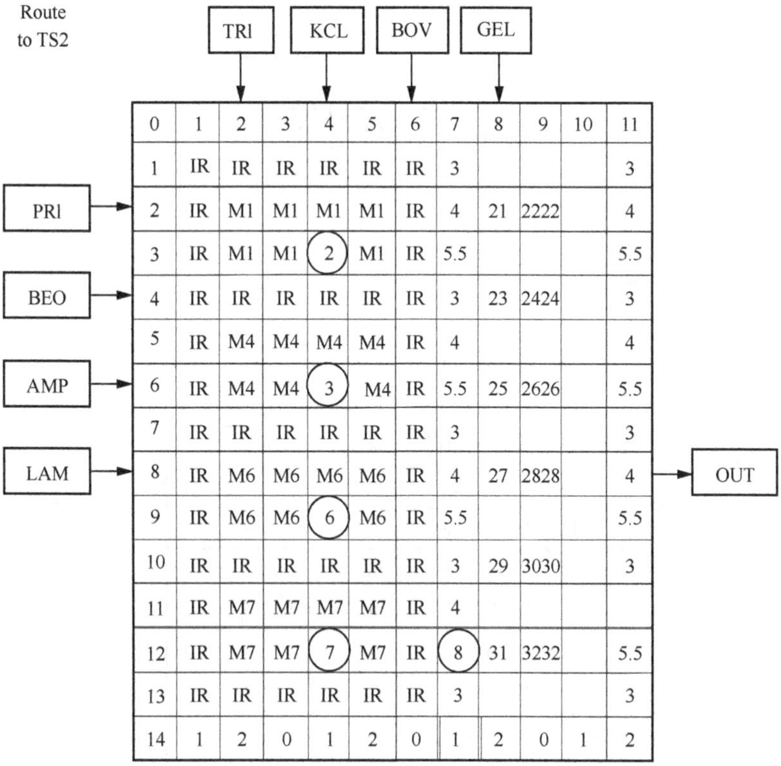

（a）第一帧

图 6-17　PCR 实验中 3 个连续帧的可视化结果

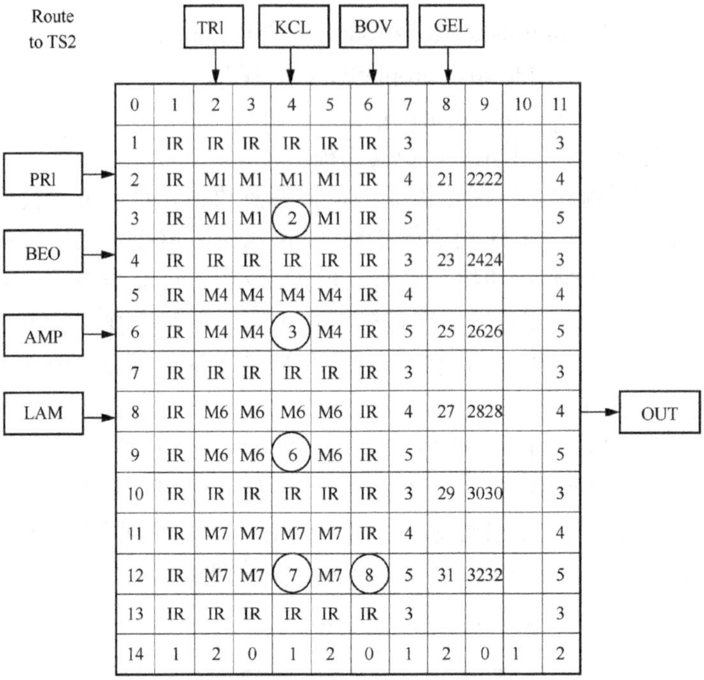

（b）第二帧

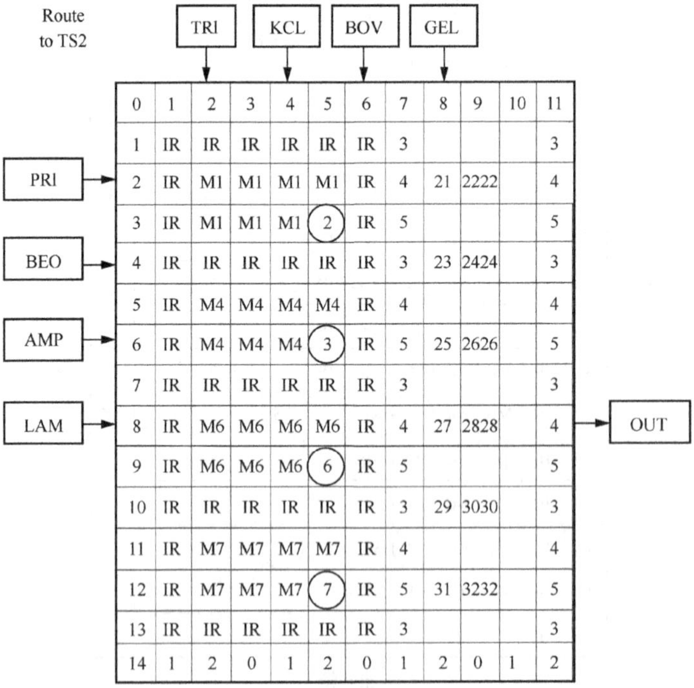

（c）第三帧

图 6-17　PCR 实验中 3 个连续帧的可视化结果（续）

6.1.5.3　针对 FMFB 的硬件木马攻击

(1) 在片内控制电路中插入硬件木马

Chen 等[5]设计了一个硬件木马的系统框架，并插入 FMFB 的控制电路中。该研究所设计的硬件木马能够大概率地逃避功能测试，同时对时序和电源侧信道的影响可以忽略不计。在 FMFB 的控制电路中插入硬件木马的流程如图 6-18 所示。利用已知的 FMFB 路由布局，攻击者首先分析逆向工程生物芯片上的控制电路，并提取电路网表；然后执行逻辑模拟，在电路网表中找到很少被激活的信号。延迟规范用于静态时序分析（STA）定位时间关键路径和关键节点，有助于插入硬件木马。使用 STA 求解器可验证触发器的可行性。生成的硬件木马在逻辑模拟中进行评估，并使用可检测性指标度量。代码清单 6-3[5]描述了针对 FMFB 的硬件木马攻击算法的主要步骤。

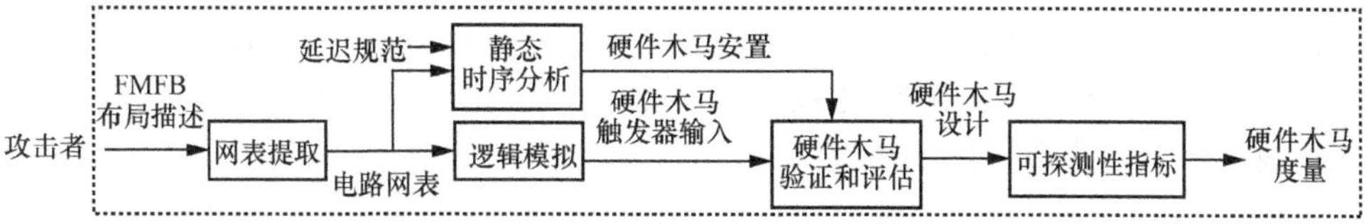

图 6-18　在 FMFB 的控制电路中插入硬件木马的流程

代码清单 6-3　针对 FMFB 的硬件木马攻击算法

输入　FMFB 的布局和延迟规范，预定义的概率阈值 ϵ

输出　提取的网表，2-AND 门的输入

1. 网表提取：从路由布局描述中恢复网表，表示为集合 $\text{Net}=\{O_1,\cdots,O_T\}$
2. 逻辑仿真：生成随机测试向量并将其应用于网表 Net；初始化：$O=\varnothing, O'=\varnothing, k=0, \text{Pair}=\varnothing$;
3. for $1\leqslant i\leqslant T$ do
4. $\quad P_1(O_i)=\dfrac{\#(O_i=1)}{\#\text{TestVectors}}$;
5. $\quad$ if $P_1(O_i)\leqslant\epsilon$ then
6. $\quad\quad$ 将节点 O_i 添加到新的集合 O;
7. 执行 STA：确定关键节点和关键路径
8. for $1\leqslant i\leqslant$ length(O) do
9. $\quad$ if slack $(O_i)\geqslant 0$ then
10. $\quad\quad$ 将节点 O_i 添加到集合 O';
11. for $1\leqslant i\leqslant \text{length}(O')-1$ do
12. $\quad$ for $i+1\leqslant j\leqslant \text{length}(O')$ do

13. if SATsolver $(O_i', O_j') ==$ 'Satisfiable' then
14. Pair$(++k) = (O_i', O_j')$;
15. $P_{\text{Trigger}}(++k) = \text{Prob}\left((O_i' = 1, O_j' = 1\right)$;
16. if Pair $== \varnothing$ then
17. 增加 ϵ 并从第 3 行重新开始;
18. else
19. $k^* = \text{argmin} P_{\text{Trigger}}(k)$
20. TriggerInput $\leftarrow$ Pair(k^*);
21. 将 2-AND 门放在一个非关键的时序路径上;
22. 计算所设计的硬件木马的可检测性;

（2）在其他位置插入硬件木马

硬件木马还可以插入 FMFB 的其他位置，包括但不限于传感器、生物医学库、机械阀门、应用程序图和阀门控制表。下面介绍两种插入硬件木马的位置。

① 应用程序图。应用程序图是生化协议的可视化图像，容易受到攻击。将生化协议转换为应用程序图的协议编译器可以被植入硬件木马。例如，攻击者可以添加额外的混合操作来污染试剂，或者添加额外的加热操作使样品失效，原始操作也可能被删除使协议不完整并产生不正确的结果。

② 阀门控制表。阀门控制表由控制综合生成，决定阀门在各时间的状态。攻击者可以将硬件木马插入 CAD 工具以破坏控制综合，从而生成错误的阀门控制表。在获取阀门控制表后，攻击者通过逆向工程能够定位到特定的操作，从而实施恶意攻击操作。生物芯片运行时，攻击者还可以通过硬件木马替换真实的控制序列。

6.1.5.4 针对 DMFB 的硬件木马攻击

针对 DMFB 的硬件木马攻击在程序和复杂性方面不同于传统的集成逻辑电路。在传统的集成逻辑电路中，为了设计一个隐蔽的硬件木马触发器，攻击者需要获取目标芯片特定的知识。Chen 等[5]给出了一种可利用集成逻辑电路和有限状态机中的漏洞进行攻击的硬件木马。

（1）在集成逻辑电路中插入硬件木马

图 6-19 展示了在集成逻辑电路中插入硬件木马的示例。逻辑电路接收控制引脚（x_0, x_1）的信号，其输出连接到 DMFB 的电极 E_i。如图 6-19（b）所示，硬件木马仅由多路选择器加上几个布尔门组成，即可实现对 DMFB 的控制。触发器控制多路选择器的输出，并改变液滴的移动。触发信号可以从片上传感器、液滴、底层电极或集成逻辑电路中获取。硬件木马对 DMFB 集成

逻辑电路的攻击干扰了正确的引脚映射方案，使驱动序列无效，导致生化协议执行失败。

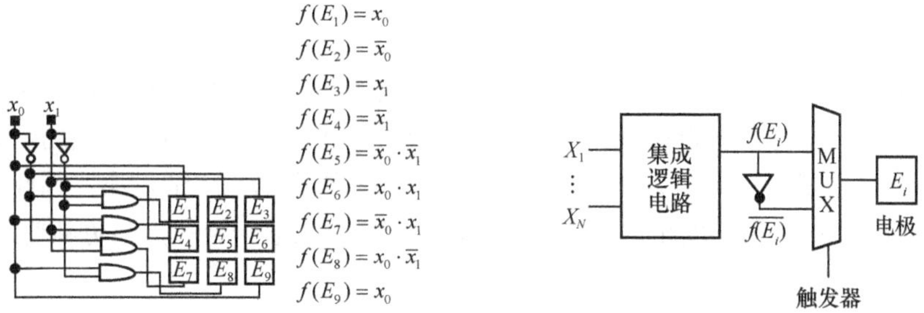

（a）DMFB电极中控制电路的示例　　（b）插入逻辑电路的硬件木马示例

图 6-19　在集成逻辑电路中插入硬件木马的示例

（2）在有限状态机中插入硬件木马

图 6-20 显示了在有限状态机中插入硬件木马的示例。假设攻击者获取了 DMFB 的设计描述。首先，将原始设计描述逆向工程到原始有限状态机。然后，在有限状态机中加入硬件木马的功能，使其与原始有限状态机合并。硬件木马有限状态机可以直接插入目标 DMFB[8]上的控制信号生成模块，并干扰生化协议的执行；还可以插入错误字典有限状态机中，使 DMFB 的错误恢复无效[9]。

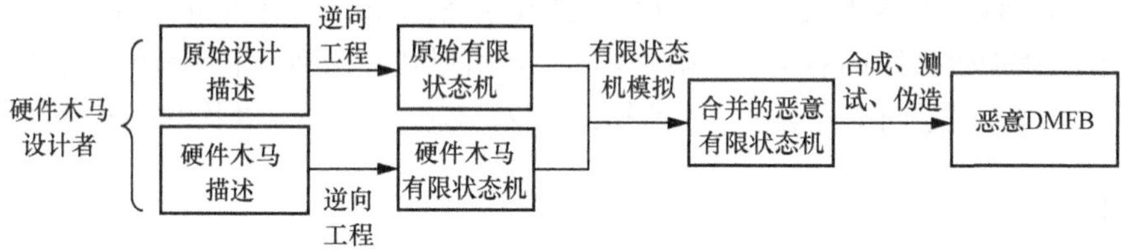

图 6-20　在有限状态机中插入硬件木马的示例

6.2 威胁效果

6.1 节介绍了一些生物芯片的攻击手段，当生物芯片的安全受到威胁后，所导致的后果有哪些？本节主要针对这个问题进行展开介绍。

6.2.1 拒绝服务

拒绝服务是一类通过破坏系统的可用性，以达到阻止系统为用户提供正常服务的攻击。拒绝服务较为常见，且在互联网上出现得十分频繁，如攻击某些公司的服务器导致其无法提供服务。网络物理系统的高度开放性给攻击者实施拒绝服务提供了大量的途径。拒绝服务可能会造成生物芯片硬件的损坏，还会浪费生化反应中的试剂，而这些试剂往往是十分昂贵甚至无法替换的。

6.2.2 功能篡改

功能篡改指强制设备执行非预设的操作。功能篡改并不影响设备的正常运行，但会导致某些操作不符合标准，这将影响生物芯片生成试剂的质量。当用户使用了不符合标准的试剂，轻则会影响生物芯片本身，重则会影响生命健康。因此，如果期望生物芯片被应用于安全性要求高的领域，则需要采取一定的措施防御功能篡改。

6.2.3 试剂污染

攻击者通过改变设备的某些操作或部件的状态，使两个原本并不相交的流体或者液滴在意外的情况下交汇以达到污染的目的。实施试剂污染的过程可以利用生物芯片本身具有的缺陷，使用者如果想要定位错误产生的来源，首先需要排除设备操作错误或者老化等原因，提高了防御的难度。

6.2.4 设计盗版

设计盗版是指攻击者非法获取设备的知识产权并在未授权的情况下进行生产，知识产权包括软件和硬件。设计盗版的攻击者可以来自外包工厂或者用户。外包工厂在制造过程中能够获取设计人员提供的知识产权，如果设计人员对知识产权的保护意识较差或仅做简单的保护措施，外包工厂可以较轻松地获取所有的知识产权。而用户可以通过逆向工程等手段还原知识产权，包括生化协议以及生物芯片的平台。

6.2.5 读数伪造

读数伪造是对传感器读数的篡改或者伪造。传感器用于监测实验平台的运行。攻击者为使用户获取到错误的数据，对网络物理系统中传输、处理和存储的数据进行篡改。

生物芯片有望在医学诊断等方面广泛应用，尤其作为可现场部署的便携式平台代替医生对患者进行实时监控。但网络物理系统潜在的读数伪造问题可能会导致诊断错误，甚至危害人体健康。

6.2.6 信息泄露

信息泄露发生的非常频繁且技术门槛比较低。信息可以包括个人的基础信息如姓名、联系方式等，也可以包括敏感信息甚至机密信息，不同的信息有不同的重要等级。信息泄露不会直接危害用户，但会直接引发对敏感数据泄露的担忧，降低市场对产品的信心。

6.2.7 恶意老化

恶意老化是通过加速硬件的老化程度，缩短设备的使用寿命，以达到破坏设备正常使用的目的。通常来说，对于高精密度的设备，仅需要破坏其中少数的部件即可达成该目的。在生物芯片中，老化攻击的主要对象可以分为两类：一类是 FMFB 等基于流体的生物芯片中的流体通道或者阀门；另一类是 DMFB 等基于液滴的生物芯片中的电极。被实施恶意老化的设备无法达到设计之初预想的使用寿命，对生物芯片厂商的口碑将是重大的打击。

参考文献

[1] SHAYAN M, BHATTACHARJEE S, LIANG T C, et al. Shadow attacks on MEDA biochips[C]//Proceedings of 2018 IEEE/ACM International Conference on Computer-Aided Design (ICCAD). Piscataway: IEEE Press, 2018: 1-8.

[2] ALI S S, IBRAHIM M, SINANOGLU O, et al. Security implications of cyberphysical digital microfluidic biochips[C]//Proceedings of 2015 33rd IEEE International Conference on Computer Design. Piscataway: IEEE Press, 2015: 483-486.

[3] SHAYAN M, BHATTACHARJEE S, SONG Y A, et al. Security assessment of microfluidic immunoassays[C]//Proceedings of the International Conference on Omni-Layer Intelligent Systems. New York: ACM Press, 2019: 217-222.

[4] SHAYAN M, BHATTACHARJEE S, SONG Y A, et al. Toward secure microfluidic fully programmable valve array biochips[J]. IEEE Transactions on Very Large Scale Integration (VLSI) Systems, 2019, 27(12): 2755-2766.

[5] CHEN H L, POTLURI S, KOUSHANFAR F. Security of microfluidic biochip[J]. ACM Transactions on Design Automation of Electronic Systems, 2020, 25(3): 1-29.

[6] SCHMIDT M F. Biochip simulator[M]. Technical: Technical University of Denmark, 2012.

[7] NGUYEN T V, AHRAR S, DUNCAN P N, et al. Microfluidic finite state machine for autonomous control of integrated fluid networks[C]//Proceedings of 15th International Conference on Miniaturized Systems for Chemistry and Life Sciences. Piscataway: IEEE Press, 2011: 741-743.

[8] HU K, IBRAHIM M, CHEN L J, et al. Experimental demonstration of error recovery in an integrated cyberphysical digital-microfluidic platform[C]//Proceedings of 2015 IEEE Biomedical Circuits and Systems Conference (BioCAS). Piscataway: IEEE Press, 2015: 1-4.

[9] LUO Y, CHAKRABARTY K, HO T Y. Error recovery in cyberphysical digital microfluidic biochips[J]. IEEE Transactions on Computer-Aided Design of Integrated Circuits and Systems, 2013, 32(1): 59-72.

第 7 章 生物芯片安全技术

7.1 随机检测点技术

随机检测点的提出是为了检测 DMFB 上的恶意液滴，一般的随机检测点系统需要添加额外的检测点协同处理器，如图 7-1 所示。由于协同处理器缺乏网络接口，因此攻击者无法直接对它进行攻击[1]。随机检测点系统能够选择性地探测 DMFB 上的液滴状态，并将其与规范的液滴状态进行比较。该系统还有一个单独的物理指示器，用于在检测到异常时向 DMFB 控制者发出警报。虽然对每个状态都进行监控可以检测到所有异常，但是这样会导致 DMFB 增加很大的时间和内存开销。随机检测点采用在时间和空间上随机抽样来检测被篡改液滴的概率，但不能保证绝对安全[2]。

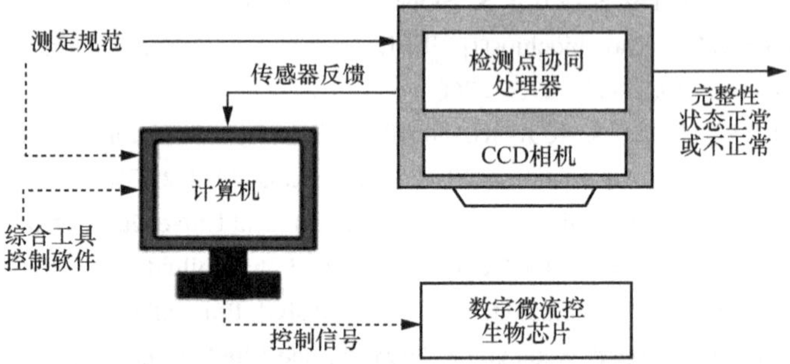

图 7-1　数字微流控生物芯片网络物理模型

随机检测点系统工作流程介绍如下。① 确定检测电极。该系统根据电极的分布随机选择一个电极。② 液滴的状态抽取。控制器根据图像识别相关算法提取电极上液滴的状态，该状态包含液滴的体积和浓度，但此处只识别提取液滴是否存在。③ 与规范液滴比较。控制器将提取的液滴与规范的液滴进行比较，如果不匹配，则物理指示器发出错误信号。④ 重复执行上述步骤。将选择过的电极标记为已选，然后从剩余的电极中选择一个新电极。

7.1.1 均匀概率采样

生物芯片上的恶意液滴建立了逃避检测的概率模型。设 E 为恶意液滴在 L 个周期内逃避检测的事件，E_i 为恶意液滴在第 i 个周期中躲避检测的事件，F_i 为第 i 个周期中被采样的事件，G_i 为第 i 个周期中检测到恶意液滴的事件，可得

$$P(E_i) = P\left(\overline{F_i} \cup \left(F_i \cap \overline{G_i}\right)\right) = P\left(\overline{F_i}\right) + P(F_i)P\left(\overline{G_i}\right) \tag{7-1}$$

$$P(E) = P\left(E_1 \cap E_2 \cap \cdots \cap E_L\right) = \prod_{i=1}^{L} P(E_i) \tag{7-2}$$

$$P\left(\overline{G_i}\right) = 1 - \frac{k}{s} \tag{7-3}$$

$$P(F_i) = c \tag{7-4}$$

其中，未检测到恶意液滴的概率加上当前检测点数 k 与总电极数 s 之比 $\frac{k}{s}$ 为 1，$\frac{k}{s}$ 为电极覆盖率。

定义任意执行周期的抽样概率为常数 c，该常数是一个可以调整的参数，则有

$$P(E) = \prod_{i=1}^{L}\left((1-c) + c\left(1 - \frac{k}{s}\right)\right) = \left(1 - \frac{ck}{s}\right)^{L} \tag{7-5}$$

根据式（7-5），应将参数 c 和 k 最大化才能使恶意液滴未检测到的概率最小。

7.1.2 偏移概率函数

由于每个电极都以均匀的概率来检测会使攻击者利用这些信息来避开可能被检测的电极，因此提出一种新的概率函数——偏移概率函数。偏移概率函数被定义为

$$p_J(j) = \frac{1}{s} + b(j) \tag{7-6}$$

其中，$b(j)$为偏差项。式（7-6）可进一步表示为

$$\sum p_J = 1 \Rightarrow \sum b(j) = 0, b(j) \in \left(-\frac{1}{s}, 1 - \frac{1}{s}\right) \tag{7-7}$$

因为高电平电极比低电平电极更容易检测出恶意液滴，所以可根据电极的高低得出偏移概率。图 7-2[4]是一个偏移概率检测恶意液滴的示例。

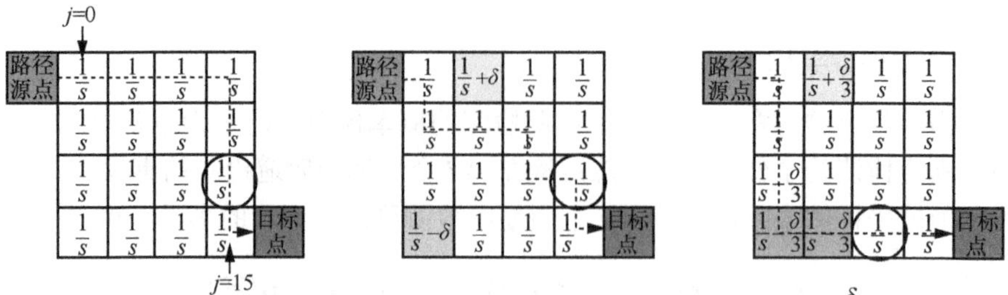

（a）概率均匀分布的电极　（b）存在δ的概率偏移　（c）存在$\frac{\delta}{3}$的概率偏移

图 7-2　偏移概率检测恶意液滴的示例

7.1.3　静态放置

增加静态放置点可以提高整体性能，但是静态放置点本身提供的安全保障很弱，因为它们的位置可能无法保密。在提出的威胁模型下，如果攻击者知道这些静态放置点的位置，则将导致静态放置点很容易被避开。Tang 等[4]采用的静态放置点技术通过曼哈顿距离来判断放置位置，控制器将一直检测液滴移动经过概率高的电极。

通过对液滴运动的分析得出如下结论：在操作进行的混合器中，应该设置两个检测点且检测点放置在混合单元的左下方和左上方。因为液滴在到达目的地之前至少要经过混合器的左下方或左上方，这样通过混合器单元的恶意液滴将很容易被检测到。图 7-3 显示了一个启发式静态检测的示例。静态放置点的布置可以用启发式算法，因为通用 DMFB 的液滴路径是可预测的，所以可以通过在液滴分配处放置一个检测点来防止攻击。这种想法是根据检测点对攻击者的有用程度来对 DMFB 阵列上的每个电极进行排序，并从中选择电极，如图 7-4 所示。其中，1～4 代表液滴移动经过的概率高低（数值越大则概率越高）。

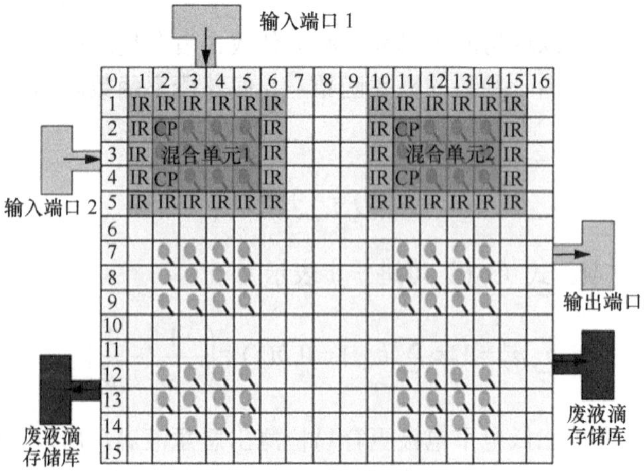

图 7-3　启发式静态检测

| □ 1 | ■ 2 | ▨ 3 | □ 4 |

（a）分配端口1和混合单元1　　　　　（b）分配端口1和混合单元2
　　之间的有用矩形　　　　　　　　　之间的近似矩形

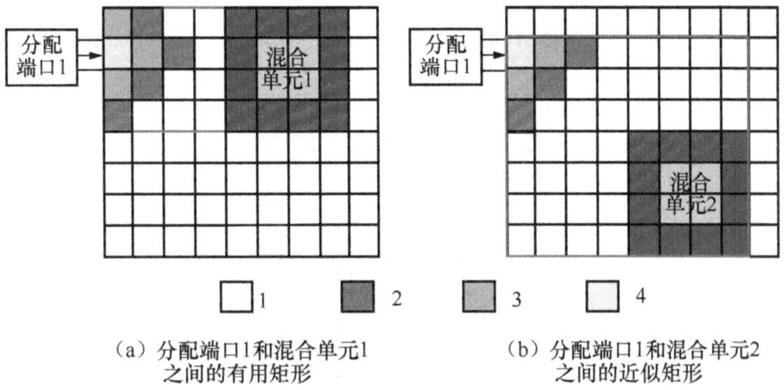

图 7-4　静态放置检测

7.1.4　静态检测点的时间随机化

静态检测点的时间随机化就是以某个概率 v 来检测，这样虽然增加了恶意液滴的逃避概率，但是降低了处理器的开销。设 q 为静态放置点的数量，Q 为恶意路由上的静态放置点的数量，则恶意液滴的逃避概率 $P(E)$ 可表示为

$$P(E) = (1-v)^Q \left(1 - \frac{ck}{s-q} \right)^{L-Q} \tag{7-8}$$

如果静态放置点被实时监视，则逃避概率为零，除非恶意液滴没有经过任何静态放置点。当恶意路由通过的是静态放置点而不是随机采样下的电极，则可表示为

$$1-v \leqslant 1 - \frac{ck}{s-q} \tag{7-9}$$

将式（7-9）化简可得

$$v \geqslant c \left(\frac{k}{s-q} \right) \tag{7-10}$$

其中，v 和 c 是设计人员设置的常量。因为 $\frac{k}{s-q} \leqslant 1$，所以 v 可以小于 c，并且 $P(E)$ 也降低了。

7.1.5　局部化检测方法

通过局部搜索可以最小化检测液滴的数量，其方法是如果当前液滴与邻近液滴的最小汉明距离为 c 个距离单位，且假设一个时间单位移动一个距离单位，那么系统将在 $\dfrac{c}{2}$ 个时间单位内不检测该位置。如图 7-5 所示，液滴 M_1 与废液滴 W_1

之间的汉明距离为 4，则在接下去的 2 个时间单位内不对该位置进行检测。

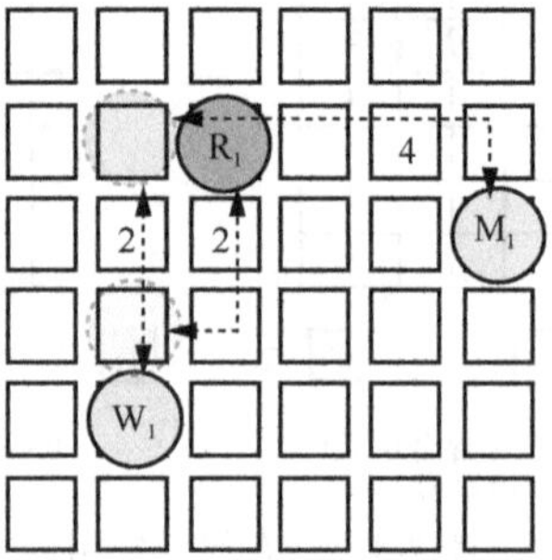

图 7-5　局部化检测方法

7.2　知识产权保护技术

知识产权是人们对智力劳动成果所享有的占有、使用、处分和收益的权利。随着科学技术的发展，产品、服务价值内含有的知识产权比重日益增长。知识产权保护也日益显示出其重要性，促使以信息技术等新技术群为核心的新技术革命蓬勃展开。而新技术的研究与开发要求研究人员花大量精力和经费。为了保护这些成果不被无偿占有，也为了今后进一步的研究开发，研究人员需要对这些成果实施强有力的知识产权保护。可以说，知识经济的高速发展对知识产权保护不断提出新的、更高的要求。下面将介绍一些与知识产权保护相关的技术。

7.2.1　伪装技术

伪装是集成电路中一种常见的防御技术，它是为了防止基于映射的门级电路被逆向工程破解。在 DMFB 中，伪装方法是插入虚拟阀门和通道来防止布局级的逆向工程，例如，可以在适当的端口插入虚拟阀门，使攻击者将虚拟端口误认为是混合器等器件。图 7-6 演示了如何通过插入虚拟阀门和通道来伪装。I/O 端口的原始结构如图 7-6（a）所示。添加一个虚拟阀门后，就成了图 7-6（b）所示的结构。其中，虚拟 I/O 端口与组件库中的开关具有相同的外观。另一种选择是通过添加如图 7-6（c）所示的两个阀门，将 I/O 端口伪装成混合器。为了确保伪装组件的功能，需要在虚拟阀门上施加适当的压力信号，误导攻击者提取错误的布局级设计[5]。

在制造过程中插入虚拟阀门和通道虽然增加了制造成本、控制复杂性以及通信开销，但是在超大规模集成制造中，阀门的尺寸非常小（如一个 CMFB 可以容纳数千个阀门），适当增加一些虚拟阀门和通道不会导致很大的成本开销。伪装技术所提供的安全是由插入的虚拟阀门和通道的数量和位置决定的。安全级别和额外成本之间的权衡可以由制造商在设计阶段进行评估。

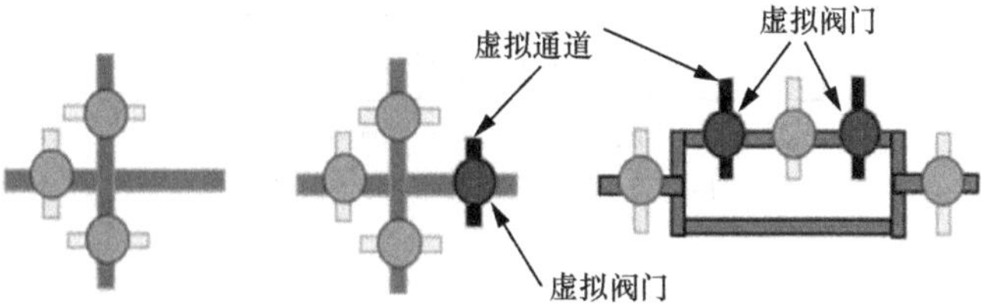

（a）I/O端口的原始结构　（b）添加虚拟阀门　（c）将I/O端口伪装成混合器

图 7-6 虚拟阀门和通道

7.2.2 混淆

在集成电路中，混淆可以通过有限状态机来实现。文献[5]提出的框架显示生化反应相关的协议信息会通过 CCD 传感器感应并传输，这可能会导致数据泄露。下面将介绍几种混淆方案。

（1）驱动序列混淆

驱动程序包含分析有关的信息，可能被滥用于协议盗版。为了减轻对盗版的担忧，控制信号在传送至传输信道之前需要进行模糊处理，驱动序列可以使用制造厂颁发的许可证或从物理不可克隆函数中获得的密钥进行加密。假设时钟周期总数为 T，每个周期的驱动序列长度为 L，对称密钥用 e_k 表示，原始驱动序列、加密驱动序列、解密驱动序列分别用 $\boldsymbol{S}_\mathrm{o}$、$\boldsymbol{S}_\mathrm{e}$、$\boldsymbol{S}_\mathrm{d}$ 表示。$\boldsymbol{S}$ 是一个 $t \times l$ 矩阵，元素 s_{ij} 表示第 j 个电极在时钟周期 i 中的液滴状态。协议设计人员使用异或操作加密驱动序列 $\boldsymbol{S}_\mathrm{e}=\boldsymbol{S}_\mathrm{o} \oplus e_k$。文献[5]提出将异或门集成在 DMFB 上，用于驱动序列上的解密。由于 DMFB 的制造过程与 CMOS 技术兼容，而且异或栅极的尺寸比电极单元小得多，因此增加异或栅极的面积开销可以忽略不计。加密和解密的计算复杂度都是 $O(TL)$。这意味着复杂性随时钟周期总数 T 和独立控制引脚数量 L 的增加而线性增加，使混淆方案具有可扩展性。其中，加密的安全性由密钥 e_k 的长度决定。因此，单独寻址 DMFB 安全性虽然高，但代价是解密开销更高。

图 7-7 演示了混淆驱动序列的效果。图 7-7（a）显示了液滴在一个 4×4 独立地址的 DMFB 上运行的真实轨迹。在这种情况下，T=6，L=16。假设选择 16 bit 长度的密钥 e_k=0010011001110110，则 $\boldsymbol{S}$ 中的每一行都与 e_k 异或。攻击者通过窃听通信通道，分析加密的控制信号，重构出错误的轨迹，如图 7-7（b）所示。通过比较证明了模糊驱动序列可以防止攻击者通过直接观察通信信道中的信号来提取有用信息。

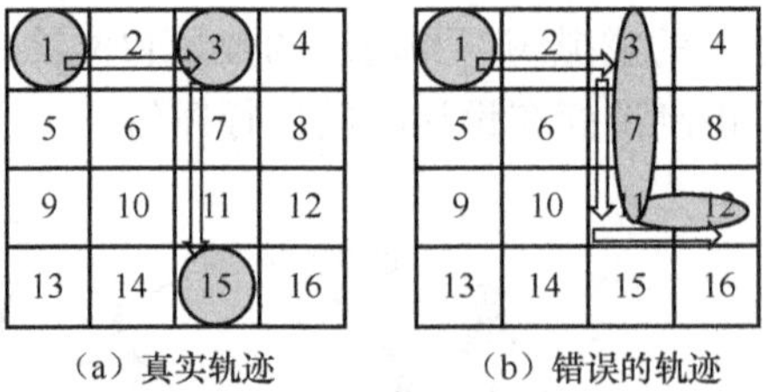

图 7-7　混淆驱动序列的效果

(2) 传感器反馈混淆

由 CCD 或其他传感器收集的数据可能会泄露有关信息。即使 DMFB 被插入额外的 FSM 锁定，制造商和授权终端用户仍然可以利用传感器数据对协议进行逆向工程。DMFB 的工作证明了在协议执行过程中从液滴位置获取信息是可行的，因为当前液滴的坐标可以通过视频帧或芯片上的传感器来确定，保护传感器数据的一个解决方案是使用从 PUF 或 FMUX 控制输入中提取的密钥加密它。通过混淆和逻辑锁保护了 CMFB 上生化分析的知识产权，其主要是使用基于阀门的生物测定混淆方案来防止逆向攻击。

(3) 基于阀门的混淆

为了阻止生物测定的重现，建议通过在 DMFB 中插入筛网来混淆驱动序列。生物测定开发商对生物测定的描述和筛网的位置保密，开发人员在可信的离线计算机上使用 CAD 工具合成模糊驱动序列，并将模糊处理后的序列加载到生物芯片控制器中进行实验，如图 7-8 所示。小的软件更新在生物芯片控制器中处理，而大的更新在可信的离线计算机中执行。

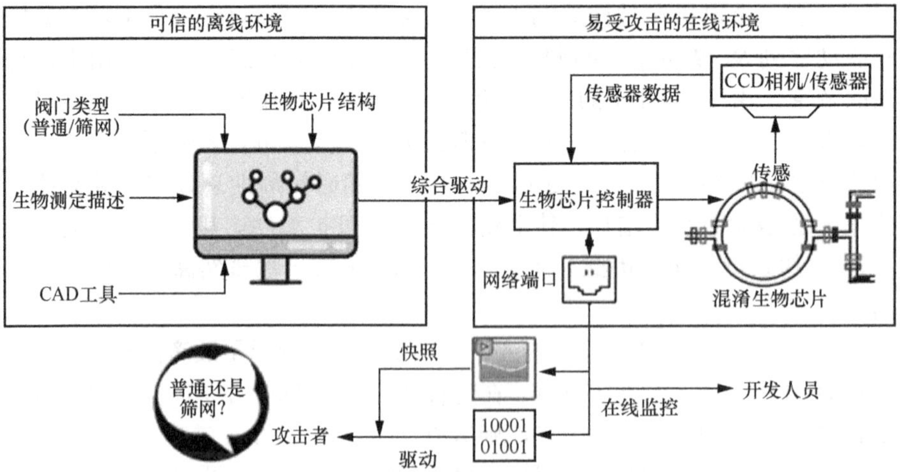

图 7-8　基于阀门的混淆技术

考虑端口 i 和 j 之间的通道，如图 7-9 (a) 所示。如果阀门 1 被激活，则通道

i 和 j 打开，否则通道关闭。这样的阀门是普通阀门。另一方面，如果阀门是筛网，则无论阀门 1 的驱动状态如何，通道 i 和 j 始终是打开的。只有开发人员才知道筛网的位置，这就使攻击者无法获取真正的驱动序列。

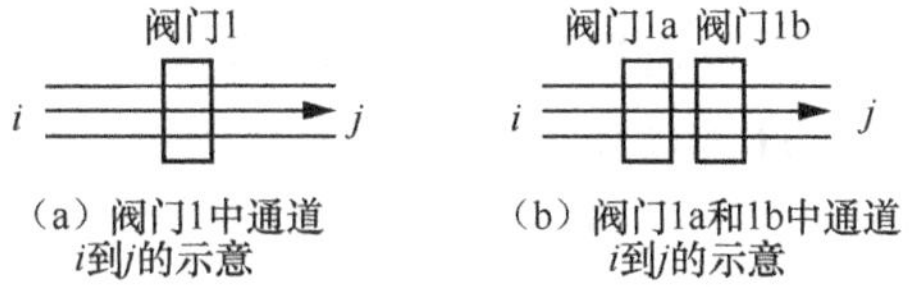

图 7-9　i 和 j 之间的通道

（4）行为混淆

生物芯片由功能模块组成，如流体入口/出口、混合器、存储、反应室和多路选择器/解多路选择器。生物芯片的驱动信号具有到流体操作的一对一映射，研究人员在生物芯片功能模块中插入筛网阀门，从而不再保留流体操作映射的驱动信号。由于阀的类型是保密的，信道特性可能被模糊化，因此攻击者无法通过流控操作获得测序图，这被称为行为混淆。将两个输入试剂 R_1 和 R_2 以 3:1 的比例混合，添加额外的阀门（普通阀门和筛网阀门）以混淆生物芯片，如图 7-10 所示。在改进的 CMFB 平台中，输入–输出路径上的一个或多个筛网阀门可以不被激活，以欺骗攻击者，使其无法识别正确的流体路径。通道状态（打开/关闭）取决于阀门类型，而攻击者不知道阀门类型便难以解读出真实的生物序列信息。

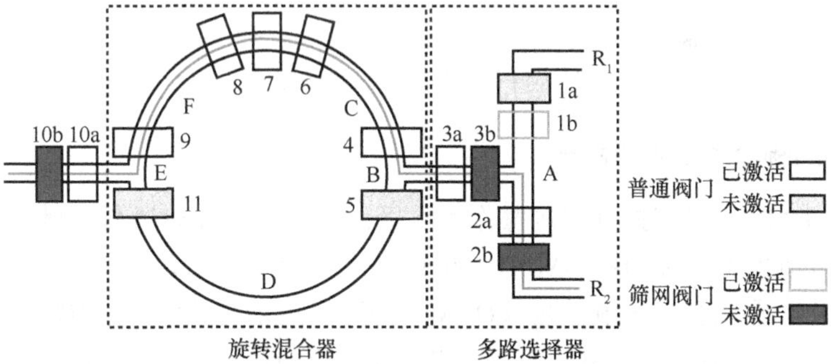

图 7-10　基于筛阀在混合器和多路选择器上的混淆功能模块

7.2.3　基于微流体的多路选择器

基于微流体的多路选择器加密就是如果在检测执行前提供正确的密钥，那么将执行所需的操作序列，并且执行正确的生物测定。错误的密钥将导致 DMFB 的液滴被阻塞，系统不能提供正确的检测结果，这种方式可以使 DMFB 的知识产权不被非法用户盗取[6]。

对于微流体加密，使用 2:1 的多路选择器，该多路选择器具有两个密钥数据输入、一个普通数据输入和一个普通数据输出。许多这样的多路选择器插入测序图 G 中形成测序图 G_0。只有这些多路选择器被正确的密钥输入控制，测序图 G_0 才执行正确的分析操作。为了防止攻击者推断液滴运输到废液滴存储库，可以将额外的液滴放在 DMFB 上随机选择的临时位置，并在实验结束时与分析操作产生的废液滴一起丢弃。图 7-11（a）显示了一个原定的测序图片段，其中 O_1 和 O_2 中分配的两个液滴在 O_3 中混合，O_3 产生的液滴再与 O_4 液滴混合成 O_5。加密后的测序图片段如图 7-11（b）所示，混合器 O_3 的两个输入液滴由多路选择器的输入控制，只有经过授权的用户才知道控制液滴的存在。假设在测序图中插入几个这样的流体多路选择器，相关控制液滴的存在或不存在就构成了密钥，只有经过授权的用户才能开启所有多路选择器并获得正常的执行结果。

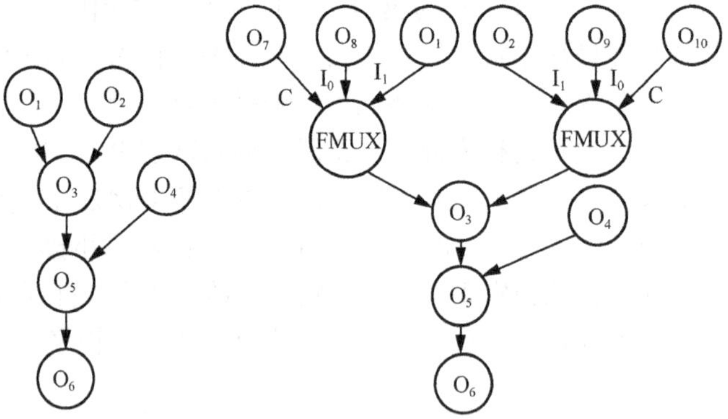

（a）原定的测序图片段　　（b）加密后的测序图片段

图 7-11　多路选择器的测序图

7.2.4　新的物理不可克隆函数

由于 DMFB 只有控制液滴操作的电极，没有集成存储器和逻辑门来存储密钥，因此本节提出一种利用 DMFB 上电极的内在变化生成 PUF 的密钥[7]。为了防止盗版攻击，利用数字权利管理（DRM）原理，可以对 DMFB 的知识产权进行认证和保护。然而，由于 DMFB 缺乏内存和逻辑门，最先进的 DRM 技术不能应用在 DMFB 上，因此，Hsieh 等[8]提出了一个专门用于防止盗版且可以保护 DMFB 的知识产权的 DRM 模型。

在 DMFB 行业的一般模式中，生产 DMFB 的公司通常也要设计驱动序列。因此，对于设计人员来说，不仅要防止 DMFB 被非法使用，还需要保护驱动序列。为了防止 DMFB 的盗版，锁定 DMFB 和加密驱动序列是必要的。因此，使用 PUF 和错误纠正代码（ECC）来为每个 DMFB 生成密钥。这种新的生产模型可以保证数据安全，如图 7-12 所示。

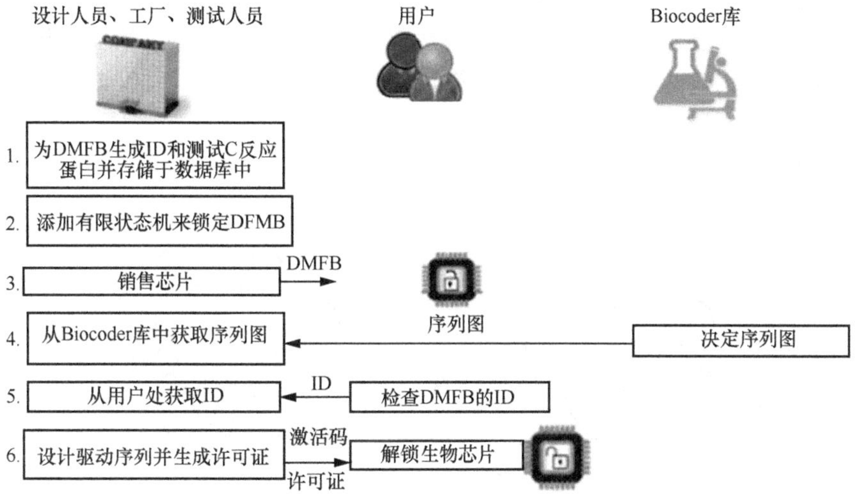

图 7-12　基于 DMFB 的 PUF 和错误纠正代码在生产使用过程中的密钥生成流程

首先，DMFB 供应商生成 ID 并测试每个 DMFB 的响应对，然后将其存储在数据库中。接着，设计人员添加有限状态机（FSM）以锁定 DMFB，工厂将 DMFB 销售给用户。如果用户希望操作该 DMFB 来运行检测，则生物编码器根据要执行的检测类型将序列图发送给设计人员。此外，要解锁 DMFB，用户需要将 DMFB 的 ID 发送给设计人员。然后，根据基于 PUF 的 CRP 和数据库中存储的附加 FSM 设计加密的驱动序列生成许可证。最后，用户通过接收许可证解密驱动序列，执行身份验证来解锁 DMFB，并进行后续的分析。

由于生物芯片的控制信号受到 FSM 的当前状态影响，因此可以使用 FSM 来实现对 DMFB 的锁定，如图 7-13（a）所示，添加了 M 层状态，其中 M 为偶数。在这些附加状态中，奇数层由一个状态组成，偶数层由 N 个状态组成。因此，如果没有正确的键，DMFB 就不能正常工作。在奇数层和偶数层中，有 N 种通过方式。以两层添加的 FSM 为例，每一偶数层由 S_2、S_3、S_4、S_5 这 4 种状态组成，如图 7-13（b）所示。在验证过程中得到一个 PUF 响应后，第一个 2 bit PUF 输出是第一层到第二层的状态转换。另外，从第二层到原始状态的转换不仅取决于第二个 2 bit PUF 输出，还取决于许可证。所以只有 PUF 输出和许可证都是正确的，才可以转换为原始状态，并且解锁 DMFB。相反，如果将相同的许可证授予另一个 DMFB，解锁过程将会因不同的 PUF 输出而失败。因此，每个 DMFB 都需要不同的许可证来验证身份。

下面介绍两个可用于 DMFB 上的 PUF 类型。

（1）路由 PUF

一般情况下，当液滴移动，即在微流控阵列上运输液滴时，电极表面的吸收会造成液滴体积损失。另外，由于电极本身的变化，液滴的路径也会略有不同，因此输送后液滴的体积也会有所不同。总体来说，两个液滴通过不同路径时，液滴体积减小的程度是不同的。但是，电极本身的变化是恒定的，所以在相同操作后的不同时间比较两个液滴大小的结果是相同的。

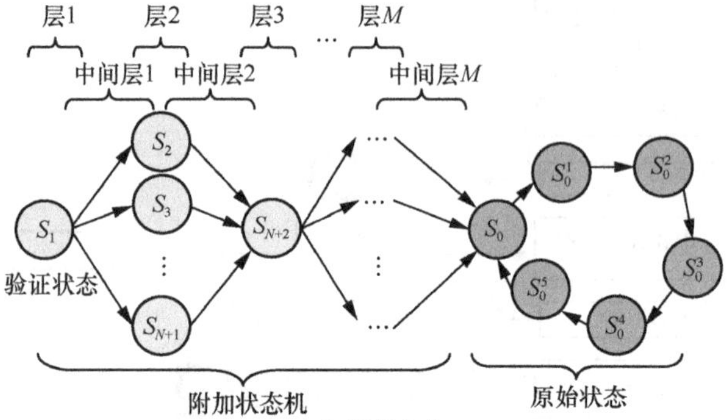

（a）锁定方式

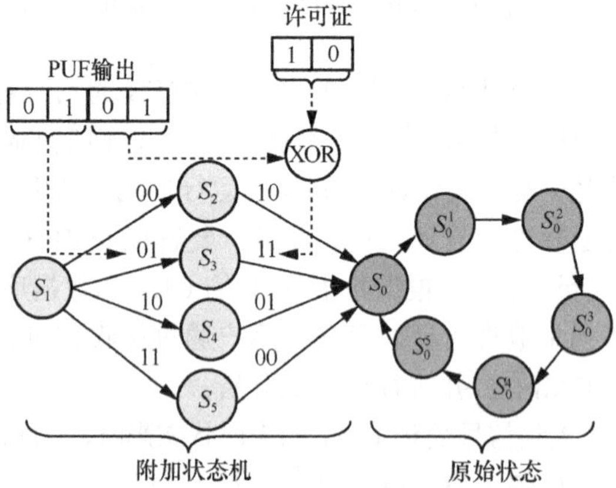

（b）解锁方式

图 7-13　DMFB 锁定和解锁方式

如图 7-14（a）所示，首先，选择两个液滴以相同的路径移动。其次，利用 CCD 相机比较两个液滴的体积，确定两个液滴的大小。最后，选择距离相同的一组其他的液滴重复此过程，直到产生足够的输出用于认证密钥。在这个过程中，路径为 PUF 输入，比较液滴体积的结果为 PUF 输出。

（2）分裂 PUF[8]

该方法采用了与路由 PUF 相似的思想，只是将路由液滴替换为分裂液滴。当液滴分裂成两个更小的液滴时，它们的体积会不同。换句话说，实验中对每个电极设置相同的电压，将一个液滴分裂成两个液滴的结果也可能会因为每个电极的不同而不同。由于每个电极的电压不同，电压越高的电极拉力越大，其分裂液滴的尺寸越大。因此，文献[8]选择按图 7-14（b）方式对一个液滴进行分裂操作的电极，然后利用 CCD 相机与路径 PUF 比较两个液滴的体积。最后选择另一个电极将液滴分离，并进行后续程序检查液滴大小。也就是说，PUF 输入的是电极的选择，PUF 输出的是液滴体积的结果。由于每个电极的电压是稳定的，因此用相同的电极分裂液滴的结果是相同的。

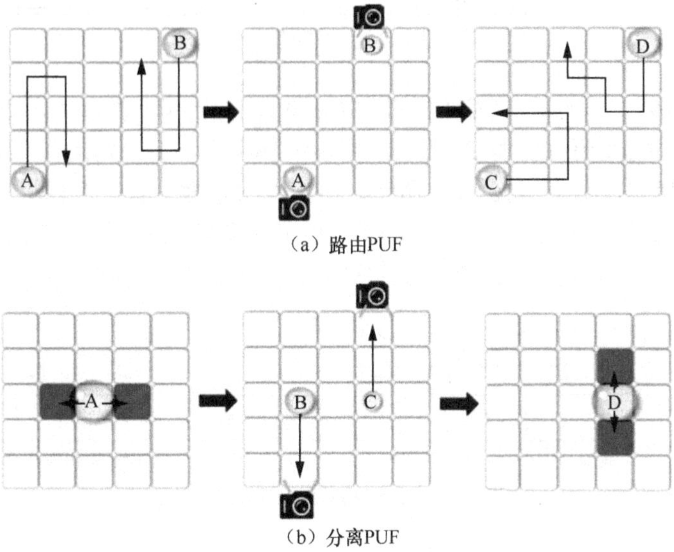

图 7-14　基于 DMFB 的 PUF 液滴

7.2.5　全面的安全系统

传统的方法是针对知识产权盗版或木马攻击提供防御机制。在实际操作中，DMFB 可能同时遭受这两种攻击的威胁。2018 年，Lin 等[9]提出了一个全面的安全系统，同时保护 DMFB 免受知识产权盗版和木马攻击。这种安全系统可以生成用于认证的密钥，并确定生物测定是否受到知识产权盗版和木马攻击。

文献[9]提出的安全系统设计流程如图 7-15 所示。安全系统设计流程修改了两种系统，一种是制造系统，另一种是用户系统。制造系统可以帮助设计人员设计 DMFB 布局，以保护 DMFB 的知识产权。通过这种布局，制造厂可以制造出锁定的 DMFB，并获得由制造系统生成的密钥。测试人员和用户可以向用户系统应用密钥来解锁 DMFB 并实现生物测定。用户系统将拒绝未经授权的使用，并检测木马攻击。

在制造系统中，根据指定的生物测定法，设计人员将确定每一对 CCD 相机的位置，并应用引脚映射以减少驱动 DMFB 的开销。此前有研究提出了引脚映射，使用具有共享控制引脚的 DMFB 可以限制液滴运动，从而更容易检测攻击。如果一个电极的驱动被篡改，那么由同一共享的控制引脚控制的其他电极也会受到影响。

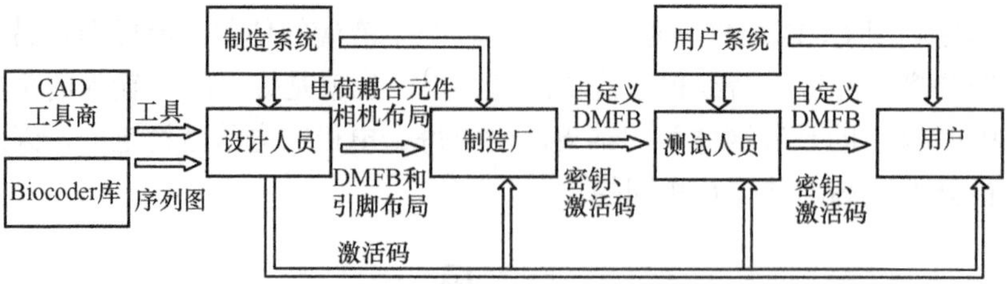

图 7-15 安全系统设计流程

如图 7-16（a）所示，CCD 相机为 C_A 和 C_B，一对液滴为 A 和 B。第一种状态为 A 和 B 分别处于 C_A 和 C_B 之下，且 A 的体积大于 B。如果 A 的体积小于 B，则为第二种状态，如图 7-16（b）所示。第三种状态为只有一个相机下有液滴，如图 7-16（c）所示。最后一种状态为两个相机下都没有液滴，如图 7-16（d）所示。在完成生物测定后，会用 CCD 相机记录好这几个状态，并将其转化为密钥。

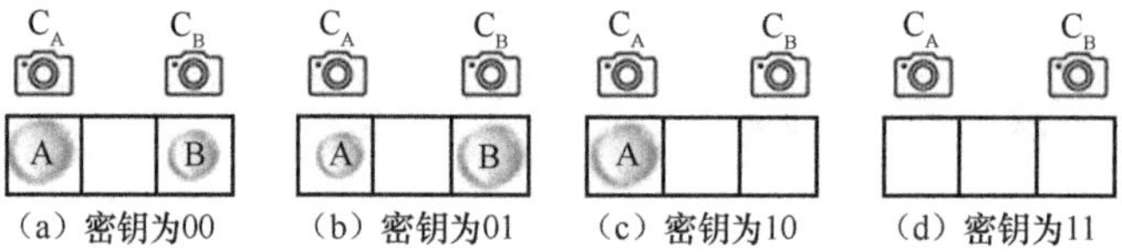

图 7-16 2 bit 密钥记录液滴状态

在介绍用户系统之前，首先分析了威胁模型中密钥的变化。在电极的内在制造过程中，相同操作的响应（密钥）可能在不同的 DMFB 上有所不同，这一特性可以被设计成防御机制。如图 7-17 所示，未经授权的用户会使用错误的密钥，木马攻击会对操作进行篡改。因此可以简单地通过比较密钥来检测这些攻击。然而，在实际操作中，电极也会自然降解，并在多次操作后产生不同的反应。因此，必须确定实验是受到木马攻击还是存在电极退化。

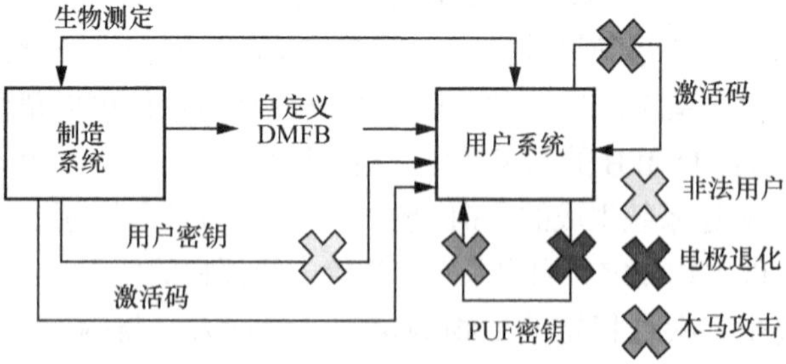

图 7-17 安全系统的安全评估

在用户系统中，将比较用户密钥（由用户给出）和 PUF 密钥（由用户系统生成）。因为在这个威胁模型中，当两个密钥不同时，系统并不知道哪个密钥是正确的，所以必须通过检查激活电极和致命错误决策来分析和确定是否发生攻击。下面列出了这两个分析步骤的细节。

（1）检查激活电极

DMFB 由共享的控制引脚激活，可以简单地检查每个控制引脚激活的次数，以检测篡改驱动序列的攻击。如果检测到的电极和标准的不一样，将终止整个实验并锁定 DMFB。然而，检查所有的控制引脚是不实际的，因此，Lin 等[9]提出了一种简单的方法来选择代表性的控制引脚。首先，构造一个邻接图 G。G 的顶点都是控制引脚，两个顶点之间的边表示两个控制引脚的对应电极相邻。由于该控制引脚的激活次数会发生显著的变化，因此可以将度较大的顶点视为用于检查的代表性控制针。换句话说，如果一个电极没有被激活，那么相邻的电极在下一个循环中可能不会被激活，这是因为液滴的运动是连续的。如图 7-18 所示，DMFB 被 6 个控制引脚激活，构建该 DMFB 的邻接图，如图 7-18（b）所示。然后应用寻找顶点覆盖的算法，使用贪婪策略选取次数最大的代表性顶点，直到所有的边被所选择的顶点覆盖。

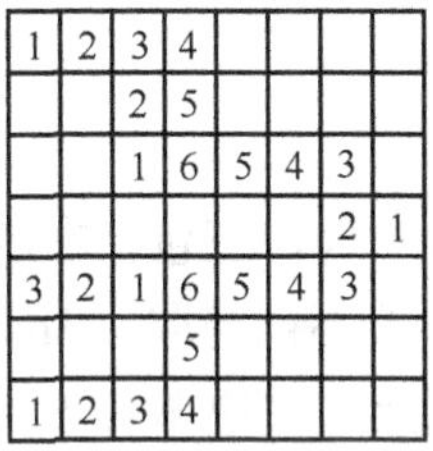

（a）带共享控制引脚的DMFB

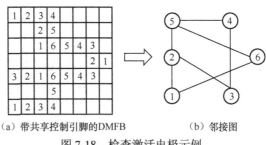

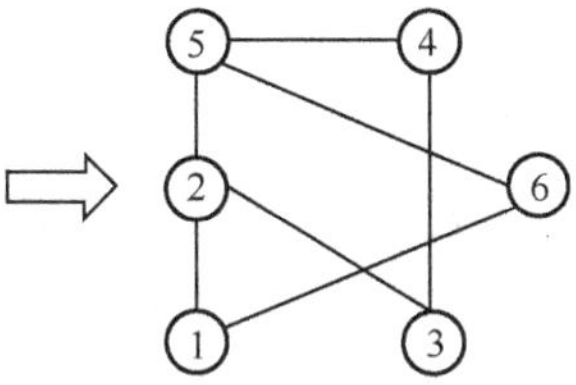

（b）邻接图

图 7-18　检查激活电极示例

（2）致命错误决策

这一步将分析用户密钥和 PUF 密钥之间的差异。如果发生致命错误（攻击），则需要终止实验并锁定 DMFB。相反，如果出现可忽略的误差（电极退化），则应该继续进行实验。如果 2 bit 密钥的差值是“10”或是“11”，则可以简单地判断实验是否受到了木马攻击，是因为实验的液滴路由错误，还是检测到其他恶意液滴。为了提高决策的准确性，该研究根据 CCD 相机监控的操作，制定了两种值为 00 或 11 的 2 bit 密钥，即传输密钥和混合密钥。

如图 7-19（a）所示，（C_A, C_D）和（C_B, C_E）生成的 2 bit 密钥为传输密钥，（C_F, C_G）生成的 2 bit 密钥为混合密钥。此外，两个传输密钥可以预测混合密钥，利用该特征可以区分错误，其中（C_A, C_D）和（C_B, C_E）的键都是 00。

通过这两个传输密钥，可以知道液滴 A 和液滴 B 分别大于液滴 D 和液滴 E。因此，可以预测混合液滴 F 大于混合液滴 G。此外，还可以预测传输密钥，在

图 7-19（b）中，（C_D, C_E）的密钥为 01，（C_A, C_B）的密钥为 00。这意味着传输后液滴 A 减少的体积超过液滴 B 减少的体积。如果（C_A, C_B）的键值为 01，同样传输后可以预测（C_D, C_E）的键值为 01，如图 7-19（c）所示。因为当前液滴 A 体积小于之前的液滴 A 体积。根据前面提到的两种 2 bit 密钥的特性，如果检测到可预测传输密钥或混合密钥之间的差异，则可以断言用户未经授权就使用了错误的用户密钥。

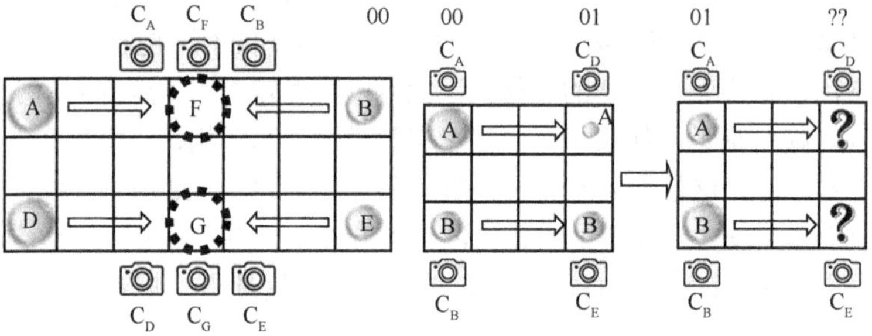

（a）密钥生成　（b）传输密钥预测1　（c）传输密钥预测2

图 7-19　密钥传输的预测

7.2.6　锁定生化协议

在 DMFB 中，版权保护不仅包括硬件布局，还包括在芯片上执行的生化测定。因此，DMFB 设计人员必须保护这些协议不被窃取。Bhattacharjee 等[10]通过随机插入虚拟的混合分割操作来锁定生化测定，并遵循若干设计规则。如果攻击者选择了不正确的混合分割来激活/停用，那么流体输出将被破坏。在标准的混合分割操作中，输入和输出电极是可互换的。在虚拟的混合分割中，需要将输入液滴转发到正确的输出端口，否则生物测定将不再是正确的。

锁定 DAG 的过程如下：Biocoder 创建生物测定，用键值为 0 的条件混合分割操作替换所有混合分割操作；然后随机插入虚拟的混合分割，使用键值 1 使其失效，正确的键值是保密的，锁定的 DAG 被送到制造厂合成驱动序列并合并到一个硬件平台。虚拟的混合和真正的混合是无法区分的，因此隐藏了生物测定的真正功能，防止了未经授权的使用。虚拟混合分割操作可以通过以下几种方式随机插入序列图中。

（1）增加额外的液滴

最简单的方法是在序列图中增加额外的液滴，如图 7-20（b）和图 7-20（c）所示，其中使用虚拟混合分割操作将额外的输入试剂添加为叶节点。Bhattacharjee 等[10]用单独的颜色突出显示了虚拟的混合分割节点，只有相关的边用特殊的符号区分。若出现如图 7-20（b）所示情况，测定时必须使用与虚拟混合分割操作中使用的输入试剂（R_1）不同的输入试剂（R_2 或 R_3）。若出现如图 7-20（c）所示情况，则可以使用任何输入试剂。如果使用错误的密钥来解锁制造的 DMFB，则可能会与输入试剂发生不良混合。

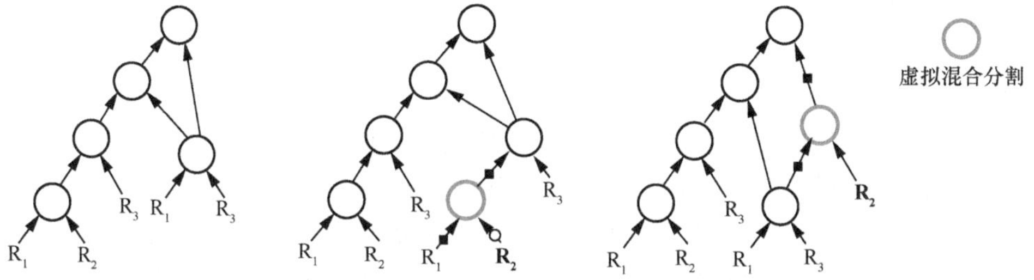

（a）输入的序列图　（b）插入带额外输入试剂的虚拟节点1　（c）插入带额外输入试剂的虚拟节点2

图 7-20　增加额外的液滴示例

（2）重用废液滴

序列图中可用的废液滴可以在虚拟混合分割操作中与其他中间液滴混合。但是，实验过程中不能选择任何液滴，因为有可能会在锁定序列图中创建一个循环。这是违反设计规则的，因为带周期的顺序图无法合成。对于每个废液滴，可以将序列图的子图关联到该子图的根节点上，并在该子图上生成废液滴。然后，将其表示为与废液滴相对应的“废物子图”。图 7-21（a）显示了废液滴 W_2 的废物子图。该研究使用来自子图的中间液滴（与废物子图不相交）参与虚拟混合节点。在图 7-21（b）中，废液滴 W_2 和中间液滴被用于虚拟混合分割操作中。除此之外，还可以在虚拟混合分割操作中将废液滴与中间液滴合并，该混合分割操作位于从关联的废物子图的根节点开始的正向路径与废液滴间。图 7-21（c）表示将废液滴 W_2 与中间液滴结合的虚拟混合分割操作之后的序列图。

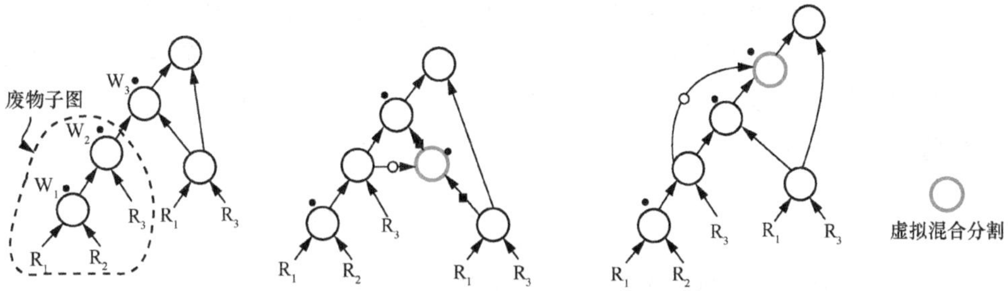

（a）废液滴W_2的废物子图　（b）对序列图进行虚拟混合分割操作　（c）虚拟混合分割操作后的序列图

图 7-21　重用废液滴示例

最后，在虚拟混合分割操作中合并来自输入序列图中两个不相交子图的两个液滴。如果使用了错误的密钥，则会在两个子图所代表的流体之间进行不良混合，从而破坏测定结果。采用图遍历技术来选择候选子图，从任意叶节点（即输入试剂）开始，然后向前遍历。如果找到两个不相交的子图，则可以在虚拟混合分割节点中使用它们；否则，将从序列图中的另一个叶节点开始遍历。

7.2.7 水印技术

在传统集成电路中，为保护知识产权核设计人员的合法权益，很多学者提出了保护知识产权核的水印技术。例如，文献[11]针对微流体技术开发了一种生物协议知识产权保护的水印技术，该技术首次在微流体领域中提出分层嵌入秘密签名，这种签名是专属于知识产权核所有者的。其提出的解决方案还考虑了特定参数的内在可变性，例如混合比例、传感器校准和混合时间。针对生物协议的样本准备步骤，文献[11]还提出了一种基于整数线性规划的水印方案。

水印技术是在参数值中嵌入一个秘密签名对生物协议参数嵌入水印，实验确定了参数的可接受范围。签名是通过散列一个有意义的消息来实现的，这需要一个单向散列函数，该函数可将任意长度的消息映射到固定长度的签名。

将合成工具输入的生物协议参数称为合成参数。另一方面，将输入控制路径的参数称为控制路径参数。此外，Shayan 等[11]将提出的技术应用于免疫测定生物协议。

（1）综合参数标注

通过在生物芯片上进行几次实验，得出了生物协议参数的可接受范围。基于签名，开发人员从实验得出的范围中选择参数值。令 $p^i \in [v_{\min}{}^i, v^i_{\max}]$表示第 i 个参数的值，该范围由 $v_{\min}{}^i$ 和 $v^i_{\max}$ 确定。假设参数分辨率为 c^i，则可能的离散实数值 N^i_{val} 的总数为

$$N^i_{\mathrm{val}} = \frac{v^i_{\max} - v_{\min}{}^i}{c^i} \tag{7-11}$$

该参数的所有可能值都可以由长度为“$\log_2(N^i_{\mathrm{val}})$”的二进制字符串编码。令 w^i 为秘密的 l bit 二进制签名，其中 $l \geqslant \log_2(N^i{}_{\mathrm{val}})$。上限函数用于确保将每个可能的参数值映射到至少一个二进制表示形式。在 w^i 中，开发人员通过式（7-12）在参数值中嵌入水印

$$p^i = v_{\min}{}^i + \left(\frac{\mathrm{int}(\omega^i)}{2^l}\left(v^i_{\max} - v_{\min}{}^i\right)\right) \tag{7-12}$$

其中，函数 $\mathrm{int}(w^i)$将二进制签名 w^i 转换为其无符号整数形式。由式（7-12）计算的参数值 p^i 可能超过分辨率极限，为解决此问题，将参数值校正为具有正确分辨率的最接近值，如式（7-13）所示。

$$\tilde{p}^i = \lim_{x\to\infty}\left\lceil \frac{p^i}{c^i} \right\rceil c^i \tag{7-13}$$

其中，$\lceil\ \rceil$表示向上整取。

（2）控制路径参数标注

控制路径设计提供了一种有效的监控和纠正机制，以克服生物芯片上生物协议实施过程中的固有可变性，实现在全局和局部级别对控制路径设计参数嵌入水印。生物协议的全局控制流可以建模为 FSM。全局控制流根据输出端的传感器数据确定生物协议的进程及各种子协议。假设用$[v_{min}{}^i, v^i_{max}]$表示传感器数据的可接受范围，其中 $v_{min}{}^i$和 v^i_{max} 分别是传感器数据的最小和最大可接受值。该算法定义一个布尔量，称为质量保证（QA），如式（7-14）所示。

$$QA_i=\begin{cases}\text{good}, v^i_{min}\leqslant s^i\leqslant v^i_{max}\\ \text{bad}, \text{其他}\end{cases} \tag{7-14}$$

如果传感器读数在指定范围内，即 QA_i=good，则生物协议进入下一个子协议；否则，QA_i=bad，重复相关步骤。研究人员将水印嵌入可以通过实验确定的传感器值的可接受范围内。如果传感器数据分辨率为 c^i，则可接受的传感器值的总数为 $N^i_{val}=(v^i_{max}-v_{min}{}^i)/c^i$。所有可能的有效传感器值都可以由长度为“$\log_2(N^i_{val})$”的二进制字符串编码。设计人员生成两个 w bit 二进制字符串（$|w|\leqslant\log_2(N^i_{val})-0.5$），其中 w 分别为 w^i_{max} 和 w^i_{min}。下限函数用于确保可以使用 w^i_{max} 和 w^i_{min} 的每个编码不超过有效范围的一半。研究人员可以通过修改传感器值$[v^i_{min},v^i_{max}]$的可接受范围来嵌入水印，如式（7-15）和式（7-16）所示。

$$\tilde{v}^i_{max}=v^i_{max}-\left(\text{int}(\omega^i_{max})c^i\right) \tag{7-15}$$

$$\tilde{v}^i_{min}=v^i_{min}+\left(\text{int}(\omega^i_{min})c^i\right) \tag{7-16}$$

其中，$\text{int}(w^{i*}{}_{max})$表示将二进制签名 w^{i*}转换为其无符号整数形式。注意，在嵌入水印之后，传感器值的可接受范围变为$\left[\tilde{v}^i_{min},\tilde{v}^i_{max}\right]$，输出质量评估也将相应更新。

7.2.8　MEDA 的保护技术

作为液滴型生物芯片的最新一代产品，MEDA 生物芯片使用了当前最先进的制造工艺技术，拥有海量的微电极，能够实现液滴的对角移动、任意比例分离、位置实时监控等功能。本节介绍两种基于 MEDA 生物芯片的知识产权保护技术。

Dong 等[12]提出了一种基于加密混合–分离操作的 MEDA 生物芯片知识产权保护方案 MEDASec。MEDASec 方案应用了一种技术——RatioMaker，该技术基于逻辑加密技术对生化协议中的混合–分离操作进行加密，即使用一个密钥位控制当前混合–分离操作的分离比例。设计人员通过巧妙地加密生化协议中的混合–分离操作，能够在不安全的设计和制造流程中实现对知识产权的保护。RatioMaker

的工作流程如图 7-22 所示。当进行混合–分离操作时，在微电极的驱动下，两个液滴向中间靠拢并混合。当液滴混合后，根据输入密钥进行不同的操作。当密钥正确时，混合后的液滴按照 $m{:}n$ 的比例分离；当密钥不正确时，混合后的液滴按照 $n{:}m$ 的比例分离。原生化协议中预设的分离比例是 $m{:}n$，错误的密钥将导致错误的分离比例，影响后续生化协议的正确运行。

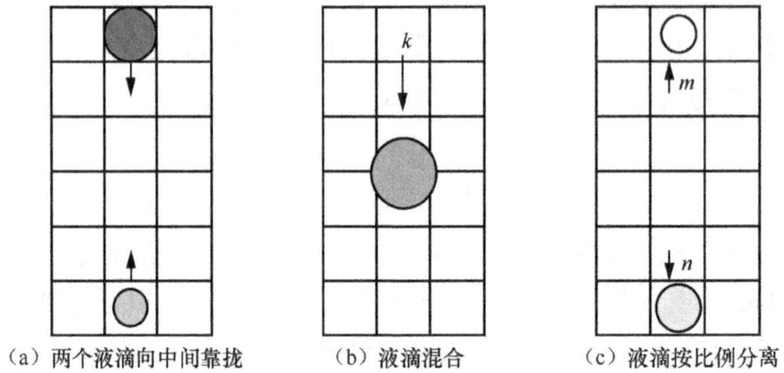

图 7-22　RatioMaker 的工作流程

刘灵清等[13]提出了一种基于废液滴重用的 MEDA 生物芯片知识产权保护方案 MEDAguard。MEDAguard 方案应用了一种技术——废液滴重用技术，该技术将生化反应中的某一液滴以及废液滴作为输入来构建逻辑加密模块，示意如图 7-23 所示。其中，液滴 I 为生化反应中的某一液滴，液滴 W 为生化反应中的废液滴。当液滴 W 和 I 进入模块时，分别向模块中间靠拢，模块根据密钥是否正确执行不同的操作。当密钥正确时，模块不对两个液滴进行任何操作而直接输出；当密钥错误时，两个液滴会分别调整至对方的大小，如图 7-23（b）所示，如果此时液滴 I 的体积大于 W 的体积，I 将分离出其中的一部分并与 W 混合，然后将 W 和 I 输出到进入模块前对方的位置。

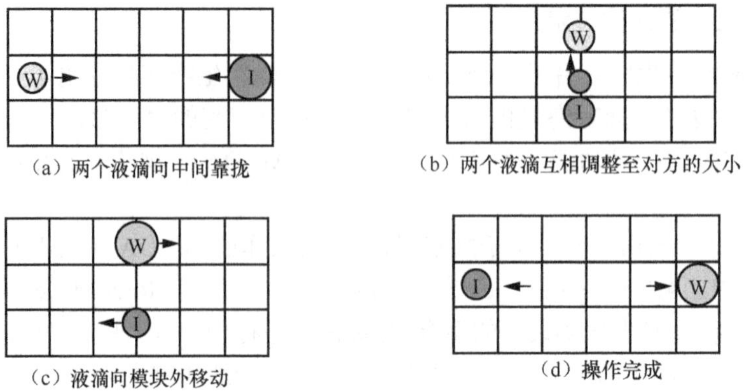

图 7-23　废液重用技术示意

MEDASec 方案和 MEDAguard 方案都是在原生化协议中加入逻辑加密模块，两个方案都能够实现对知识产权即生化协议的保护。本节设计了两个实验来测试两个方案对知识产权的保护力度。实验结果分别如表 7-1 和表 7-2 所示。

表 7-1　MEDASec 方案防御暴力攻击的仿真实验结果

生化协议	逻辑加密模块数量	$GE_i=\frac{1}{100}$	$GE_i=\frac{1}{500}$	$GE_i=\frac{1}{1000}$
$Bioassay_1$	7	99.2%	98.9%	98.9%
$Bioassay_2$	11	99.7%	99.8%	99.9%
$Bioassay_3$	19	100.0%	100.0%	100.0%
$Bioassay_4$	28	99.9%	100.0%	100.0%
$Bioassay_5$	49	100.0%	100.0%	100.0%

表 7-2　MEDAguard 方案防御暴力攻击的仿真实验结果

生化协议	逻辑加密模块数量	$GE_i=\frac{1}{20}$	$GE_i=\frac{1}{50}$	$GE_i=\frac{1}{100}$	$GE_i=\frac{1}{500}$
$Bioassay_6$	7	99.0%	98.2%	99.5%	100.0%
$Bioassay_7$	10	99.0%	100.0%	99.8%	100.0%

表 7-1 和表 7-2 中的百分数表示两个知识产权保护方案防御暴力攻击的成功率。由表 7-1 和表 7-2 中数据可知，随着 GE_i 值（值越小测量精度越高，对试剂浓度变化越敏感）的减小和逻辑加密模块数量的增加，MEDASec 方案和 MEDAguard 方案防御暴力攻击的成功率总体呈上升趋势。两个方案防御暴力攻击的成功率都在 98.2%之上，这表明其能够有效地防御暴力攻击。

7.3　未来研究的趋势与挑战

7.1 节和 7.2 节介绍了针对 DMFB 的前沿检测技术和防御措施，然而这些方法仍然存在各种限制或者缺点，因此出现了一些需要解决的潜在问题[14]。

① 现有方法中检测点仍然是随机产生的，无法提前将传感器插入芯片中，因此 7.1 节介绍的检测技术在检测时增加了额外的开销。而且，如果统计检测点的位置被泄露，那么攻击者可以很容易地避开检测。因此，开发更先进、传感器覆盖范围更广的芯片架构是必不可少的，从而增加检测点选择的灵活性。

② 实施 7.2 节介绍的针对知识产权保护的伪装技术，设计人员需通过向集成电路插入元器件进行伪装，才能够有效防止基于映射的门级电路被逆向工程破解。然而，对于芯片设计人员而言，为了伪装而插入元器件，在密钥保护方面是一项非常耗时的工作。如果虚拟元器件没有被放置在适当的位置，那么攻击者仍然可

以获得原始的芯片布局。因此，需要开发有效的 CAD 工具，例如基于机器学习的伪装自动放置。

③ 7.2 节介绍的微流体加密技术基于每个生物芯片具有唯一密钥的假设，因此需要探索高效和有效的密钥管理技术，作为 DMFB 市场快速扩展的一项安全保障。

④ 7.2 介绍的水印技术只能用于证明生物检测的归属，因此仍需领域研究人员制定新的知识产权保护策略。

除了上述问题，本节将进一步介绍 DMFB 未来研究的一些重要趋势和安全挑战。当下，安全性和可信度是影响 DMFB 广泛应用的决定性因素，领域研究人员若能在这些新方向取得突破，将进一步扩大 DMFB 的应用范围。

7.3.1 新材料

在过去的 10 年中，随着制造技术和材料科学的快速发展，Qin 等[15]提出了利用纸张制造 DMFB 的想法，即所谓的纸基数字微流控生物芯片（P-DMFB）。纸张直接作为生物芯片的基板材料，在实现“纸上实验室”范式的同时，可以大大降低相应的制造成本。与传统的 DMFB 类似，P-DMFB 由导电丝、控制引脚、二维电极阵列等组成，不同之处在于 P-DMFB 的电极和控制线通过喷墨打印机和碳纳米管导电墨水打印至纸上，如图 7-24 所示，并且基于电润湿技术[16]对芯片上的液滴进行操作。

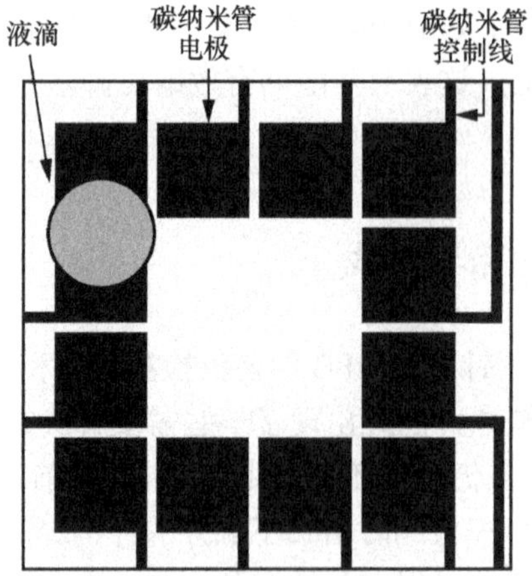

图 7-24 P-DMFB 结构

与传统的 DMFB 相比，P-DMFB 虽然具有可就地制造且制造成本低、流程简单、设计个性化等优点[17]，但更容易受到各种安全威胁，例如电场干扰、表面污染等。这主要是因为导线产生的电场会使试剂偏离初始路径。由于没有顶板，P-DMFB 的表面很容易被侵入芯片的恶意液滴污染。也就是说，在 P-DMFB 上，改变浓度的攻击更容易实现。此外，硬件木马、IP 盗版、生产过剩等其他攻击行为也对 P-DMFB 的广泛应用构成威胁。P-DMFB 的工作原理和架构与传统的 DMFB 有很大不同，例如，P-DMFB 的图案化电极是由计算机设计，然后通过喷墨打印机打印到纸上的，因此没有顶板，液滴在电介质和油膜上移动。所以，传统的 DMFB 中的现有安全方法不能直接应用于 P-DMFB 的安全防护上。

7.3.2 新架构

为了进一步提高 DMFB 的性能，Shayan 等[18]提出了一种新型数字生物芯片架构，即本书 5.1.2 节介绍的 MEDA。与传统的 DMFB 相比，MEDA 使用微电极驱动液滴运动，在克服传统的 DMFB 诸多局限性和提供更大自由度的同时，能更精确、更灵活地控制液滴的大小和形状。芯片上的每个网格单元都由一个微电极、一个控制电路和一个传感模块组成。由于在执行生物测定期间允许液滴占据多个电极，MEDA 生物芯片能够通过细粒度操作（例如对角线移动和等分操作）来操纵流体样品。更重要的是，由于传感装置已集成到微电极中，因此可以实时检测液滴的状态和行为，从而实现具有错误恢复的动态执行过程。

尽管 MEDA 生物芯片能提供具有上述几个优点的生物测定执行，但同时该芯片架构引入了新的安全威胁。例如，MEDA 支持通过细粒度操作将液滴进一步拆分成更小的微液滴，攻击者可能会利用此功能发动交叉污染攻击，即“微液滴攻击”，从而导致检测结果有误甚至执行失败。同时，由于微液滴的移动速度比相同密度的大液滴的移动速度快，攻击者可以利用不同速度之间的时间差计算出“影子时间”，从而发动 “影子攻击”[19]。 因此，制定防御对策以防 MEDA 生物芯片受到攻击，对促进此类芯片的广泛应用具有重要意义。

7.3.3 新环境

许多生物测定涉及固有可变性，从而导致这些生物测定的执行过程中存在不确定性。例如，一些生化操作的持续时间由执行过程中的液滴状态决定，而不是由给定的常数决定。为了应对这些不确定性，Ibrahim 等[20]提出了将检测器和传感器等物理设备集成到芯片上的信息物理数字微流控生物芯片（CP-DMFB）。有了这种片上传感系统，用户可以根据物理监测反馈的信息实现对液滴的实时控制和操纵，从而实现动态分析合成和自动错误恢复[21]。此外，CP-DMFB 允许用户通过网络与外部设备通信。根据芯片发送的数据，外部控制器将调度适当的操作/信号，从而确保 CP-DMFB 的机密性、完整性和可用性。而且 DMFB 可以集成在移动设备中，通过这种方式，微流体平台可以灵活地应用于更多使用无线网络的场景。例如，移动 DMFB 可用于远程诊断，这为医疗保健的全球化推广打开了大门。

然而，CP-DMFB 和移动 DMFB 均面临着安全威胁，主要是因为它们的控制器是由单板计算机或联网微控制器实现的[22]。换句话说，大部分与网络相关的攻击都可以在上述两类设备上发起，比如信息泄露、黑客攻击、计算机病毒等。下面列出了几个典型的安全问题。

① 木马植入。攻击者可以利用网络将木马代码插入生物芯片的控制器中。这些木马可用于破坏控制系统、窃取检测模式、篡改检测结果等[23]。因此，有必要为信息过滤器开发一个完整的保护机制，确保这些芯片的安全性[24]。同时，由于在 CP-DMFB 和移动 DMFB 中的木马植入通常与生物测定的协议和电极的布局相关联，因此不能直接应用常规的硬件安全方法。

② 密钥窃取。密钥加密机制[25]是 DMFB 中典型的知识产权保护方法之一，通常用于控制器和芯片之间的数据传输，具有高度机密性。然而，当密钥通过无线网络发送时，可能被攻击者窃取甚至篡改。因此，应该用有效和安全的方式处理密钥管理和存储。由于移动 DMFB 中使用的密钥是根据需要执行的生化操作生成的，因此相应的密钥管理策略应同时考虑生物测定和 DMFB 平台。

③ 信息泄露。除了控制器与芯片之间传递的控制模式外，攻击者可以在数据转换过程中窃取用户隐私等其他信息。此外，攻击者甚至可以从废弃芯片中提取生物测定方案等机密信息。Tang 等[22]提出利用自擦除和自毁技术来避免信息泄露。然而，CP-DMFB 的自擦除和自毁技术还处于起步阶段，仍有大量工作有待探索。此外，与集成电路中需要保护的二进制数据信息不同，CP-DMFB 中的信息保护包括残留试剂、检测方案等几个方面。

无论是新材料、新架构还是新应用场景，都为生物芯片的领域研究开辟了前景，同时也带来了新的挑战。这需要领域研究人员不断努力，解决新的安全挑战，使生物芯片安全性更好、效率更高以及应用范围更广。

参考文献

[1] CARRARA S, INIEWSKI K. Handbook of bioelectronics[M]. Cambridge: Cambridge University Press, 2015.

[2] HU K, YU F Q, HO T Y, et al. Testing of flow-based microfluidic biochips: fault modeling, test generation, and experimental demonstration[J]. IEEE Transactions on Computer-Aided Design of Integrated Circuits and Systems, 2014, 33(10): 1463-1475.

[3] ZHONG Z W, CHAKRABARTY K. Fault recovery in micro-electrode-dot-array digital microfluidic biochips using an IJTAG network behaviors[C]//Proceedings of IEEE International Test Conference. Piscataway: IEEE Press, 2019: 1-10.

[4] TANG J, IBRAHIM M, CHAKRABARTY K, et al. Secure randomized checkpointing for digital microfluidic biochips[J]. IEEE Transactions on Computer-Aided Design of Integrated Circuits and Systems, 2018, 37(6): 1119-1132.

[5] LIU C F, LI B, BHATTACHARYA B B, et al. Testing microfluidic fully programmable valve arrays (FPVAs)[C]//Proceedings of Design, Automation & Test in Europe Conference & Exhibition (DATE). Piscataway: IEEE Press, 2017: 1-6.

[6] HU K, HO T Y, CHAKRABARTY K. Test generation and design-for-testability for flow-based mVLSI microfluidic biochips[C]//Proceedings of IEEE 32nd VLSI Test Symposium. Piscataway: IEEE Press, 2014: 1-6.

[7] ZHONG Z W, LI Z P, CHAKRABARTY K. Adaptive error recovery in MEDA biochips based on droplet-aliquot operations and predictive analysis[C]//Proceedings of IEEE/ACM International Conference on Computer-Aided Design (ICCAD). Piscataway: IEEE Press, 2017: 615-622.

[8] HSIEH C W, LIN C Y, LI Z, et al. IP protection for digital microfluidic biochips[C]//The 28th VLSI Design/CAD Symposium (VLSI-CAD). New York: ACM Press, 2017: 1-4.

[9] LIN C Y, HUANG J D, YAO H L, et al. A comprehensive security system for digital microfluidic biochips[C]//Proceedings of IEEE International Test Conference in Asia. Piscataway: IEEE Press, 2018: 151-156.

[10] BHATTACHARJEE S, TANG J, IBRAHIM M, et al. Locking of biochemical assays for digital microfluidic biochips[C]//Proceedings of IEEE 23rd European Test Symposium. Piscataway: IEEE Press, 2018: 1-6.

[11] SHAYAN M, BHATTACHARJEE S, TANG J, et al. Bio-protocol watermarking on digital microfluidic biochips[J]. IEEE Transactions on Information Forensics and Security, 2019, 14(11): 2901-2915.

[12] DONG C, LIU L Q, LIU X M, et al. MEDASec: logic encryption scheme for micro-electrode-dot-array biochips IP protection[C]//Proceedings of Great Lakes Symposium on VLSI. New York: ACM Press, 2021: 277-282.

[13] 刘灵清, 董晨, 刘西蒙, 等. MEDAguard：基于逻辑加密的微电极点阵生物芯片知识产权保护方案[J]. 电子学报, 2022, 50(2): 440-445.

[14] GUO W Z, LIAN S H, DONG C, et al. A survey on security of digital microfluidic biochips: technology, attack, and defense[J]. ACM Transactions on Design Automation of Electronic Systems, 2022, 27(4): 1-33.

[15] QIN W, LI Z Y, CHEONG H, et al. Control-fluidic codesign for paper-based digital microfluidic biochips[C]//Proceedings of IEEE/ACM International Conference on Computer-Aided Design (ICCAD). Piscataway: IEEE Press, 2016: 1-8.

[16] LI J D, WANG S J, LI K S M, et al. Digital rights management for paper-based microfluidic biochips[C]//Proceedings of IEEE 27th Asian Test Symposium. Piscataway: IEEE Press, 2018: 179-184.

[17] LI J D, WANG S J, LI K S M, et al. Design-for-testability for paper-based digital microfluidic biochips[C]//Proceedings of 2017 IEEE International Symposium on Defect and Fault Tolerance in VLSI and Nanotechnology Systems. Piscataway: IEEE Press, 2017: 1.

[18] SHAYAN M, LIANG T C, BHATTACHARJEE S, et al. Toward secure checkpointing for micro-electrode-dot-array biochips[J]. IEEE Transactions on Computer-Aided Design of

Integrated Circuits and Systems, 2020, 39(12): 4908-4920.

[19] SHAYAN M, BHATTACHARJEE S, LIANG T C, et al. Shadow attacks on MEDA biochips[C]//Proceedings of 2018 IEEE/ACM International Conference on Computer-Aided Design (ICCAD). Piscataway: IEEE Press, 2018: 1-8.

[20] IBRAHIM M, CHAKRABARTY K. Cyber-physical digital-microfluidic biochips: bridging the gap between microfluidics and microbiology[J]. Proceedings of the IEEE, 2018, 106(9): 1717-1743.

[21] LU G R, HUANG G M, BANERJEE A, et al. On reliability hardening in cyber-physical digital-microfluidic biochips[C]//Proceedings of 22nd Asia and South Pacific Design Automation Conference (ASP-DAC). Piscataway: IEEE Press, 2017: 518-523.

[22] TANG J, IBRAHIM M, CHAKRABARTY K, et al. Toward secure and trustworthy cyberphysical microfluidic biochips[J]. IEEE Transactions on Computer-Aided Design of Integrated Circuits and Systems, 2019, 38(4): 589-603.

[23] DONG C, HE G R, LIU X M, et al. A multi-layer hardware trojan protection framework for IoT chips[J]. IEEE Access, 2019, 7: 23628-23639.

[24] CHAKRABORTY S, DAS C, CHAKRABORTY S. Securing module-less synthesis on cyberphysical digital microfluidic biochips from malicious intrusions[C]//Proceedings of 31st International Conference on VLSI Design and 17th International Conference on Embedded Systems (VLSID). Piscataway: IEEE Press, 2018: 467-468.

[25] HSIEH C W, LI Z P, HO T Y. Piracy prevention of digital microfluidic biochips[C]//Proceedings of 22nd Asia and South Pacific Design Automation Conference (ASP-DAC). Piscataway: IEEE Press, 2017: 512-517.

第 8 章 生物芯片可靠性问题

8.1 设计与制造缺陷

设计缺陷是指芯片的设计不合理，例如芯片结构、配方等。制造缺陷是指芯片在制造过程中存在不合理的地方，例如质量管理不善、技术水平差等。接下来本节将介绍 DMFB 的典型缺陷、CMFB 的典型缺陷、MEDA 的典型缺陷以及 FPVA 的典型缺陷。

8.1.1 DMFB 的典型缺陷

如果生物芯片设备的操作与指定的行为不匹配，则称其出现故障。为了使用电学方法检测缺陷，Hu 等[1]描述了在某种抽象水平上有效表示物理缺陷影响的故障模型。这些模型可用于捕捉产生不正确行为的物理缺陷。故障可能是由制造缺陷引起的，也可能是由使用过程中的退化引起的。缺陷产生的可能原因如下[2]。

① 电介质击穿：电介质在高电压水平的击穿下会使液滴和电极之间发生短路。当这种情况发生时，液滴经历电解，阻止运输。

② 相邻电极之间短路：如果两个相邻电极之间发生短路，那么两个电极可有效地形成一个较长的电极。当液滴停留在该电极上时，它不再大到足以覆盖相邻电极之间的间隙。产生的结果是液滴的移动不再能够实现。

③ 绝缘体退化：这种退化效应是不可预测的，可能在运行过程中逐渐变得明显。退化通常是在长时间的激励下，由电极附近的不可逆电荷集中引起的。结果经常是液滴破碎，并且由于其流动路径表面的张力不变化，其移动被阻止。

④ 电极和控制源之间的金属连接中的开口：该缺陷导致在激活电极用于运输时失败。

缺陷和不正确操作的其他原因包括以下两点。

① 几何参数偏差：绝缘体厚度、电极长度和平行板之间高度的偏差可能超过其公差值。

② 液滴和填充介质黏度的变化：由意外的生化反应或操作环境的变化引起，如温度变化，这些可能在操作过程中发生。

8.1.2 CMFB 的典型缺陷

基于流的微流体生物芯片中的缺陷可归因于制造步骤和环境，例如模具中的缺陷、污染物、聚二甲基硅氧烷凝胶中的气泡以及硬烘焙中的失败。此外，随着特征尺寸的缩小，微通道的尺寸和间距也在减小，以实现更高程度的微流体集成，密度变大增加了缺陷的可能性。下面介绍一些常见的缺陷[1-2]。

① 堵塞：微通道可能断开、堵塞，甚至在某些情况下缺失。潜在的原因是环境颗粒或不完美的硅片模具。

② 泄漏：模具上的一些瑕疵点可以连接独立的微通道，一个通道中的流体会渗透到另一个通道中，由此产生的交叉污染可能是灾难性的。随着通道长度的增加，泄漏通道的概率增加。如果平行通道之间的距离减小，则该值较高；对于不平行通道，该值较低。当高压注入通道时，这些瑕疵点可能会完全泄漏。

③ 错位：控制层和流动层错位。结果是薄膜阀要么不能关闭，要么不能形成。相应的故障行为类似于控制信道中的块。

④ 泵故障：有缺陷的泵在启动时不能产生压力。这里的错误行为类似于块的错误行为，它中断了压力的传递。

⑤ 阀门退化：在大量操作后，阀门的膜可能会失去弹性，甚至穿孔。这种缺陷的后果是阀门不能密封流动通道。

⑥ 尺寸误差：与设计尺寸相比，制造的微通道可能太窄，高宽比不匹配可能导致阀门无法关闭。因此，在阀门下方的流动通道中的流体不能停止流动。以图 8-1 为例，来理解一下这些缺陷。

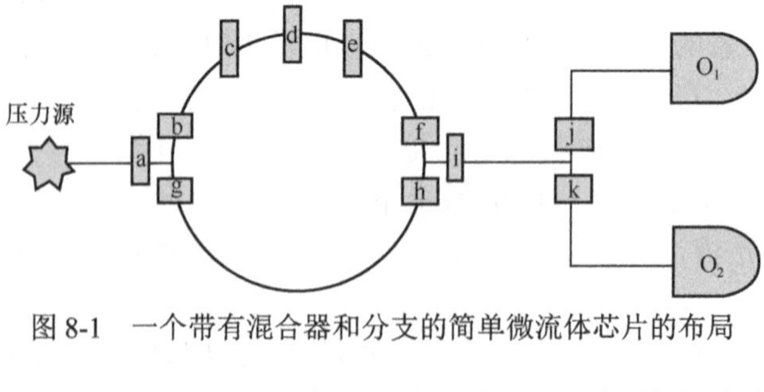

图 8-1　一个带有混合器和分支的简单微流体芯片的布局

① 流道堵塞：阀门 g 和 h（混合器的底部半圆）之间的流道堵塞缺陷导致阀门 g 无法停用。阀门及与其相连的通道被认为是一个单一的实体。

② 控制通道堵塞：如果控制通道中存在堵塞缺陷，加压空气不能到达柔性膜以密封流动通道。在这种情况下，阀门 g 不能被激活。

③ 流动通道中的泄漏：类似于集成电路中的桥接（短路）故障，如果流动通道 g—h 和 b—c 之间发生泄漏，则通道 g—h 中的流体渗入通道 b—c。

④ 控制通道中的泄漏：如果 c 和 h 的控制通道之间发生泄漏，则两个短路的阀门有效地形成一个阀门。当任一阀门被激活时，阀门 c 和 h 都被激活。

堵塞、泄漏、错位、泵故障和阀门退化可归类为静态缺陷。静态缺陷的后果可以描述为堵塞或泄漏。除了静态缺陷之外，某些缺陷在某些情况下可能会导致故障，即动态缺陷。动态缺陷可以被视为软缺陷，它不是完全切断流动，而是增加流动阻力，从而减缓微通道中的压力传播。一些典型的动态缺陷是部分堵塞、通道表面粗糙、通道尺寸错误等。

8.1.3　MEDA 的典型缺陷

MEDA 生物芯片中有两种典型的缺陷类型，即微电极细胞内缺陷（如微电极细胞中的晶体管粘在一起）和微电极细胞间缺陷（如两个微电极之间的硬短路和电阻短路）。

随着 MEDA 生物芯片中特征尺寸的缩小，微电极的尺寸和微电极之间的距离也在减小，以实现更高水平的集成。密度的变大增加了缺陷的可能性。下面列出了一些典型缺陷和相应的故障模型[3]。

① 疏水层中的缺陷：疏水层用于增加传输液滴的电润湿力。这一层可能会被化学反应和物理划痕损坏。当电极被驱动时，受损的疏水层不能提供足够的电润湿力。

② 晶体管故障：控制和传感电路中的晶体管故障会导致不正确的液滴驱动、维护和传感。

③ 介质击穿：施加在电极上的高电压会导致电介质击穿，从而使液滴直接暴露在高电压下，并导致液滴电解。

④ 微电极短路：两个相邻电极之间的短路导致“更大”的宏观电极，并且这两个电极不能独立控制。此外，一旦液滴停留在这个宏观电极上，它就可能沿着液滴传输路径产生界面表面张力。

除了这些典型的缺陷，还必须解决流体操作中的故障。这里介绍一些典型的故障模型。

① 分配失败：由分配电极上不可逆的电荷集中引起。如果发生分配失败，则无法从储液器中分配液滴。这种失效可以被模拟为黏着分配，即液滴被分配但没有完全从容器中切断。

② 运输故障：液滴运输故障可能由 4 个典型缺陷和相应的故障模型引起，分

别是疏水层中的缺陷、晶体管故障、介质击穿及微电极短路。当微电极被激励时，这些缺陷导致电润湿力不足。因此，运输故障可以模拟为电极卡住。

③ 混合失败：在 MEDA 生物芯片上，两个液滴在一个位置合并，要么移动，要么重复分裂和合并，以加速混合过程。混合失败通常是由液滴驱动失败引起的。因此，电极脱落可以用来模拟混合失败。

④ 分裂失败：电荷可能被捕获在微电极内，这可能导致不相等的驱动电压，最终导致分裂失败。分裂失败的可观察误差是从分裂操作获得的液滴的不平衡体积。电润湿力梯度可用于模拟分裂失败。

8.1.4 FPVA 的典型缺陷

在制造 FPVA 的过程中，可能会出现很多的缺陷和故障。基于这些缺陷如何影响阀门或通道的行为[4]，部件层面的故障可定义如下。

① 流动通道中断：流体不能通过通道。这相当于通道入口处的阀门不能打开的故障。

② 控制通道中断：气压无法到达阀门。

③ 流动通道泄漏：通道中的流体泄漏到邻近的通道。在 FPVA 测试中，这个故障类似于阀门不能关闭的故障，因为两个通道之间总是有一个阀门。

④ 控制通道泄漏：由于控制层压力共享，两个阀门同时关闭。

以上部件层面的故障可以归结为缺陷一般出现在通道中断和通道泄漏中，所以缺陷检测和错误恢复可以从这几个典型缺陷方面来进行。

8.2 故障恢复

故障恢复是指生物芯片检测到故障后对故障进行隔离，并选择另一设备或方法使芯片回到发生故障前的任务点，继续正常工作所采用的策略、方法和技术。本节将介绍 DMFB 的故障恢复、CMFB 的故障恢复、MEDA 的故障恢复以及 FPVA 的故障恢复。

8.2.1 DMFB 的故障恢复

DMFB 的故障恢复有很多种方式，本节主要介绍下面的这 3 种。

① 选择将所有检查点的恢复序列存储在内存中[2]。如果需要，则立即加载序列。控制器不会中断任何其他正在进行的生物测定相关的流体操作。但是，这种选择方法需要很大的内存，在一些设置中是不可用的。

② 选择实现回滚恢复，重新执行协议序列的一部分，而不是预先存储所有恢

复序列[2]。这种回滚方法可以通过赋予控制器动态再合成的能力来开发，只要检测到错误，控制器就会产生新的资源绑定、模块放置和液滴路由。然而，重新合成的操作非常耗时，因为合成工具链中的每个组件都需要被调用。

③ 不进行再合成，而是利用可用芯片面积的回滚方法，前提是要有足够多的复制液滴，可以根据需要灵活运输和使用。采用这一原则，将检查点重新定义为一个监控位置和一个副本液滴存储位置[2]。因此，如果在检查点检测到错误，回滚过程将沿着协议序列中的路径从紧邻的上游检查点重新执行所有流体操作。重新执行程序将受益于存储在该上游检查点的复制液滴。

8.2.2　CMFB 的故障恢复

基于流的微流控生物芯片是一种新兴的生化过程自动化技术。这些装置允许通过微通道和数千个集成微型阀来处理小体积的流体，一般为纳升规模。为了增加产量和提供更多功能，目前集成微型阀的典型尺寸比 10 年前缩小了 1/9[1]。集成水平的提高和阀门密度的增加导致这些器件的缺陷率较高。尽管芯片本身并不昂贵，但有缺陷的生物芯片产生的不正确的实验结果可能会造成错误的临床诊断，这是不可接受的，必须加以防止。但迄今为止，还没有研究人员提出自动化的解决方案，显微镜下的目视检查是唯一可用的方法。此外，缺陷的尺寸足够小，即使是熟练的观察者也无法以高分辨率扫描整个芯片来识别所有的缺陷。

基于流的微流控生物芯片测试[1]包括将微通道和微型阀中的物理缺陷行为抽象为固定和桥接故障。流路径和流控制被建模为由布尔门组成的逻辑电路，这样就能够使用典型的自动测试模式生成工具来生成测试。研究人员提出了一种基于流的微流控生物芯片的缺陷诊断方法。该方法旨在识别缺陷类型和缺陷位置，可以显著地减少缺陷可能位置的集合，在许多情况下，通过综合征分析和命中集合分析来准确地识别缺陷，并通过识别故障的位置来调整策略，减少故障的发生。

如果错误的响应是由泄漏缺陷引起的，则有必要增强区分堵塞的方法导致的泄漏。试想一下，泄漏是由通道壁的缺陷区域引起的。因此，如果命中组的所有候选缺陷通道/阀门在物理布局中不相邻，则排除泄漏缺陷的可能性是合理的。Hu 等[5]提出泄漏缺陷可以映射到桥接故障，桥接故障的故障行为可以建模为条件固定故障。因此，测试人员通过模拟故障行为和检查所有测试模式是否满足相应桥接故障的必要条件来识别缺陷类型。如果不满足必要条件，但观察到错误的响应，就可以得出结论：芯片存在堵塞缺陷，而不是泄漏缺陷。

通过故障缺陷分析来确定可能出现的故障缺陷类型，让用户在使用基于流的微流控生物芯片时能够更好地避开这些缺陷。

8.2.3 MEDA 的故障恢复

MEDA 芯片是新一代的液滴型芯片，其本身也存在一些缺陷，研究人员也找到了一些解决的办法。例如，当某个微电极细胞发生故障时，它可以使用备份微电极细胞中的硬件资源来正确运行。然而，由于硬件共享，微电极细胞不能同时用于正常操作和故障恢复。因此，研究人员提出了一个故障恢复控制流程，它为发生故障和健康的微电极细胞确定了一个时间表，这样就不会发生硬件冲突。该故障恢复包括以下两个方面[5]。

（1）故障恢复网络

采用基于 IEEE1687 协议的 IJTAG 网络设计的故障恢复策略主要包括以下 3 个部分。

在 MEDA 最初的设计中，所有的监控中心依次连接在一起，形成一个长扫描链。然而，这种设计并不可靠，因为如果两个主控中心之间的任何连接是开放的，则数据移动是不可能的，所以在 IJTAG 网络中，首先将扫描链分成多个等长的子扫描链（SSC），然后将每个 SSC 分配给一个 SIB 寄存器。在这种情况下，即使两个微电极细胞之间的连接是开放的，也只需要绕过不起作用的 SSC，而不是丢弃生物芯片。

除了更强大的扫描链设计之外，IJTAG 网络还为用户提供了访问固态硬盘的灵活性（即每个固态硬盘都可以单独访问）。故障恢复网络并不是同时从扫描链中的所有故障中恢复，而是以时分复用的方式进行，即一次从一个 SSC 的故障中恢复。因为故障恢复是在不同的时间、不同的多路选择器中执行的，所以多路选择器的多路选择可以共享控制信号而没有任何冲突。使用多路选择器的方法是将配置模式移入这些配置寄存器。

在故障恢复设计中，每个主控制器可以使用备份主控制器的硬件资源。但是，如果主控制器无故障，它将不会使用任何备份主控制器来正确运行。在这种情况下，研究人员将把健康主机设置的控制信号定义为默认配置。在 IJTAG 网络中，读取、写入、动作、发送和 BYP 的默认值被提供给设计中相应的多路选择器。对于单个 SSC，则可以选择使用默认配置或配置寄存器中的定制配置来配置多路选择器。

（2）多路复用的控制流

基于 IJTAG 网络，Hu 等[5]还提出了一个细粒度的控制流来保证每个微电极细胞的正确运行。首先，检测和定位 MEDA 生物芯片中的故障组件。在这种情况下，缺陷的类型和位置是先验已知的。其次，控制流的剩余部分可以用两种工作模式来描述。

① 正常模式。在这种模式下，IJTAG 网络选择所有健康的固态硬盘（不选择

有故障的固态硬盘)。首先使用默认配置在健康的固态硬盘中配置监控中心，然后将激活模式转移到健康的固态继电器，最后将这些固态继电器的检测结果转移出去。

② 恢复模式。在这种模式下，对每个有故障的 SSC 按顺序执行故障恢复。首先，IJTAG 网络选择故障扫描链。其次，IJTAG 网络使用配置寄存器来配置所选故障 SSC 的多路选择器，以便旁路所有故障的微电极细胞，并且所有健康的微电极细胞使用默认配置。在这种情况下，它可以为这些健康的微电极细胞执行激活模式移入和检测结果移出。再次，使用配置寄存器来配置有故障的 SSC 的多路选择器，使所有健康的微电极细胞被旁路，并且每个有故障的微电极细胞使用适当的备份硬件资源。在这种情况下，可以对这些有故障的监控中心执行激活模式移入和检测结果移出。然而，如果有许多故障，IJTAG 网络很可能无法仅在一种配置中恢复全部有故障的微电极细胞。因此，研究人员需要使用备用监控中心检查全部有故障的监控中心是否正常运行。如果正常，则对下一个有故障的 SSC 重复同样的步骤；否则，将继续进行故障恢复，直到恢复全部故障，才使用备份监控中心正确执行其功能。

这里，可恢复的故障微电极细胞可以使用备份微电极细胞。但是，在某些情况下，微电极细胞是不可恢复的。例如，假设微电极细胞 1 中的传感电路有故障，微电极细胞 2 是微电极细胞 1 的唯一备份微电极细胞。如果执行激活，则不需要故障恢复。然而，如果执行电容感测，微电极细胞 1 需要故障恢复。在这种情况下，如果微电极细胞 2 中的检测电路无故障，微电极细胞 1 是可恢复的；否则，微电极细胞 1 是不可恢复的。

8.2.4　FPVA 的故障恢复

为了给基于流的生物芯片带来数字生物芯片的灵活性，本节引入了 FPVA。FPVA 是一种结合了传统基于流的生物芯片和数字生物芯片的优点的新架构。阀门以阵列的形式规则排列，设备也可以像数字生物芯片一样动态构建。然而，FPVA 和数字生物芯片之间的区别在于，一个流动路径在其开始和结束时只需要一个阀门来控制流动，并且中间的阀门可以被移除，从而使通道能够充当具有灵活尺寸的临时存储单元。这在数字生物芯片中是不可行的，在数字生物芯片中，路径上的每个电极都充当中继站，可以将液滴移动到目的地。由于阀门数量众多，因此需要控制层优化和控制流协同合成[4]。当然，它也继承了 DMFB 的一部分缺点。

如果将生物测定的操作适当地映射到一个芯片上，则可以提高 FPVA 的可靠性。例如，在混合过程中，驱动流体样品的阀门的高切换次数可以通过将蠕动任务均匀地分配到不同的阀门组件上来减少，以延长芯片的寿命。

由于制造缺陷或老化，故障也可能出现在基于流的生物芯片中，包括 FPVA。例如，一些阀门可能无法可靠地打开或关闭。这些故障可以通过在芯片上构建测试路径和割集作为测试模式来诊断。这项测试任务的挑战是找到覆盖所有阀门的最小测试路径和割集，以降低测试成本。之后，芯片可以被重新配置，以隔离有故障的区域，仍然能够执行生物测定。

合成和测试 FPVA 仍然存在一些挑战。首先，一些操作的执行时间取决于实时测量，如果能够做出即时决策，一些失败的执行可能会在一定程度上得到挽救。因此，生物测定的映射可能需要通过预先保留资源来保持其灵活性。FPVA 由于可动态重新配置，因此可以通过保留芯片面积而不是考虑具体的设备来解决。其次，随着生物化学工业的进步，新的操作和新的设备正被迅速引入生物芯片。因此，需要开发一个通过类别来表示设备的合成流程，以便它可以无缝地处理异构设备。第三，应考虑生化分析过程中中间结果的量。在许多情况下，一个操作的输出只有一半被下一个操作需要，另一半则被丢弃。在 FPVA 上，流量管理可以通过在芯片的垃圾区域缓存不需要的流体结果并在之后将其作为一个整体进行丢弃来动态实现。最后，有些区域需要清洗后才能再次使用。在 FPVA 上，路径/区域有直角和拐角，因此可能需要从两个正交方向进行清洗。

8.3 错误恢复

错误恢复指针对错误而采取的措施，应尽可能减少负面影响。当我们谈论错误恢复时，首先要考虑的是错误检测。本节将讨论 DMFB 的错误恢复、CMFB 的错误恢复、MEDA 的错误恢复以及 FPVA 的错误恢复。

8.3.1 DMFB 的错误恢复

除了制造缺陷和瑕疵之外，在生物测定执行过程中也可能出现故障[2]。例如，施加到电极上的过度激励电压可能导致电极击穿和电荷俘获，并且 DNA 污染可能导致生物芯片中多个电极的故障。这些缺陷很难通过先验知识检测出来，但它们在生物测定中经常出现。然而，尽管存在这种固有的可变性，许多生物医学应用（如药物开发和临床诊断）仍然要求每次操作的高精度和各种条件下最终结果的正确性。如果在实验过程中出现意外错误，整个实验的结果将是不正确的。因此，为了纠正错误，必须重复实验中的所有步骤。但重复执行芯片上的实验会导致以下问题：① 浪费难以获得或制备的样品，以及浪费昂贵的试剂；② 生物测定的时间增加，这不利于实时检测和快速反应。

因此，在中间阶段有必要开发用于监控化验结果的技术，并设计有效的错误恢复机制。数字微流体中的错误恢复在研究中受到的关注相对较少。Hu 等[6]提出了微流控生物芯片的中间阶段监控和回滚错误恢复。这项工作的关键思想是在片上实验的各个步骤中使用传感系统来验证直接产品液滴的正确性。传感器已经与数字微流体集成在一起，以评估产品液滴的浓度和体积。错误恢复的执行过程为在生物测定过程中，中间产品液滴被送到传感器。当传感器检测到错误，即液滴的体积低于或浓度高于可接受的校准范围时，相应的液滴被丢弃，输出不符合基于传感器校准质量要求的操作被重新执行，以产生新的产品液滴来替换不符合要求的液滴。

图 8-2 给出了回滚错误恢复的一个例子。生物测定的初始顺序如图 8-2（a）所示。这里假设每个分配和混合操作的输出由传感器评估。当操作 9 出现错误时，将重新执行相应的分配和混合操作，如图 8-2（b）的操作 12、13 和 14 所示。

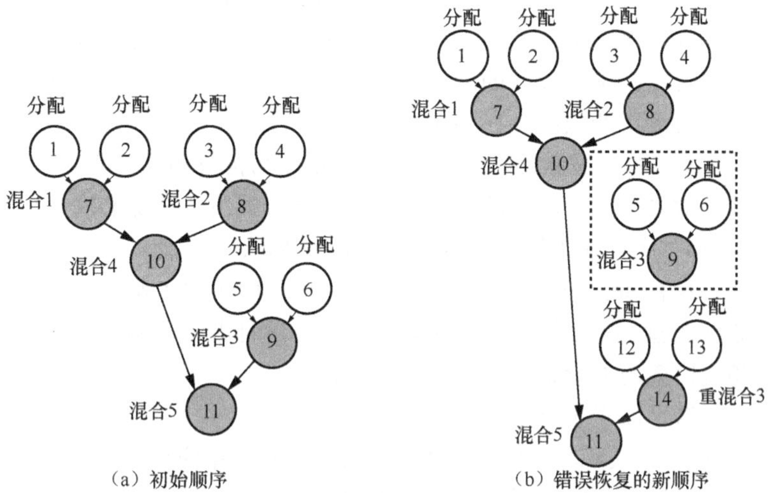

图 8-2　回滚错误恢复示例

错误恢复也存在缺点和不足，在没有“物理感知”控制软件的情况下，错误恢复方法存在以下缺点。

① 故障检测和相关假设过于简化。使用统一的“期望值”来校准每个检测操作是不切实际的。

② 所有恢复操作都是以独立的方式进行的。当检测到错误时，所有其他正在进行的生物测定相关的流体操作被中断。回收操作引入的潜在长等待时间会导致样品降解和分析结果错误。一些操作，如比色酶动力学反应，需要精确的持续时间，该时间由反应方案规定，并且如果不在实验结果中引入不可预测性，时间就不能被延长。

③ 错误恢复方法不能处理生物测定过程中出现多个错误的情况。它假设所有错误恢复操作都将成功执行，并且没有考虑在恢复过程中也发生错误的可能性。

为了克服上述缺点，可以采用一种变革性的“网络物理”方法来实现程序控制下的闭环和传感器反馈驱动的生物芯片操作。通过利用数字微流控生物芯片中传感系统集成的最新研究，Chakrabarty 等[7]提出了一种“物理感知”系统重构技术，该技术在中间检查点使用传感器数据来动态重构生物芯片。

8.3.2 CMFB 的错误恢复

CMFB 中不仅存在故障，还存在错误。故障可以分为可测试的故障和不可测试的故障。在组合逻辑电路中，不可测试的故障是多余的，如果这种故障发生，也不会影响电路的功能行为。然而，对于生物芯片来说，情况并非如此。生物芯片生成的网表是基于压力源的位置。在对生物芯片建模时，假设只有一个压力源连接到选定的入口/出口，而其他入口/出口连接到用于反馈的压力源。当压力源位于不同的端口时，必须生成新的网表，并且前一配置中的不可测试的故障可能成为新配置中的可测试的故障。在系统运行期间，不同的压力源连接到多个入口。因此，当其他端口的泵被激活时，不可测试的故障可能导致生物芯片功能的故障。夹层屏障处的故障是不可测试的，然而，在功能模式下，样品和底物必须首先从“样品输入”和“底物输入”装入两个垂直流动通道。

假设某芯片有 882 个不可测试的故障，一个简单的 DFT 解决方案是在每个故障点增加 882 个额外的监测点，用于直接观察。这种方法显然不切实际，因为额外的通道和端口会增加设备的大小和复杂性。

测试必须满足以下 3 个条件。

① 故障激活：故障与门的流量输入必须为“1”，相应地，在生物芯片中，测试路径必须经过目标故障位置；对于 s-a-0 故障和“或”桥接故障，故障阀门必须打开，对于 s-a-1 故障和“与”桥接故障，故障阀门必须关闭。此外，桥接故障的攻击者应该被强制为“1”用于“与”桥接，“0”用于“或”桥接。

② 故障传播：故障传播路径中所有阀门的输入必须设置为其非控制值。如果此条件不成立，故障将被屏蔽。相应地，在生物芯片中，传播路径中的所有阀门必须打开；流与传播路径没有收敛，这将掩盖故障。

③ 故障观察：故障传播应达到至少一个主要输出，即压力传感器，用于观察。

因此，为了测试故障，某些线路/阀门必须设置为“1”或“0”。如果为了检测故障，一条线路必须设置为“0”，而另一条线路必须设置为“1”，但由于阀门压缩，它们共用同一条控制线，因此不能同时满足这些要求，相应的故障变得“不可测试”。

8.3.3 MEDA 的错误恢复

因为 MEDA 是一项相对较新的技术，所以 MEDA 在错误恢复方面的工作还不多。目前有一种使用检查点的错误恢复方法，但这种方法的缺点是当检测到错误时，所有其他正在进行的流体操作都会停止。

一些研究报告了回滚错误恢复的方法，即利用备份液滴重新执行错误操作。在这种方法中，备份液滴产生并存储在生物芯片的边界上。如果出现错误，备份液滴将用于再次执行错误操作，以获得校准范围内的结果。然而，错误发生后重新执行操作并不是最有效的解决方案，可以采取预见到错误，并且在执行原始操作的同时执行“操作的重新执行”的方案。

将检测完成时间与使用片内资源进行权衡，则为前滚错误恢复。这种方法在 Keszocze 等[8]的研究中被提到。然而，该方法只用于容错计算系统，而 Zhong 等[9]的方法分别用于样品制备应用和传统 DMFB。因此，研究人员需要开发一种为 MEDA 生物芯片量身定制的前滚错误恢复方法。前滚错误恢复方法的流程如图 8-3 所示。

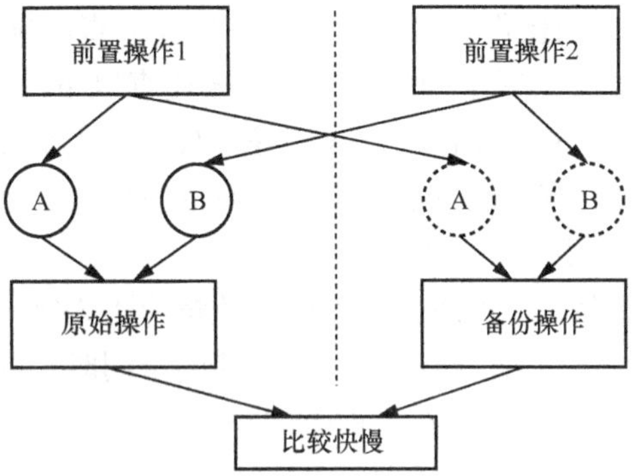

图 8-3　前滚错误恢复方法的流程

前滚错误恢复方法包括以下两个步骤[9]。

① 前置操作 1 和前置操作 2 都会产生两个液滴：一个是直接后续液滴，另一个是备份液滴。直接后续液滴进行原始操作，备份液滴进行备份操作。

② 控制软件利用片上传感器检测原始操作和备份操作产生的结果液滴。如果其中一个操作更快地生成校准范围内的液滴，则较早可用的液滴将被选择用于下一个操作。另一个操作将立即终止，其液滴将被送到废液池。在这一步中，研究人员可能会遇到以下 3 种情况[9]。

情况 1：如果在原始操作或备份操作中出现错误，无错误操作会更快地生成校准范围内的液滴。根据该研究提出的规则，非错误操作将由原始操作使用。另一个操作终止，其液滴被送至废液池。

情况 2：如果在原始操作和备份操作中出现错误，两者都将进入错误恢复控制流程。在这种情况下，可以从更快完成错误恢复的操作中选择合成液滴。

情况 3：如果没有足够的片上空间，那么研究人员就不会进行备份操作。

图 8-4 描述了前滚错误恢复方法采用的在线合成技术。首先，所有映射流操作都被加载到未调度列表中。操作的顺序由到达时间更新器和优先级更新器决定。未调度列表中每个操作的到达时间和优先级的值都是基于未调度列表的排序图获得的。因此，当未调度列表中的任何一个操作被馈送到调度器时，它们就被刷新。

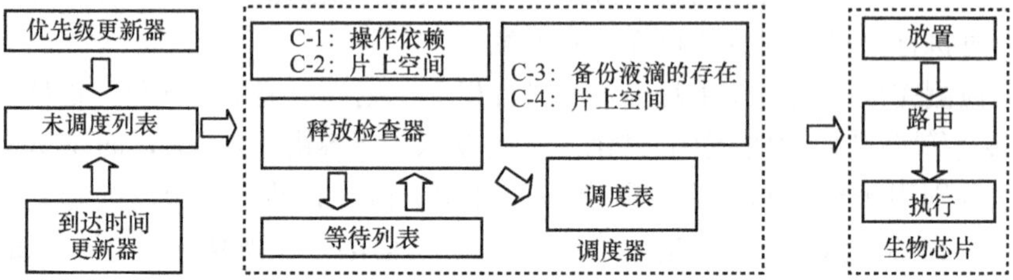

图 8-4　前滚错误恢复方法采用的在线合成技术

当来自未调度列表的操作到达调度器时，释放检查器确定在当前时间是否可以在芯片上执行该操作[9]。对于原始操作，需要检查以下两个条件。

C-1：操作依赖。它的父操作应该在此操作被执行之前完成。

C-2：片上空间。只有当生物芯片上有足够的空间时，才能进行目标操作。

对于备份操作，需要检查以下两个条件。

C-3：备份液滴的存在。可用备份液滴的数量应不为零。

C-4：片上空间。只有当生物芯片上有足够的空间时，才能进行备份操作。

如果 C-1 和 C-2 都满足，则在当前时间执行新到达的操作；否则，它将留在等待列表中，直到 C-1 和 C-2 都满足。另一方面，如果同时满足 C-3 和 C-4，则在当前时间执行备份操作；否则，备份液滴将被丢弃。

Zhong 等[9]介绍了一种网络物理方法，其使用了基于电荷耦合器件的摄像机。该方法还引入了细粒度的重新合成方法，允许在生物芯片上同时执行多个错误恢复步骤。在这项工作中，操作的结果分为无错误、小错误和大错误三类。在建议的错误恢复策略中，以不同的方式处理每个结果。针对不同类型的局部错误（如分裂、混合和稀释），文献[9]提出了基于概率时间自动机的错误恢复策略。此外，文献[9]还给出了一个控制流程，用于将完整生物测定的本地恢复程序连接到全局错误恢复。

首先，使用液滴等分法，该方法是在 MEDA 上的一种操作，它支持研究人员从一个较大的液滴中得到一个较小的液滴，可用于以有效的方式自适应地从错误分裂中恢复。例如，在图 8-5 中，两个子液滴的体积是 $1-x$ 和 $1+x$，假设 $x>T_{\text{split}}$（分裂误差）。为了进行错误恢复，实验人员可以从较大的子液滴中提取体积为 x_a 的液滴，然后将其与较小的子液滴合并，两个子液滴体积分别为 $1-x+x_a$ 和 $1+x-x_a$。

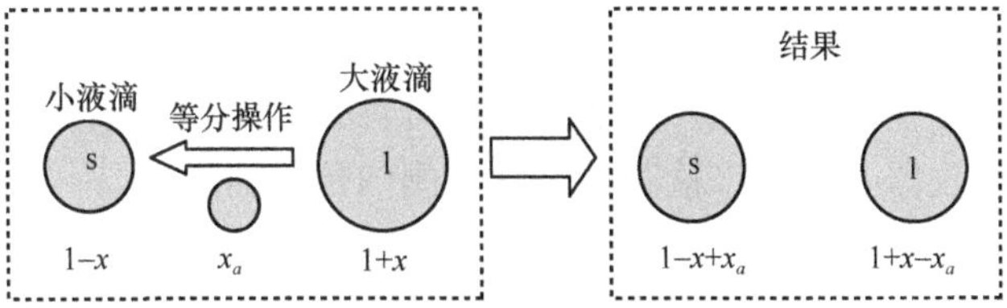

图 8-5　分裂后的液滴状况

其次，如果 x 位于等分范围内，则可以通过一次液滴等分操作从错误分割中恢复；否则，不能使用液滴等分操作，而是使用重复分裂或进行错误恢复。如图 8-6 所示，重复分裂将来自第一次分裂的每个微滴分开，产生 4 个子微滴：来自微滴 s 的较大子微滴 s_l 和较小子微滴 s_s，以及来自微滴 l 的较大子微滴 l_l 和较小子微滴 l_s。

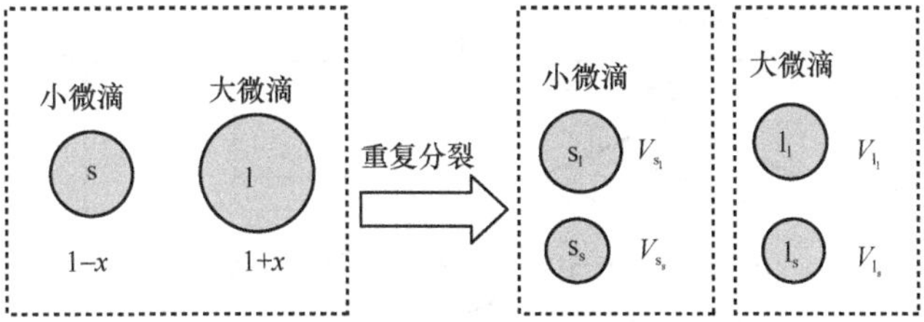

图 8-6　重复分裂示意

再次，计算两个合并项中 x_1 和 x_2 的值。

选项 1：s_l 与 l_s 合并，s_s 与 l_l 合并。新微滴的体积是 $1+x_1$ 和 $1-x_1$。

选项 2：s_l 与 l_l 合并，s_s 与 l_s 合并。新微滴的体积是 $1+x_2$ 和 $1-x_2$，其中 $x_2>x_1$。

最后，如图 8-7 所示，计算分裂系数 x，以确定是否需要进行错误恢复。如果认为发生了错误，控制软件将确定 x 是否在等分范围内。如果是，则使用一次液滴等分操作来校正分裂误差；如果不是，则选择使用重复分裂或蛮力法。如果 $POS_{rs}>POS_{bf}$，则进行重复分裂；否则，使用蛮力法。如果选择的方法失败，那么可以试图进一步恢复（即重复分裂或蛮力法）。如果这种恢复尝试失败，液滴将被移动到芯片的新位置上，并重复上述控制流程。如果错误仍然出现，则报告生物测定失败。

8.3.4　FPVA 的错误恢复

为了识别芯片中是否存在故障，测试向量应确保在阀门切换时可以观察到错误[4]。例如，如果在测试过程中没有测试向量打开阀门，则在该阀门上唯一可以观察到的故障是泄漏故障（1 卡故障），并且没有测试向量不能打开阀门的故障（0 卡故障）。因此，测试向量应在测试应用期间将阀门至少打开一次和关闭一次，以检测该阀门的 0 卡和 1 卡故障。在每种情况下，阀门的正确行为的效果应该可以在宿端口观察到。例如，如果一个阀门被打开，那么至少应该有一条从源端口通过这个阀门到接收器的路径来检测通过这个阀门传输的压力。

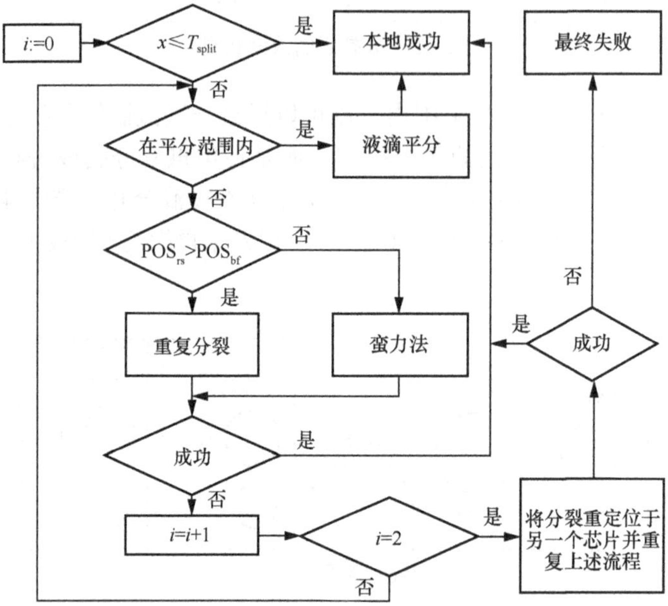

图 8-7　错误恢复的控制流程

当应用测试向量时，一些错误可能会相互掩盖。例如，如果绕过被测阀门的另一条路径连接压力源和吸入口，则被测阀门上潜在的 0 卡故障（始终关闭）可能会被掩盖，因此无法观察到，如图 8-8（a）所示。在本例中，两条路径同时在芯片上创建，因此无法检测到被测阀门的 0 卡故障，因为第二条路径仍会在接收器端口产生压力。为了避免这种路径干扰问题，测量时只构造没有环路或分支的简单路径。这些路径被称为流动路径。

类似于构造流动路径来检测 0 卡故障，构造分割边界集来检测 1 卡故障。切断装置由一组将源端口和宿端口完全分开的阀门组成。在测试应用中，如果切断装置中的所有阀门都已关闭，并且压力表仍能检测到压力，则一定存在 1 卡故障。图 8-8（b）给出了这种分割边界集的一个例子，它断开了源宿之间的任何路径。然而，在有多个故障的情况下，上面讨论的流动路径和分割边界集向量不能保证总能检测到故障。假设有两个故障阀门，其中一个不能打开（阀门 1，0 卡故障），另一个不能关闭（阀门 2，1 卡故障）。假设用于测试阀门 1 的流动路径按图 8-8（c）构造，用于测试阀门 2 的切断装置按图 8-8（d）构造。在图 8-8（c）中，通过阀门 2 的压力泄漏掩盖了阀门 1 的 0 卡故障。在图 8-8（d）中，通过阀门 2 的压力泄漏被阀门 1 阻断。在这两种情况下，压力表的结果仍然是正确的，表示这两个故障无法检测到。因此，应该从生成的测试向量中排除这种相互掩盖错误的模式。

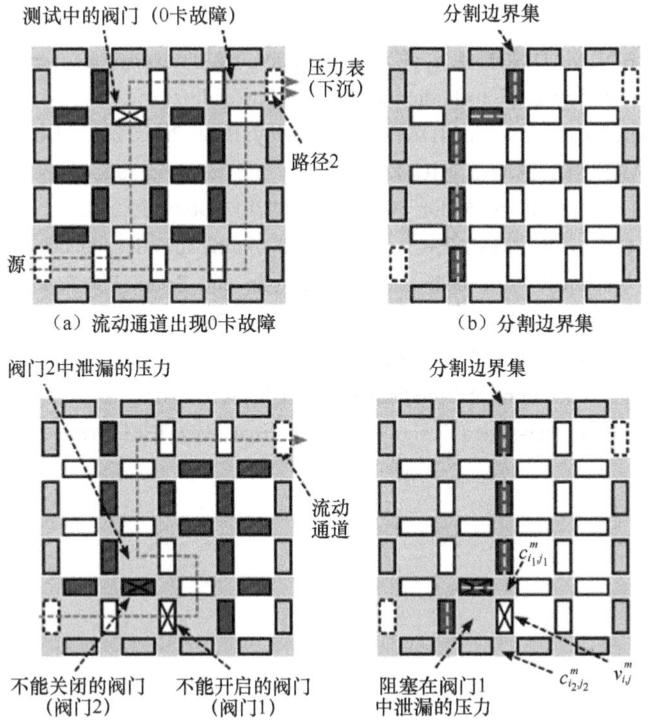

（a）流动通道出现0卡故障　（b）分割边界集

（c）带双故障屏蔽的流动路径　（d）带双错误屏蔽的分割边界集

图 8-8　流动路径和分割边界集（芯片外部边界的阀门始终处于关闭状态）

参考文献

[1] HU K, YU F Q, HO T Y, et al. Testing of flow-based microfluidic biochips: fault modeling, test generation, and experimental demonstration[J]. IEEE Transactions on Computer-Aided Design of Integrated Circuits and Systems, 2014, 33(10): 1463-1475.

[2] CARRARA S, INIEWSKI K. Handbook of bioelectronics[M]. Cambridge: Cambridge University Press, 2015.

[3] ZHONG Z W, CHAKRABARTY K. Fault recovery in micro-electrode-dot-array digital microfluidic biochips using an IJTAG network behaviors[C]//Proceedings of IEEE International Test Conference. Piscataway: IEEE Press, 2019: 1-10.

[4] LIU C F, LI B, BHATTACHARYA B B, et al. Testing microfluidic fully programmable valve arrays (FPVAs)[C]//Proceedings of Design, Automation & Test in Europe Conference &

Exhibition (DATE). Piscataway: IEEE Press, 2017: 1-6.

[5] HU K, HO T Y, CHAKRABARTY K. Test generation and design-for-testability for flow-based mVLSI microfluidic biochips[C]//Proceedings of IEEE 32nd VLSI Test Symposium. Piscataway: IEEE Press, 2014: 1-6.

[6] HU K, HSU B N, MADISON A, et al. Fault detection, real-time error recovery, and experimental demonstration for digital microfluidic biochips[C]//Proceedings of Design, Automation & Test in Europe Conference & Exhibition (DATE). Piscataway: IEEE Press, 2013: 1-6.

[7] CHAKRABARTY K, LUO Y, HU K. Adaptive and reconfiguration-based errorrecovery in cyberphysical biochips[J]. 2015, doi: 10.1017/CBO9781139629539.045.

[8] KESZOCZE O, LI Z P, GRIMMER A, et al. Exact routing for micro-electrode-dot-array digital microfluidic biochips[C]//Proceedings of 22nd Asia and South Pacific Design Automation Conference (ASP-DAC). Piscataway: IEEE Press, 2017: 708-713.

[9] ZHONG Z W, LI Z P, CHAKRABARTY K. Adaptive error recovery in MEDA biochips based on droplet-aliquot operations and predictive analysis[C]//Proceedings of IEEE/ACM International Conference on Computer-Aided Design (ICCAD). Piscataway: IEEE Press, 2017: 615-622.

第 9 章 人工智能芯片基础

人工智能（AI）芯片是支撑人工智能产业的核心技术之一。近年来，许多研究人员在人工智能芯片领域进行了广泛而富有成果的研究。目前，人工智能芯片发展主要有两大方向[1-7]：一是采用传统的冯·诺依曼计算架构，并在该架构的基础上设计用于加速人工神经网络算法的芯片，主要分为 GPU、FPGA、ASIC；二是探求更加高效的新型计算架构，其中以类脑芯片为代表，仿造生物脑神经结构进行芯片设计以提升计算能力。

本章将从人工智能芯片的结构、制作过程及其工作环境三方面进行介绍。

9.1 人工智能芯片结构

在现阶段，GPU 等通用处理器处于主导地位，但由于人工智能算法不断改进，结构灵活的 FPGA 和高性能的 ASIC 芯片逐渐显示优势。从长远看，人工智能类脑芯片有望代替传统的冯·诺依曼计算架构芯片，成为未来芯片发展的主流方向。

本节将主要介绍 4 种使用最广泛的人工智能芯片，分析其技术和架构特点，总结其优缺点，并展望下一代人工智能芯片技术的发展趋势。

9.1.1 基于 GPU 结构

GPU 最初是为了进行图像处理而被开发出来的芯片，相较于传统 CPU 指令的串行执行方式，GPU 的结构具有高度的并行性，在处理图形数据方面比传统的通用处理器效率更高。由于神经网络与图像处理问题有着类似的特点，近几年 GPU 也越来越多地被应用于神经网络计算。

GPU 主要由通用计算单元 DRAM、控制器（Control）和寄存器（Cache）构成，如图 9-1 所示，从模块上看，CPU 也有相似的内部组成。在 CPU 中，控制器和寄存器占据了大部分区域，而在 GPU 中，则存在更多的算术逻辑部件（ALU），便于对更多更密集的数据进行处理。

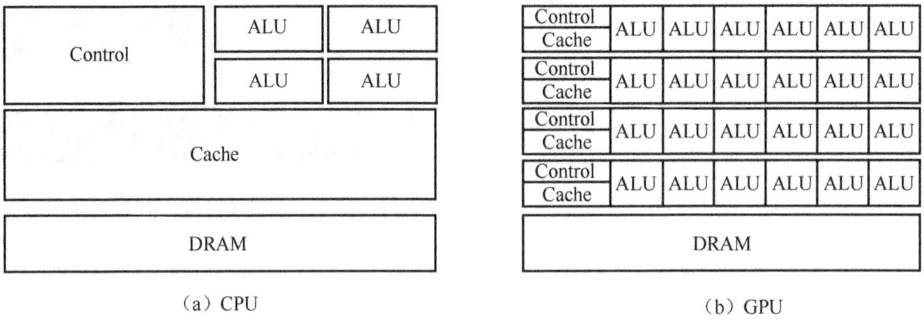

（a）CPU（b）GPU

图 9-1　CPU 与 GPU 的内部结构

GPU 采用单指令和多数据处理方式，同时具有多个处理器核和大量的计算单元，可在同一时刻并行处理多个数据，所以其计算速度更快，往往是单核 CPU 的数十倍甚至数千倍，非常适合处理由图像像素构成的大量数据。GPU 具有通用性强、速度快和效率高的特点，也特别适用于深度学习。

GPU 最初是为了对图像进行大规模并行处理而设计的，所以，将其用于处理深度学习算法时，也存在一定的限制。首先，GPU 并行计算的优势一般只体现在人工智能模型的训练过程中，在推理过程中的效率没有显著提升。其次，GPU 的硬件结构无法灵活配置。第三，GPU 作为一种通用处理器，能量效率低，相比于可定制的芯片来说，功耗较高。

9.1.2　基于 FPGA 结构

FPGA 是一种半定制的芯片，适用于分析多指令和单个数据流。FPGA 包含了大量的基本门电路和存储器，通过编程对电路进行重组可直接生成不同功能的专用电路，灵活可控的结构使它得到了广泛使用，同时又在一定程度上摆脱了电路器件资源紧缺的限制。FPGA 电路执行一些操作的时间消耗较少，尤其在处理特定程序时，展现了极高的效率。此外，FPGA 容易控制底层硬件，这对于多数通用处理器来说是难以实现的，在确定功能的高效芯片的设计前，深度学习算法需要不断改进，此时选择可重构的 FPGA 来进行人工智能芯片的设计是十分有利于成本节约的。

与 CPU 和 GPU 这类通用处理器相比，FPGA 具有明显的性能和能耗优势，但它并不是专门为深度学习算法的应用而开发的，因此同样存在许多限制。首先，为了实现 FPGA 可重新配置的功能，FPGA 中的大量资源都用于片上路由和布线，有较大的面积，这对于集成电路来说是极大的弱势，会使集成电路丧失其本身的意义。其次，FPGA 需要操纵配置文件来实现算法，对用户有较高的要求。第三，

FPGA 在速度和功耗方面与定制化的 ASIC 相比仍存在较大差距。第四，在成本方面，FPGA 的价格高于其他产品。

关于 FPGA 的结构，更多详细内容请参考本书 1.2.1 节，这里不再详述。

9.1.3 基于 ASIC 结构

目前，人工智能应用主要依靠可并行计算的通用芯片来加速计算，如 GPU 等，虽然这些通用芯片在计算性能上有了很大的提高，但其仍然属于通用型的芯片，在用于预测任务时存在着明显的性能过剩问题。另一方面，随着人工智能应用规模的扩大，通用芯片在性能、功耗等方面的局限性也逐渐凸显出来。

ASIC 是一种专用定制的芯片，可以满足特定的应用需求，随着各种人工智能应用落地，ASIC 逐渐展现出自身可定制化的优势。ASIC 具有较高的性能功耗比、可靠性和集成度等，所以十分适合用在性能要求较高而功耗要求较低的移动设备上。通常在深度学习算法训练稳定之后，可以有针对性地在性能和功耗等指标上定制专用的 AI 芯片。ASIC 的缺点也是由其本身的电路设计需要定制带来的，专门定制的电路需要较长的开发周期，而且在功能方面较为固定，难以扩展。

关于 ASIC 的结构，更多详细内容请参考本书 1.2.2 节，这里不再详述。

9.1.4 基于神经拟态结构

目前，人工神经网络（ANN）算法在图像处理、语音识别等相关应用中取得了巨大的进展，因而人工智能芯片设计的主要目标就是实现神经网络算法。但它们都需要基于大量数据进行反复训练和测试，对计算机算力要求较高，且功耗极大。即使近年来人工智能芯片在架构、器件等各个层面得到了很大的改进和优化，但由于传统的冯·诺依曼架构已经遇到了瓶颈，芯片的整体效率和性能难以提升，依旧很难实现有效的在线学习。

为此，研究人员在人工智能领域提出了脉冲神经网络（SNN）。与传统的 ANN 相比，SNN 具有更多独特的仿脑特性，例如丰富的时空动态、基于脉冲的编码方案和各种学习规则等[8]。近年来，许多芯片产业公司都积极参与研究和开发基于脉冲的神经拟态（神经形态）电路，基于 SNN 的电路克服了传统的冯·诺依曼架构带来的许多问题，在能量效率方面优于传统的深度神经网络（DNN）的硬件加速器，所以神经拟态芯片成为目前最有吸引力的替代方案。

神经拟态芯片模拟了生物神经网络的连接结构，创建了新的架构。人脑神经元结构如图 9-2 所示，每个神经元通过突触连接到其他神经元，形成无数的神经回路，并行传输信号，所以有着非常强大的计算能力。

类脑芯片结构与传统的 CPU 结构不同，其研究策略是使用硬件模仿人脑的突触，将定制的处理器作为神经元，存储器作为突触，同时为了克服传统架构中 CPU

与内存之间信息交互耗时的问题，将内存、CPU 和通信组件集成在一起，使信息的处理完全在本地进行。具体来说，只要神经元接收到脉冲信号，组件间就会同时快速地进行相互通信。这种类脑计算方法具有较低的能源消耗和极强的容错能力，比传统的数字计算机更强大，因此类脑芯片已成为 AI 芯片未来的发展方向。

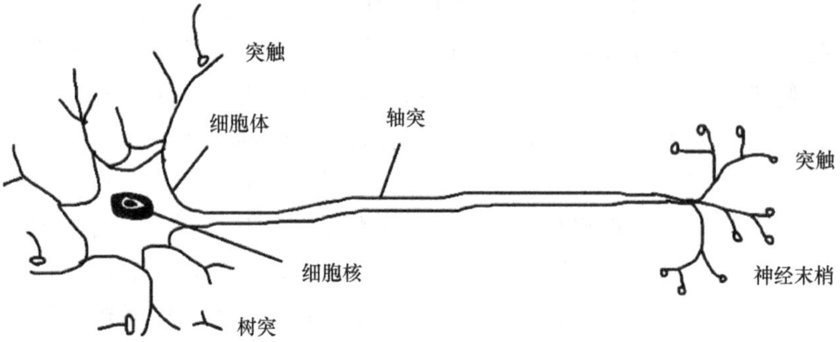

图 9-2 人脑神经元结构

当然，神经拟态芯片的设计目的不仅是为了加速神经网络的计算，研究人员也希望能对芯片的基本结构和元器件进行创新。国内外脉冲神经拟态芯片研究现状如表 9-1 所示。由于神经拟态芯片的种类较多且结构各异，本节将以 IBM 公司的 TrueNorth 芯片和我国清华大学团队研究的天机芯片为代表简单介绍其结构。

表 9-1 国内外脉冲神经拟态芯片研究现状

芯片	国家	科研单位	神经元个数/个	突触个数/个	工艺/nm
TrueNorth	美国	IBM	100 万	2.56 亿	28
Spinnaker	英国	纽卡斯尔大学	1.6 万	约 1 600 万	130
Loihi	美国	Inter	13.1 万	13.1 亿	14
天机	中国	清华大学	约 4 万	约 1 000 万	28
达尔文	中国	浙江大学	2 048	400 万	180

9.1.4.1 IBM TrueNorth 芯片

IBM 公司设计的 TrueNorth 芯片[9-10]实现了非冯·诺依曼体系结构，是一种基于 SNN 的神经拟态芯片，满足了深度学习任务在实时性、低功耗和可扩展性方面的需求。IBM 公司在 2014 年正式推出名为 TrueNorth 的神经拟态芯片，并在 2016 年发布了两个 TrueNorth 主板：NSe1 单芯片系统和一个具有 16 个芯片且低功耗的超级计算规模的 NS16e 系统。

（1）整体结构

首先，从其协定的结构上看，TrueNorth 神经拟态芯片总共包括 4 096 个核，具有 100 万个可编程的脉冲神经元和 2.56 亿个突触，在 1 ms 内所有神经元的状态都将得到更新。在结构上，每个核都由 256 个输入轴突和 256 个输出神经元组成，它们与 256×256 可配置突触的交叉开关相连。每个神经元为相应的突触提供了一个带符号的 9 位整数作为突触强度。TrueNorth 单核系统的内部结构如图 9-3 所示。

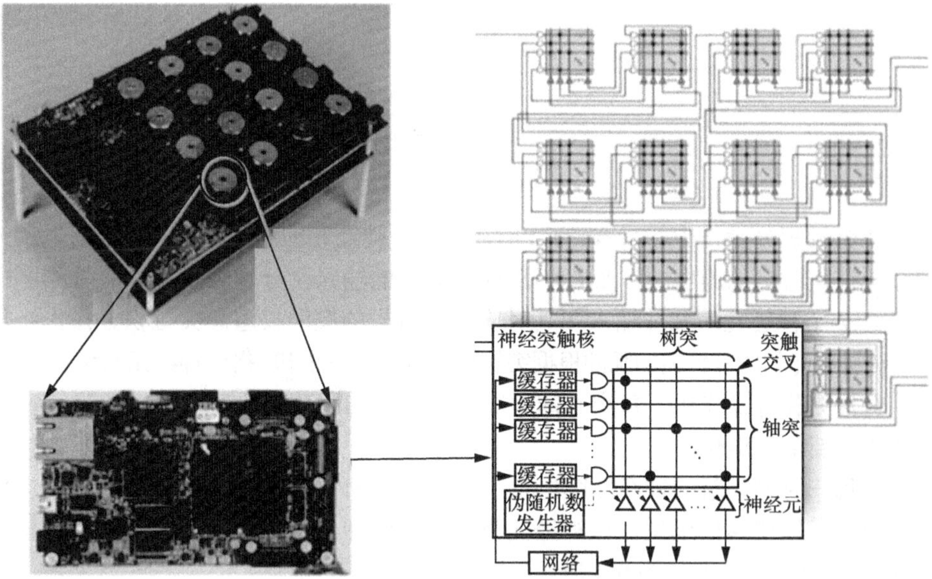

图 9-3 TrueNorth 单核系统的内部结构

神经元产生的脉冲可以以芯片上的任何一个轴突作为目标，每个神经元拥有约 23 个独立可编程的特征，包括突触权重、交叉开关权重、膜电位阈值、膜电位泄漏值和膜电位重置等。类似轴突池的输入使神经元以簇的形式聚合，且网络结构中仅有脉冲事件，这些事件相对于远程通信网络核之间的通信而言是稀疏的，这使 TrueNorth 的这种体系结构非常高效。

（2）芯片的基础模块及其工作原理

TrueNorth 芯片属于类脑芯片的一种，所以不管是结构还是工作原理都在一定程度上受启发于大脑的神经网络。TrueNorth 芯片的基础模块主要分为神经元和神经突触。

目前，模拟神经元行为的算法有很多，而在 TrueNorth 系统中，神经元主要执行带泄漏积分触发（LIF）模型。该模型中描述的 5 种基本类型的操作分别是突触积分、泄漏积分、阈值判断、脉冲发放和膜电位重置。LIF 神经元模型有较好的仿生能力，通常情况下，其模型可以用以下 3 个公式描述。

突触积分公式为

$$V_j(t)=V_j(t-1)+\sum_{i=0}^{N-1}X_i(t)S_i \tag{9-1}$$

泄漏积分公式为

$$V_j(t)=V_j(t)+\lambda_j \tag{9-2}$$

阈值判断、脉冲发放和膜电位重置的更新为

$$\begin{aligned}&\text{if } V_j(t)\geqslant\alpha_j\\&\quad \text{Spike}\\&\quad V_j(t)=R_j\\&\text{end if}\end{aligned} \tag{9-3}$$

在突触积分操作中，$V_j(t)$表示 t 时刻第 j 个神经元的膜电位，$V_j(t-1)$则表示该神经元前一时刻的膜电位；$X_i(t)$和 S_i 都是突触的输入，分别表示在当前时刻 t 中来自第 i 个神经元的脉冲输入和其对应的有符号的突触权重。突触积分操作将传输至该神经元的所有轴突的脉冲根据突触权重进行加权求和，得到神经元的积分电位。

在泄漏积分操作中，每个时间间隔内神经元的积分电位都将减少泄漏值 λ_j，由此得到新的膜电位。

在每一时刻，新的神经元膜电位都需要与其阈值电位 α_j 相比较。如果膜电位大于或等于期望阈值电位，该神经元将会发放脉冲信号并将自己的膜电位重置为 0。LIF 模型工作示意如图 9-4 所示。

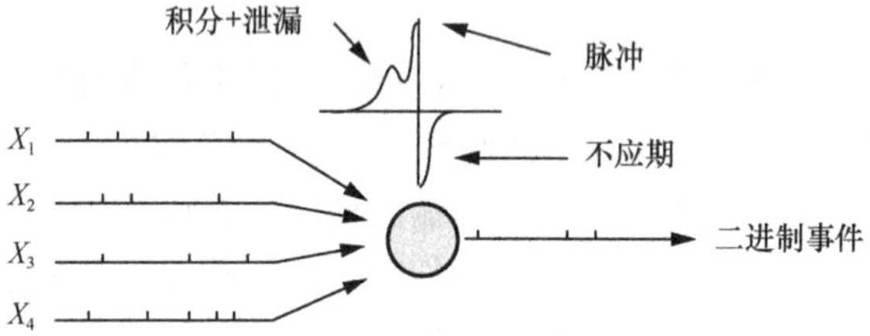

图 9-4　LIF 模型工作示意

在神经突触模块中，突触交叉权重 $W_{i,j}$ 的取值为 0 或 1，神经突触核的取值也为 0 或 1（分别代表其处于活跃或非活跃状态），每个权重仅使用一位表示。对于每个活跃的突触来说，其有 1/4 的可能作为突触权重 S_i 和轴突类型。突触交叉权重 $W_{i,j}$ 是根据神经网络的最终调整权重矩阵生成的。同样，突触权重 S_i 也由权重矩阵生成。

TrueNorth 芯片的模块结构和工作原理具有较多的类脑特性，体系结构使用了通用的脉冲神经元，以事件驱动的方式运作，这种架构为降低计算成本提供了可能性，平衡了计算能力和制造成本。

现在，通过基于脉冲神经元的新型芯片架构，以及低精度和可扩展的通信网络，神经形态计算现在已经被证明具有空前的能源效率。强大的深度学习算法与极低功耗的 TrueNorth 芯片的结合将构成非常有效的模式分类或识别系统，从而提供高速、低功耗和高吞吐量的性能。

总体来说，TrueNorth 芯片系统是一款实时神经突触处理器，其工作原理参考了 LIF 模型，在很大程度上保留了生物学上的神经网络特性，并且在功耗、并行度、可扩展性和容错能力方面取得了较大的突破。目前，TrueNorth 芯片的功耗仅为 65 mW，在实际应用方面也有较好的前景。

9.1.4.2 清华大学天机芯片

我国在人工智能方面的应用市场规模十分庞大，但在芯片领域一直处于落后地位。近年来，我国政府高度重视 AI 芯片产业的发展，出台了许多相关的发展战略，我国科研团队也在大力研究自己的芯片。其中，清华大学团队进行了基于脉冲的神经拟态芯片研究[8]，提出了一种跨范例的计算芯片，可以同时适用于计算科学和神经科学的神经网络运算。在以往的研究中，面向计算科学和面向神经科学两个方向的研究是彼此独立的，而清华大学的天机芯片首次融合了两种计算方式，建立了新的人工智能系统。

设计一个与各种神经模型和算法兼容的通用平台是十分困难的，尤其是对于不同的 ANN 和受生物学启发的 SNN 而言，这是因为两者在信息表示、计算原理和内存组织方面都具有不同的建模规范。ANN 与 SNN 的神经元模型如图 9-5 所示，其中最大的差异就是信息表示，ANN 一般使用多位值来表示信息，而 SNN 使用的是二进制脉冲序列。要想在同一个平台上实现两种模型，首先需要解决的就是用统一的编码方式表示信息，基于此，清华大学团队在芯片的结构和工作原理上做出了重大创新。

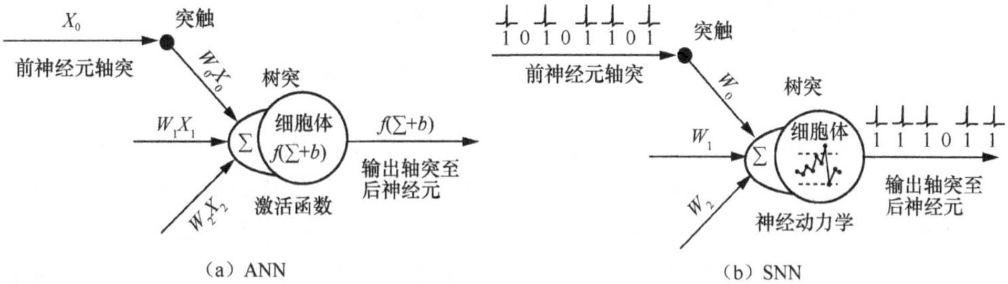

图 9-5 ANN 与 SNN 的神经元模型

（1）芯片的基础模块及其工作原理

天机芯片受大脑结构的启发，将芯片中的神经元细分为轴突、突触、树突和细胞体 4 个基础模块。清华大学团队对分别运行在 ANN 和 SNN 领域中的各种神经网络模型进行了详细对比，并将模型中的数据流与相关的基础模块进行一一对应，如图 9-6 所示。清华大学团队将对应的基础模块进行进一步的统一抽象，提出了一个跨范式神经元方案，如图 9-7 所示。总体而言，在天机芯片中，神经元的工作机制同样参考了 LIF 神经元模型，在结构上将神经元的突触和树突模块设计为共享的部分，而将轴突和细胞体模块设计为可独立重配置的部分。

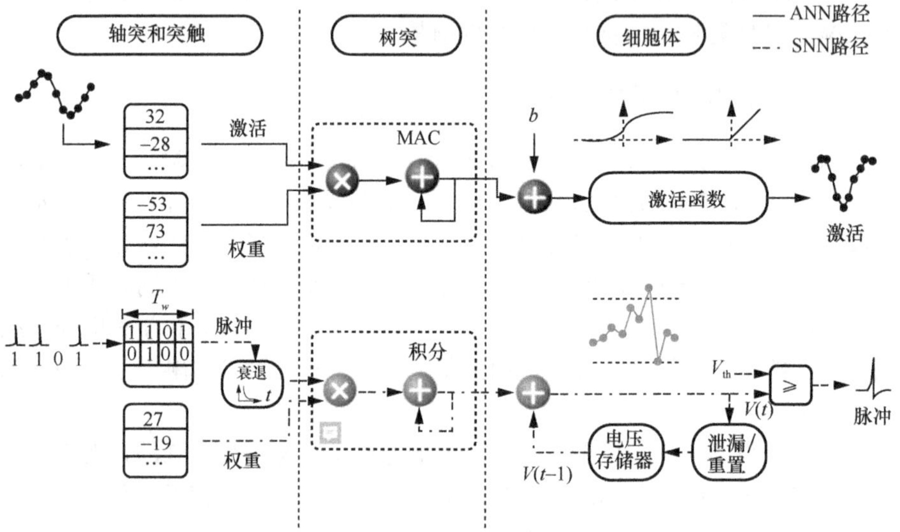

图 9-6 ANN 和 SNN 基础模块对应

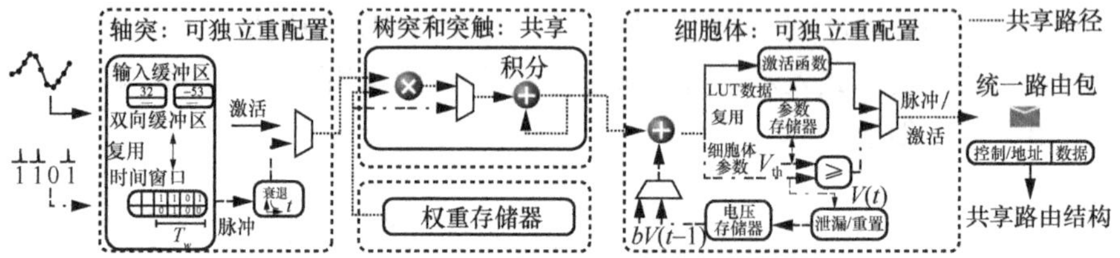

图 9-7 ANN 和 SNN 模型的统一抽象

在轴突模块中，清华大学团队配置了一个缓冲存储器以在不同模式下进行数据处理。具体来说，在 SNN 模式下，该缓冲存储器用于存储历史脉冲模式；而在 ANN 模式下，该缓冲存储器的内存可重新组织为一个双向数据块，用于缓解读写速度的差异，将计算和数据传输操作分离。其中，突触权重和神经元参数是固定存储在片上存储器中的，并且通过把处理单元和存储器之间的数据移动次数降到最少，可以实现局部高通量计算。

在树突和突触模块中，清华大学团队设计了一个共享的计算器件，可用于 SNN

模式下的膜电位积分运算与 ANN 模式下的 MAC 运算，并统一了它们的高级抽象。具体来说，在 ANN 模式下，MAC 单元用于执行乘法和累加；SNN 模式则提供了一种旁路机制来跳过乘法，以便允许在长度为 1 的时间窗口内减少能量消耗。

细胞体模块在 SNN 模式下可以重新配置为具有电位存储、阈值比较、确定性或概率性发射脉冲以及电位重置功能的脉冲发生器，而在 ANN 模式下可以当成简单的激活函数模块。膜电位的泄漏功能可通过固定或自适应泄漏来降低电位值。ANN 模式下的激活函数依赖于所提供的任意功能的可重配置的 LUT。

（2）FCore

更进一步地，清华大学团队设计了一个统一的功能核 FCore 来整合上述的轴突、突触、树突和细胞体模块，如图 9-8 所示。同时，整个 FCore 几乎都可被设计为可重配置的，以保证芯片在不同模式下都有较高的利用率。

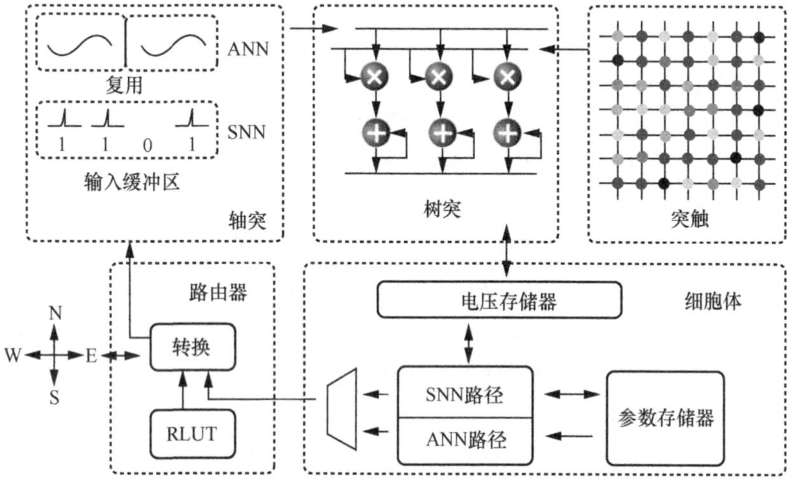

图 9-8　FCore 结构

在 FCore 的操作中，树突和细胞体模块被划分为多组，每个组内的计算是并行化的（每个时钟周期内每个树突具有 16 个 MAC），而组间的计算则是串行化的。这些计算元器件可以满足 ANN 和 SNN 中各种不同的操作。此外，FCore 中还设置了一个路由器，用于控制神经元信息的传输。由于 ANN 和 SNN 的消息编码格式存在差异，因此为路由数据包设计了统一格式，并设计了共享的路由基础架构来传输这两种消息类型。

在 FCore 中，轴突模块用于输入，细胞体模块用于输出，这两个模块具有完全独立的可配置性；共享的树突模块用于计算。通过对多个 FCore 进行适当的连接配置，可以灵活地构建出多种网络。具体来说，若统一设置所有模块为相同的模式，则可以实现 SNN 或 ANN 的范式，并实现相关模型，例如卷积神经网络或基于速率的生物启发神经网络；若以不同模式配置轴突和细胞体模块，则可以构建异构网络，例如实现具有“ANN 输入和 SNN 输出”的混合网络，如图 9-9 所示。FCore 可以作为 ANN 与 SNN 的转换器，这种跨范式的设计方案有利于探索创新的混合模型，天机芯片为跨模型探索提供了有效的平台。

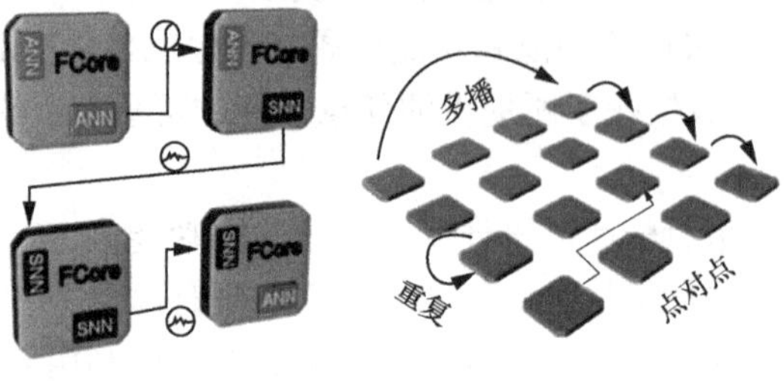

（a）同种/异种可扩展性　　（b）任意连接

图 9-9　FCore 间连接

同时，为了支持大型网络或多个网络的并行处理，天机芯片采用具有分散本地内存的多核体系结构，以实现实时无缝的通信。FCore 在天机芯片上以二维网格的方式排列，每个 FCore 的路由器中的可重配置的路由表均允许任意连接拓扑。通过配置路由表，可以将神经元连接到 FCore 的内外，或者芯片外部的任何其他神经元，这有助于构建多粒度网络拓扑。此外，除了常规的 P2P 路由外，天机芯片还包含几种特殊策略来提高其扇入能力（神经元可以处理的输入数量）和扇出能力（神经元可以驱动的输出数量）。因此，天机芯片对超大规模的神经网络具有很强的可扩展性，在并发处理的同时仍能保持深度交织的神经网络之间的无缝通信。

（3）整体结构

单个天机芯片由 156 个 FCore 组成，其中包含约 4 万个神经元和 1 000 万个突触。目前，天机芯片采用 28 nm 工艺制造，其面积为 3.8 mm×3.8 mm。由于对资源的重用，天机芯片的面积仅比实现单一范例的芯片的面积多约 3%，用于融合 SNN 和 ANN 模式。凭借其分布式的片上内存和分散的多核架构，天机芯片提供了每秒 610 GB 以上的内部内存带宽，并在频率为 300 MHz 运行的 ANN 中产生了每瓦 1.28 兆操作/秒的有效峰值性能。在 SNN 模式下，通常使用突触操作来对芯片进行测试，天机芯片的有效峰值性能约为每瓦 650 千兆操作/秒。目前，天机芯片的性能与常规 GPU 相比有很大的提升，同时通过形成并行的片上存储器层次结构并以流方式组织数据流，天机芯片可以通过 GPU 提供更高的吞吐量和功率。

总体来说，天机芯片融合了 ANN 与 SNN 两种不同模式下的计算，同时通过配置 FCore 构造功能多样的系统，能够支持多种神经网络模型，也为探索混合模型提供了无限可能。

9.2 人工智能芯片的制作过程

芯片的制作过程一般可简单分为设计、制造和测试 3 个阶段，人工智能芯片也不例外。在设计阶段，又可分成芯片设计和 IP 设计。芯片设计就是从架构、算法等方面对芯片进行整体规划，需要考虑芯片元器件的工艺和计算相关的能耗和准确度；IP 设计主要以 IP 核授权收费为主。在制造阶段，主要是利用各种现有的技术和工艺完成元器件的制造和封装测试。在测试阶段，完成对芯片各个指标的测试，而在人工智能芯片中更加侧重对性能和能耗的测试。

当然，3 个阶段并非简单地顺序进行，它们是循环往复的过程。设计与制造过程往往也是密不可分的，芯片的设计需要结合现有的技术和工艺进行考虑，制造后也要经过多轮测试，在测试中发现设计上的问题，由此进行重新设计或是改进。人工智能芯片 3 个阶段的工作与集成电路的制作过程类似，所以本节不再介绍具体的电路制作过程，仅从人工智能芯片的角度去探讨其中的一些重要过程。

9.2.1 设计阶段

早在 20 世纪 40 年代，“类脑计算”的构想就已经被提出了，研究人员在算法层面上对生物神经网络进行了模拟，并简单抽象出了神经元模型，但其与生物神经元的工作原理还存在着较大的差异。目前，人工智能芯片主要分为传统的基于冯 • 诺依曼架构的人工智能算法加速芯片和神经拟态芯片。基于冯 • 诺依曼架构的人工智能芯片基本上采用 CMOS 器件，并且在此传统架构中 CMOS 器件已经很难被取代，而新兴器件更多地用于神经拟态芯片中。

基于传统架构的人工智能芯片的主要设计目的是加速深度学习等较为成熟的算法，目前主要采用 FPGA 及 ASIC 方式来设计芯片。不过单一的芯片很难实现复杂的功能，所以许多企业都在考虑将芯片集成为更强的计算系统，在人工智能领域则称为 AI 系统。另一方面，基于传统架构的人工智能芯片遇到了瓶颈，所以神经拟态芯片受到了广泛关注。

与传统的冯 • 诺依曼架构不同，神经拟态芯片在很大程度上参考了生物的神经网络，通过模拟人脑神经网络来对信息进行处理和存储，非常适合对数据计算与存储进行一体化实现，从而克服冯 • 诺依曼架构的瓶颈问题，而且在性能、功耗和成本等方面都有较大的优势。根据采用的技术，神经拟态芯片可分为基于传统 CMOS 器件的芯片和基于新型神经拟态器件的神经拟态芯片[2]。目前，大多数的神经拟态芯片设计还是基于传统 CMOS 器件，如 IBM 的 TrueNorth 芯片和清华大学的天机芯片等，这类神经拟态芯片使用 CMOS 器件来模拟神经网络中的神经元和突触结构。而基于新型器件的神经拟态芯片从底层器件模拟生物的神经元和突触，且采用新型器件，具有更低的功耗和成本，但目前尚处于探索阶段。

9.2.2 制造阶段

目前，计算机的运算速度可达每秒千万亿次，但对于人工智能的应用无论是研究人员还是普通用户更期待有更强运行能力的计算系统，而构建这些系统的人工智能芯片主要还是以 CMOS 器件为基础，使用存储器实现人工突触，通过一定的电路结构设计实现人工神经元。此外，基于新型器件的神经形态计算电路也是研究的一大方向，其中最受关注的方向是利用忆阻器等器件搭建的神经拟态芯片。所以本节将从 CMOS 器件和片上存储器两方面来介绍人工智能芯片的制造技术，并讨论一些新型工艺[2,11]。

9.2.2.1 CMOS 器件

为了使人工智能芯片具有理想的类脑功能，基于传统 CMOS 器件的神经拟态芯片需要使用十分复杂的 CMOS 电路来进行设计，并且需要占据较大的面积来大量使用晶体管。以 IBM 的 TrueNorth 芯片为例，在 28 nm 工艺下，其芯片总面积达 4.3 cm^2。清华大学的天机芯片也是基于 CMOS 技术实现了纯同步数字电路的神经拟态芯片。

传统 CMOS 器件发展相对比较成熟，截止到 2018 年，10 nm 工艺的芯片已经得到大规模应用，5 nm 的工艺技术定义已经完成。但随着摩尔定律接近极限，继续提高集成密度变得越来越难，这是因为 CMOS 器件过小会导致显著的电流泄漏，进而使工艺尺寸缩小困难。此外，基于传统 CMOS 器件的神经拟态芯片在模拟大型神经网络方面仍存在许多挑战，例如片上计算单元和存储器的密度不够高，限制了神经元数量的提升，同时纳米级的晶体管也具有非常高的能量消耗问题。

9.2.2.2 片上存储器

考虑到在大数据和人工智能时代背景下，众多的设备将产生大量的数据，而人工智能芯片在应用时，存储、交换和处理这些数据都需要大容量的内存。在现有的大多数神经拟态芯片中，实际上还未真正实现非冯·诺依曼结构，数据在局部的计算单元与存储器中依旧是分离的，当访问存储器的速度无法跟上计算单元的处理速度时，将导致较长的时延和较高的能耗。这意味着利用存储器提高数据访问速度是提升人工智能芯片性能和能效的一大关键技术。

目前，提高数据访问速度比较有效的做法是利用高速缓存等存储技术来缓解运算和存储的速度差异。在架构层面，一般从两个方面来解决这一问题：一是从算法层面来降低存储的需求，通过减少访问存储器的次数来缓解时间消耗；二是从器件层面来降低通信访问代价，甚至通过整合相关器件来使计算直接在存储设备中进行。在器件上提高数据访问速度是最直接有效的，因此片上存储器的设计显得十分重要。目前，使用最多的片上存储器是 SRAM 和非易失性存储器（NVM）。

（1）SRAM

SRAM 是 RAM 的一种，不同于动态随机存取存储器（DRAM）需要周期性地充电来保留数据，SRAM 在保持通电的情况下可以一直保留存储在其中的数据。因此，SRAM 比较适合用于模拟人工智能芯片中的突触模块，将固定的突触权重存储在其中。

SRAM 也是由晶体管构成的，所以其性能和密度同样取决于 CMOS 器件。在结构上，SRAM 使用了比 DRAM 更多的晶体管和一些其他零件，更加复杂的结构给 SRAM 带来了非常快的存取速度，但也使 SRAM 在实现与 DRAM 相同容量的时候需要占用非常大的面积，且价格昂贵。

目前，SRAM 是使用最多的片上存储器，能够紧密耦合计算核和存储器电路，但受其结构和面积的约束，其容量为兆级。所以，领域研究人员也期待能够开发更大容量的片上存储器，探索新型的器件和存储技术来构建更加高效的人工智能芯片。

（2）NVM

在断电的情况下，SRAM 存储的数据会消失，具有易失性，所以芯片上或芯片外的 NVM 有较大的应用需求。NVM 是一种存储数据不会因断电而消失的存储器，根据数据能否被改写可将其分为存储数据无法改变或删除的只读存储器（ROM）和允许多次擦写的闪存。

闪存成本较低、存储数据无电力消耗，且拥有比硬盘更好的抗震能力，因此成为一项重要技术，被广泛应用于移动设备上，其类型又可分为 NAND 闪存与 NOR 闪存。NAND 闪存具有高密度的单元结构，成本低、容量大，所以像 DRAM 一样，一般作为大容量的片外存储器。而 NOR 闪存拥有独立的地址线和数据线，存取时间较短，适合频繁随机读写的场合，因此被广泛用作片上存储器，但其与 NAND 相比价格较高、受结构影响大、容量较小且写入能耗较大，这也限制了其系统的性能。

9.2.2.3　新兴计算技术和新型器件

为了缓解或避免冯·诺依曼架构的“内存墙”问题，许多的新兴计算技术和新型器件已经被提出，这些新兴计算技术主要包括近内存计算和存内计算等，新型器件主要为忆阻器和其他新型 NVM 等。这些新兴计算技术和新型器件有望进一步提升人工智能芯片的性能和功耗，以下将进行简单的介绍。

（1）近内存计算

近内存计算是从器件层面来降低访问存储器代价的一大新兴计算技术。如图 9-10 所示，在传统的冯·诺依曼架构中，CPU、处理单元（PU）与内存之间都是通过总线进行通信的，而近内存计算就是将 PU 安置在内存的附近来缓解数据访问引起的时延和功耗。

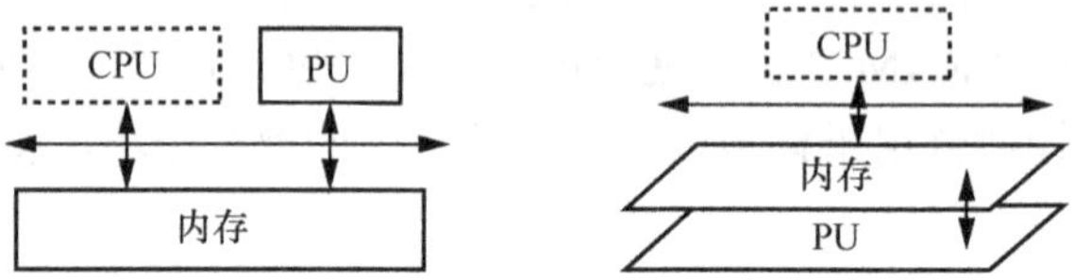

（a）冯·诺依曼架构　　（b）近内存计算架构

图 9-10　冯·诺依曼架构与近内存计算架构对比

（2）存内计算

存内计算的主要思想是直接在存储器内进行计算，而不需要进行额外的数据通信，这种做法与冯·诺依曼架构有着本质不同，可以大大降低芯片的时延和功耗。如图 9-11 所示，在冯·诺依曼架构中，计算单元与内存是互相独立的两个部分，计算单元先从内存中读取数据进行相应的处理，再将处理结果存回内存。存内计算将计算嵌入内存中，使存算成为一体。进一步来说，该技术将计算都规范为带权运算，然后把权重保存在内存中，所以可使计算在内存中进行。

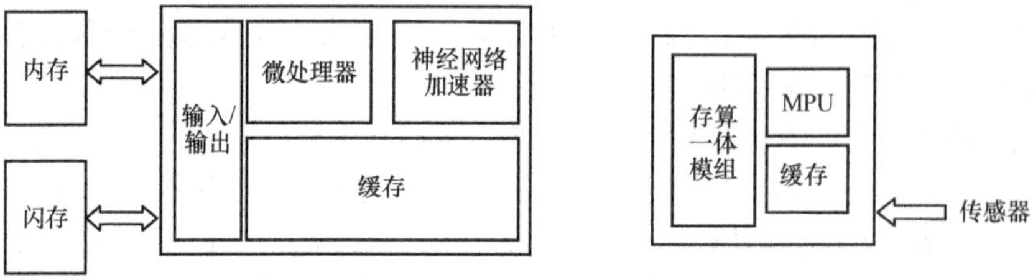

（a）冯·诺依曼架构　　（b）存内计算

图 9-11　冯·诺依曼架构与存内计算架构对比

（3）忆阻器

目前，传统的 NVM 在多方面的指标上表现一般，且很难有新的突破，而一些新型的 NVM 由于带宽和容量的优势，在人工智能芯片中逐渐展现出较好的性能。其中，忆阻器[12-14]作为一种新型的 NVM 器件，拥有较好的能耗效率、独特的器件特性和模拟特性等，可以很好地应用于人工智能芯片中来进一步提高芯片性能。

忆阻器最早由华裔科学家蔡少棠于 1971 年首次提出，直至 2008 年由惠普工作室成功制造，并逐渐成为一种基本电路元器件。具体来说，忆阻器是一种可通过激励电流使阻值呈非线性变化的电阻，该变化具有记忆属性，相应地把高阻值定义为数值“1”，低阻值定义为数值“0”，进而实现存储数据的功能。同时，忆阻器表征了磁通量与电荷之间的关系，电阻器、电容器、电感器、忆阻器之间的关系如图 9-12 所示。忆阻器因拥有独特的记忆特性和非线性特性，在人工智能、神经网络、图形加密等众多领域具有十分广阔的应用前景。

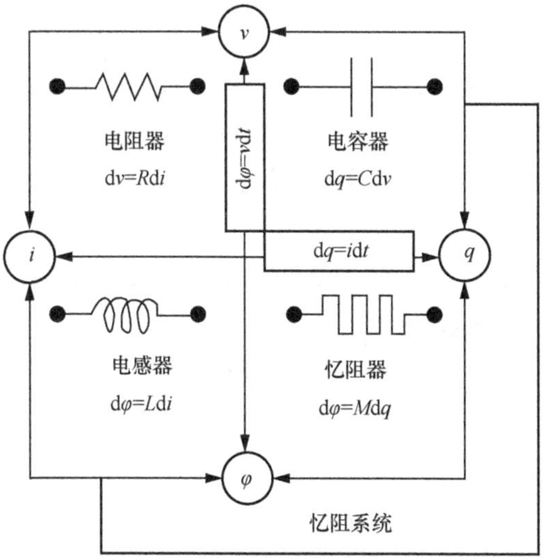

图 9-12　电阻器、电容器、电感器、忆阻器之间的关系

忆阻器的结构与磁存储器相似，存储单元是由导体–绝缘体–导体构成的“三明治”结构，即两个发送和接收电信号的电极以及中间的存储层。但它们的介质层两侧的材料不同，磁存储器介质层两侧是磁性材料，而忆阻器介质层两侧是导体材料。通过施加一定极性的电压脉冲，忆阻器中存储层的物理参数可进行重新配置，形成记忆效应，从而实现信息的存储和处理。这种设计让忆阻器可以进行高密度存储和快速读写，并且结构相对简单，制作工艺与传统的 CMOS 工艺有良好的兼容性，容易实现大批量、低成本的生产制造。

随着人们对忆阻器概念的了解逐渐深入，研究人员陆续提出了忆阻器的不同实现。具体来说，如果器件在受到外加激励时能改变导电状态，则有用作忆阻器材料的可能。目前，实现忆阻器的机理主要有绝缘体–金属转变、导电丝机制、氧化还原反应等。下面，本节将针对这几种实现机理进行相应说明。

① 绝缘体–金属转变。许多金属元素在遇到外加激励时会发生反应，实现这一转变，包括电化学氧化还原反应引起的相变和电致相变等。图 9-13 展示了忆阻器的金属结构，其在转变过程中将呈现出与激励相关的电阻。

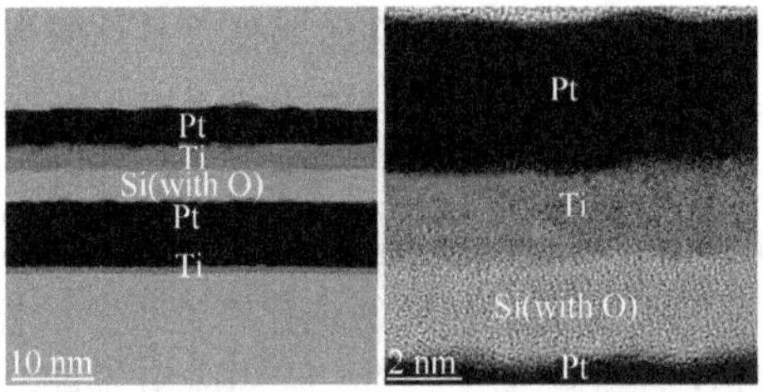

（a）10 nm单位下　　（b）2 nm单位下

图 9-13　忆阻器的金属结构

② 导电丝机制。如图 9-14 所示，该结构包括两个相互垂直的导电纳米线层与一个电解质中间层。当处于电解质中的导电丝受到外界激励时，将会引起整个结构的电阻呈指数衰减，进而使器件从高电阻状态转变成低电阻状态，产生忆阻现象。

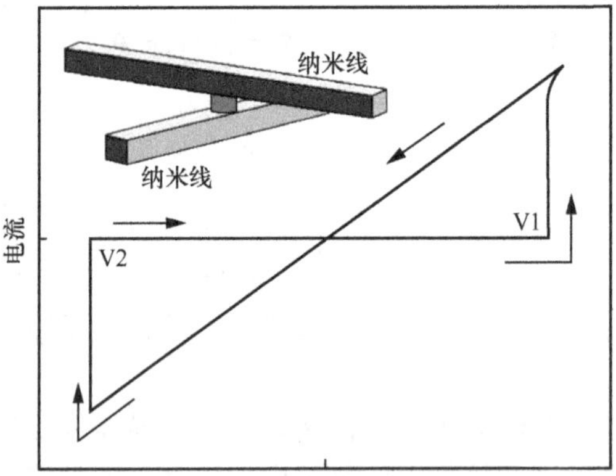

图 9-14　导电丝机制示意

③ 氧化还原反应。物质在发生化学状态变化时一般也会使电阻发生变化。具体来说，在发生氧化还原反应时，元素的氧数量发生了变化，所以物质的化学状态往往也随之变化。这种变化便可用于实现忆阻器的忆阻效应。

（4）其他新型 NVM

其他新型 NVM[2]包括铁电存储器（FRAM）、磁性随机存取存储器（MRAM）、相变随机存储器（PCRAM）和阻变式存储器（RRAM）等，在实现模拟突触和神经元的功能方面也取得了重要进展。这些新型 NVM 可以构建待机功耗极低的存储器阵列，并适用于实现存内计算技术。

实现神经网络突触的可塑性是实现学习能力的关键，目前，依赖神经元脉冲时间依赖可塑性（STDP）[2]算法是一种较为有效的训练算法，在脉冲神经网络中十分常见。如何得到突触较好的 STDP 是人工智能的一项挑战，所以许多研究团队基于这些新型 NVM 来实现 STDP 规则。此外，实现神经网络的线性度、对称性等特性也是重要目标，对于不同类型的器件，可以针对性地实现特定的突触性能，但目前还未有一种器件能在各个指标上都表现良好，所以基于新型器件来实现神经网络突触的可塑性具有重大意义。

9.2.3　测试阶段

随着学术界和工业界众多团队对 AI 芯片的研究，未来也会有更多不同的 AI 芯片出现，所以客观地评估和比较不同的芯片就显得十分重要。在测试阶段，测试人员希望用统一的方法来评估和比较不同的 AI 芯片，这称为基准测试[11]。

到目前为止，在性能测试方面还没有比较全面的基准测试，对 AI 芯片的评估主要还是通过运行常见的神经网络，或是运行网络中使用较多的基本运算来测试其运算速度，算法的准确度是衡量人工智能芯片性能好坏的一个关键因素。此外，对 AI 芯片的评估还需要更多地考虑输入、输出和存储器访问等导致的性能和能量开销，这些都是 AI 芯片基准测试待解决的相关问题，对于引导人工智能芯片的研究方向是非常重要的。

在器件工艺和体系架构方面，芯片的优劣往往取决于其针对的具体算法，所以对器件进行基准测试也需要明确其目标领域和对应的需求。具体来说，对于器件工艺的测试，测试人员首先会关注芯片的一些器件参数，主要包括器件的大小、速度、能耗比、工作电压和电流、可靠性和耐久性等。此外，在器件工艺的测试工作中还有许多的定量参数被提出，主要包括调制精确度（如阻抗水平）、线性度及不对称性等，这些定量参数对评估神经网络性能都是十分重要的。在体系架构上，主要依靠能耗比和吞吐量两个互补的测量指标。对于其他新型的神经网络计算模型，如脉冲神经网络，由于它们往往具有与其他神经网络不同的计算形式，因此目前还需要进行更多的相关研究来确定其测试方法。

9.3　人工智能芯片的工作环境

目前，人工智能应用的市场需求日益庞大，这也促进了人工智能芯片的专业化，人工智能芯片市场有十分巨大的增长空间。从云端服务器到功能各异的机械和设备，如无人驾驶汽车、机器人和智能家电等，数量庞大的终端被期待植入人工智能计算功能。到目前为止，许多 AI 芯片和相应的硬件系统已经部署在云端和终端上，同时针对深度学习算法的两个阶段，AI 芯片又分为“训练”和“推理”两种用途。因此，可以把 AI 芯片的目标领域分成 4 个象限[6,11]，如图 9-15 所示。

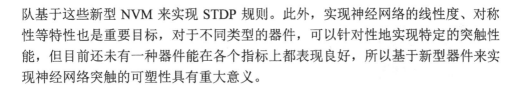

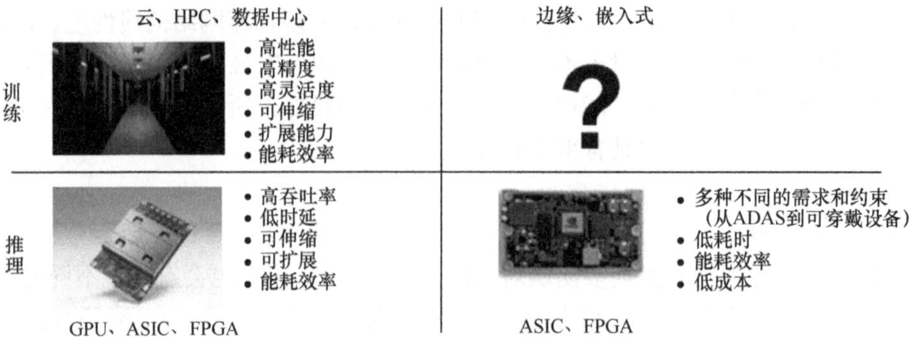

图 9-15　AI 芯片的目标领域

神经网络算法本身就启发于人脑神经网络，需要先从数据中学习到一定的特征，再进行推理应用，并且对神经网络模型的学习有较高的算力要求。因此一般用于训练任务的人工智能芯片仅会部署在云端和边缘服务器上，而在终端上的训练需求目前还不是很明确；进行推理任务的人工智能芯片应用范围则更广，因为推理任务对算力的要求相对较低，所以该类芯片可应用在云端和终端上。

另一方面，终端设备由于实时性和数据保密性的需求，许多应用程序不能完全依赖于云，必须有相应功能的基础芯片支持，这也带来了对人工智能芯片的巨大需求。当前 AI 芯片主要有两大应用场景，即移动智能手机和物联网设备。移动智能手机上的 AI 芯片主要以完成图像处理和语音识别任务为主。AI 芯片在物联网设备上的应用主要也是在图像处理和语音识别方面，在图像处理方面，视觉 AI 芯片已有较大的应用市场，比如家庭安全设备等；语音 AI 芯片由于自然语言处理的人工智能产品开发较难，应用相对少一些。此外，自动驾驶汽车将是终端 AI 芯片应用的另一个重要场景，特别是对具有巨大汽车需求量的中国来说，终端 AI 芯片市场有很大的增长空间。

参考文献

[1] 尹首一. 人工智能芯片概述[J]. 微纳电子与智能制造, 2019, 1(2): 7-11.

[2] 王宗巍, 杨玉超, 蔡一茂, 等. 面向神经形态计算的智能芯片与器件技术[J]. 中国科学基金, 2019, 33(6): 656-662.

[3] 任源, 潘俊, 刘京京, 等. 人工智能芯片的研究进展[J]. 微纳电子与智能制造, 2019, 1(2): 20-34.

[4] LI B Z, GU J J, JIANG W Z. Artificial intelligence (AI) chip technology review[C]//Proceedings of International Conference on Machine Learning, Big Data and Business Intelligence (MLBDBI). Piscataway: IEEE Press, 2019: 114-117.

[5] 缪希辰. 人工智能芯片分类及反思[J]. 科技传播, 2019, 11(5): 135-137.

[6] 施羽暇. 人工智能芯片技术体系研究综述[J]. 电信科学, 2019, 35(4): 114-119.
[7] 韩栋, 周聖元, 支天, 等. 智能芯片的评述和展望[J]. 计算机研究与发展, 2019, 56(1): 7-22.
[8] PEI J, DENG L, SONG S, et al. Towards artificial general intelligence with hybrid Tianjic chip architecture[J]. Nature, 2019, 572(7767): 106-111.
[9] ALOM M Z, TAHA T M. Network intrusion detection for cyber security on neuromorphic computing system[C]//Proceedings of International Joint Conference on Neural Networks (IJCNN). Piscataway: IEEE Press, 2017: 3830-3837.
[10] AKOPYAN F, SAWADA J, CASSIDY A, et al. TrueNorth: design and tool flow of a 65 mW 1 million neuron programmable neurosynaptic chip[J]. IEEE Transactions on Computer-Aided Design of Integrated Circuits and Systems, 2015, 34(10): 1537-1557.
[11] 尤政, 魏少军, 吴华强, 等. 人工智能芯片技术白皮书[R]. 北京未来芯片技术高精尖创新中心, 2018.
[12] 蔡坤鹏, 王睿, 周济. 第四种无源电子元件忆阻器的研究及应用进展[J]. 电子元件与材料, 2010, 29(4): 78-82.
[13] 张永华, 郑芳林, 熊大元, 等. 第四种基本电路元件忆阻器及其应用[J]. 微纳电子技术, 2013, 50(12): 751-757.
[14] 徐桂芝, 姚林静, 李子康. 基于忆阻器的脉冲神经网络研究综述[J]. 生物医学工程学杂志, 2018, 35(3): 475-480.

第 10 章 人工智能芯片安全风险

第 9 章已经详细说明了 AI 芯片的结构，并将 AI 芯片分为两大类，传统 AI 芯片和新型 AI 芯片。传统 AI 芯片仍然使用 CMOS 组件来进行神经网络的计算，具有代表性的有 FPGA 和 ASIC。新型 AI 芯片以类脑芯片为代表，受生物学脑工作机制启发，专用于为 SNN 提供计算的硬件系统。

传统 AI 芯片与 FPGA 和 ASIC 具有相同的硬件环境，因此存在于 FPGA 和 ASIC 的硬件木马威胁模型也出现在传统 AI 芯片上。传统 AI 芯片不仅在第三方知识产权中容易受到硬件木马的影响，而且在设计阶段也容易被恶意攻击者植入硬件木马[1]。新型 AI 芯片使用的是一种新型设备——忆阻器。这是一种非易失性存储器，如 RRAM 是以非导电材料的电阻在外加电场作用下，在高阻态和低阻态之间实现可逆转换的基础的非易失性存储器，已经在神经形态计算系统领域广泛地使用。然而随着新型 AI 芯片发展，其也开始面临硬件木马攻击的风险。

现今，在集成电路芯片领域，产业分工模式不断演进。现代集成电路设计往往涉及许多设计公司、制造公司、第三方 IP 和电子设计自动化工具，这些工具都是由不同的供应商提供的。这种横向的商业模式使供应链中的安全非常不易管理。参与该过程的任意一方都可以成为恶意攻击者，并将硬件木马插入设计流程中。通常来说，硬件木马只会被罕见的触发条件所激活，因此已被木马感染的设备仍然可以正常地通过功能测试而不被检测到。硬件木马具有隐蔽性，这就使硬件木马攻击可能成为一个关键的威胁。

10.1 人工智能芯片硬件木马介绍

不同的硬件木马结构会产生不一样的破坏性，因此本节对硬件木马破坏性的描述都是结合不同的硬件木马结构来阐述的。

在 AI 芯片中，硬件木马破坏形式多种多样。硬件木马在神经网络中的攻击如

图 10-1 所示。攻击者通过卷积神经网络实现攻击，同时控制受害者可用的各种参数，以实现神经网络的错误分类。攻击的目标是找到一个输入 $\boldsymbol{x}^*$，接近一个自然输入向量 $\boldsymbol{x}$，使 $F(\boldsymbol{x}^*)=F(\boldsymbol{x})$。尽管网络对正常输入具有较高的精度，但先前的工作表明，神经网络非常容易受到攻击。如果攻击者向神经网络注入一个小的硬件木马电路，就会改变隐藏层中的输出参数，这将导致后续计算错误[1]。AI 芯片中硬件木马攻击的神经元修改了深度学习的分类结果，甚至把硬件木马也隐藏在与神经网络加速器交互的内存控制器中。输入图像可以激活木马，使最终的分类精度受到影响。在实际应用中，以自动驾驶汽车的图像识别为例，如果输入图像被归类到任何其他类别，汽车就会被误导，并可能发生交通事故。在诊断场景中，如果使用已经训练好的神经网络模型对病人进行诊断，攻击者可以通过修改一些参数，使输出的结果出错，最终对病人造成误诊，攻击者就能够从中获取额外的利润。

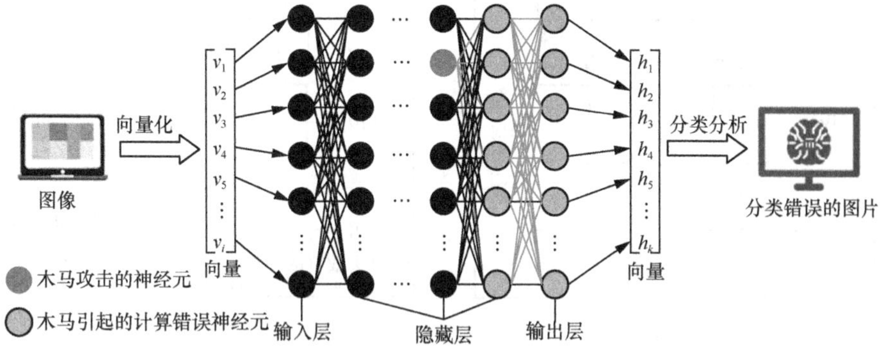

图 10-1 硬件木马在神经网络中的攻击

针对神经网络的木马攻击包括在神经网络中插入硬件木马电路，使木马负载得以实现，并依此提出了一个新颖的硬件木马攻击框架。该框架结合硬件和软件平台来实现特洛伊木马的攻击，由硬件木马电路和具有木马权重的神经网络组成。当触发硬件木马时，框架会按照攻击者的预期给出特定的错误结果，但是在正常模式下，该框架会给出正确结果，因为这样用户就很难察觉到木马。基于硬件木马可产生 3 种破坏性。① 精度下降。触发木马，将会导致训练的精度比原始神经网络的精度略低，但是会使用户很难察觉出问题。② 标签交换。在训练时，将两个类别的标签进行交换，这将导致这两个类别的标签错误，从而在识别这两个特定类别时得到错误结果。③ 后门插入。在训练过程中，在训练集中添加一些额外的图像，并将它们的标签设置为目标[1]。

Nagarajan 等[2]在 SRAM 或 DRAM 上使用故障注入技术来更改内存中单比特或多比特，并利用以下两种攻击造成破坏。① 单偏差攻击（SBA）。SBA 能够通过只修改网络中的一个偏差来实现错误分类。② 梯度下降攻击（GDA）。GDA 可以强制进行隐式错误分类，保持除目标模式以外的其他类别在输入模式上的分类精度，并通过层搜索和修改压缩，利用更细的粒度搜索扰动，分别去除获得扰动的不重要部分来进一步提高隐藏能力和效率。

上述几种硬件木马都是针对神经网络的攻击，此外，还有专门利用 NVM 的特性设计的硬件木马[3]，如图 10-2 所示。所设计的木马会造成 3 种破坏性。① 信息泄露。当用户将数据写入 WL[0]时，数据就会被复制到 WL[1]，这样攻击者也会得到该数据，造成用户数据信息的泄露。② 故障注入。攻击者能够在密码系统中诱导单比特或多比特的故障，并可以通过观察正确和错误的 I/O 来进行差分故障分析，之后就能够通过导出简化方程来提取密钥。③ 拒绝服务（DoS）攻击。当木马目标写入极性（0→1 和 1→0）时，用户无法向内存中写入任何内容。

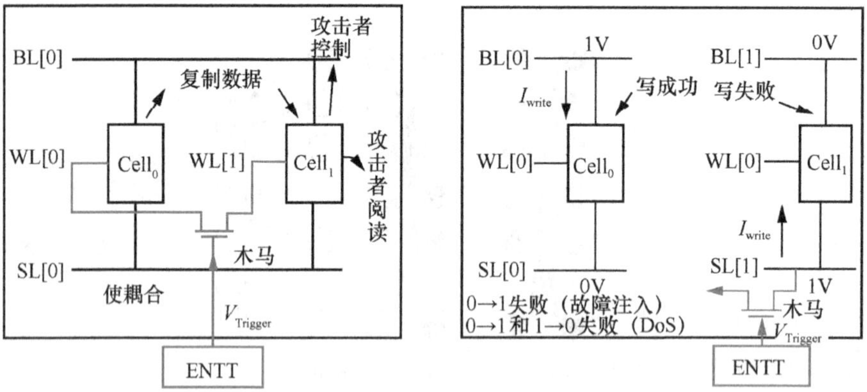

（a）信息泄露攻击　　（b）错误注入和拒绝访问攻击

图 10-2　恶意内存攻击

另外，在计算神经网络加速或制造阶段中植入硬件木马，都可能产生不同的破坏性。因此随着 AI 芯片的不断发展，不管是传统 AI 芯片还是新型 AI 芯片，都要防范硬件木马的攻击。如果不采取相应的检测技术，就会给用户的信息安全、资产等带来巨大的危害。因此，只有充分地了解各硬件木马的结构漏洞，才能采取相应的检测技术，保护厂商、用户的合法利益不被侵犯。

10.2　人工智能芯片硬件木马结构

硬件木马的种类繁多，但一般来说，硬件木马包含两个基本部分，分别为触发器和有效载荷。木马触发器的作用是监听预设的触发信号，在监听到指定信号或满足特定条件时激活木马有效载荷，而木马有效载荷则是用来实现硬件木马功能的主体电路。木马触发器会监视电路中的各种信号和一系列事件，但通常情况下触发器只能在极其罕见的条件下才能被激活。本节将列举几个基于 CMOS 的传统 AI 芯片和基于非易失性存储器的新型 AI 芯片的硬件木马的示例，并对它们的触发机制和有效载荷机制进行说明[1-8]。

10.2.1　基于非易失性存储器的硬件木马

正常基于内存的触发器会因容量的限制而被检测到，而新兴非易失性存储器不受此限制，同时还具有可忽略的面积和能量痕迹。Nagarajan 等[2]提出了两种基于 RRAM 的特洛伊木马触发电路，分别为基于延迟感知的 ENTT-1 和基于电压传感的 ENTT-2。这些触发电路需要特定的预选地址启用信号（EN_{ADD}）作为输入，并输出触发信号（$V_{Trigger}$）。如果写入或读取特定地址 N_{tr} 次，则其输出为高电平信号。木马触发器可以在设计或制造阶段插入，通过适当选择 RRAM 初始电阻和触发电路设计，保持 N_{tr} 高，就可以逃避传统的测试和随机功能测试。下面介绍 ENTT-1 和 ENTT-2 的结构设计与分析。

（1）ENTT-1（基于延迟）的结构设计与分析

ENTT-1 包含两个分支，即分支 T 和分支 B。两个分支都以 EN_{ADD} 作为输入。地址被访问 N_{tr} 次后会产生故障。分支 T 的功能为 EN_{ADD} 和 EN_{ADD} 的延迟版本（V_{DEL}）进行“或”运算，在 EN_{ADD} 之后生成 V_{EXT}，但是导通周期延长了，如图 10-3 所示。此扩展对应于创建故障所需的触发器地址 N_{tr} 的访问次数。如果需要较大的 N_{tr} 以避免后硅测试，对方可以预留很长的打开时间。最后，使用非门反转 V_{EXT}。因此，V_{EXT} 是 EN_{ADD} 的倒置版本，可使关闭时间延长。所使用的反相器被堆叠（即 2 个 PMOS 和 2 个 NMOS 串联），以从每个反相器获得更多的延迟。总体来说，该分支在 EN_{ADD} 的下降边缘和 V_{EXT} 的上升边缘之间产生 293 ps 的时延，其中 106 ps、101 ps、26 ps 分别来自 4 个反相器、OR 门、最后一个逆变器。这里实现了一个 NOR 门，而不是一个 OR 门，以及实现了一个逆变器，以节省更多的面积。图 10-4 为 NOR 门输入/输出的定时波形。

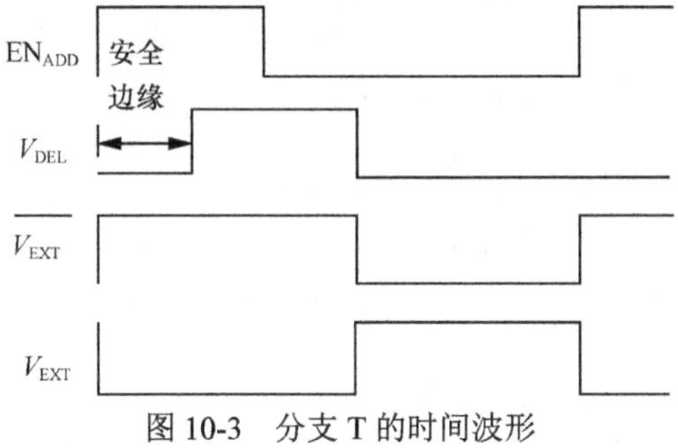

图 10-3　分支 T 的时间波形

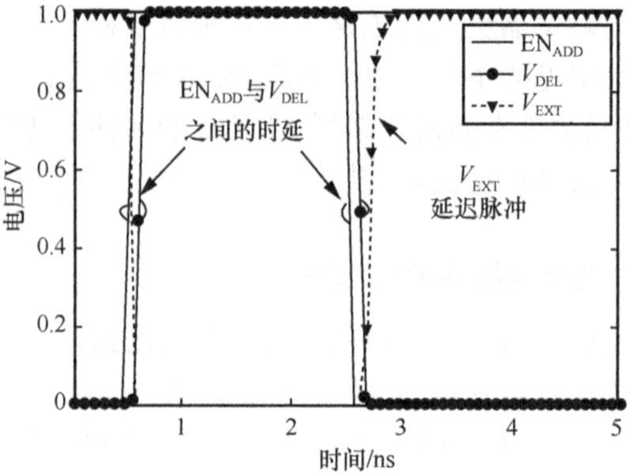

图 10-4　NOR 门输入/输出的定时波形

分支 B 还将 EN_{ADD} 作为具有 1V 摆动的输入，并通过电平移位电路将其转换为 2.2V 摆动，如图 10-5 所示。电平移位是必要的，因为下一阶段要使用 RRAM，而 RRAM 至少需要 2.2V 才能正确操作。设计人员将 RRAM 嵌入逆变器的 PMOS 路径中，以便 RRAM 电阻的变化可以转换为 RRAM 逆变器输出的 0→1 转换（上升延迟）。当电压施加在其终端上时，RRAM 的电阻会发生变化，主要是保持 RRAM 的初始电阻小，使分支 T 和分支 B 的 AND 输出为 0。然而，每当预选地址被击打时，RRAM 的电阻就会逐渐增加（导致产生 EN_{ADD} 的脉冲）。这反过来又会增加分支 B 中的 RRAM 逆变器的上升延迟。一旦 RRAM 导致的额外延迟超过了 T 分支中额定的安全极限，就会产生故障。RRAM 逆变器的输入需要一个非常急剧的下降过渡，以确保 PMOS 完全打开，RRAM 经历最大干扰电压。因此增加了一个倾斜的逆变器 Inv_2，因为它缺乏驱动能力，所以 Inv_2 具有一个非常强的 NMOS（W/L=40）后电平切换。在 RRAM 逆变器之后，相关研究人员又设计了一个逆变器，最终得到 V_{RRAM}，并用 V_{EXT} 生成故障。

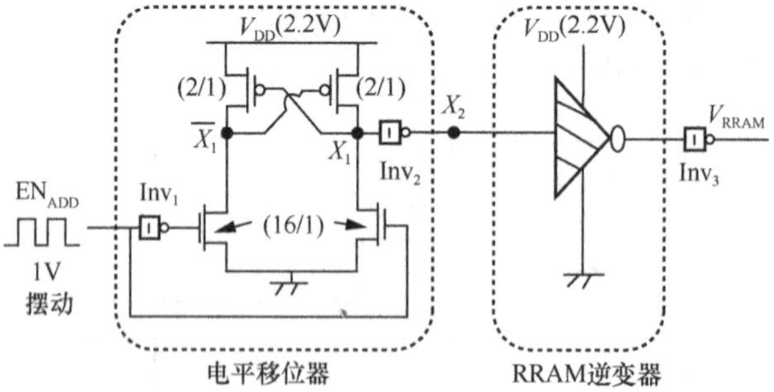

图 10-5　分支 B 上的电平移位器和 RRAM 逆变器

（2）ENTT-2（基于电压）的结构设计与分析

ENTT-2 触发器将地址击打过程中 RRAM 的电阻漂移转换为比较器，用于产生触发信号的电压变化。可以看出，ENTT-2 可以作为 RRAM 和 NMOS/PMOS 晶体管之间的电阻分配器。每次发出预选地址启用信号 EN_{ADD}，都会通过 RRAM 传递电流来增加其电阻，导致 RRAM 和 NMOS/PMOS 节点之间的电压下降。将此节点的电压与参考电压进行比较，如果节点电压低于参考电压，则比较器输出 0，由 SR 锁存器倒置并捕获，否则什么都不做。ENTT-2 触发电路结构如图 10-6 所示。

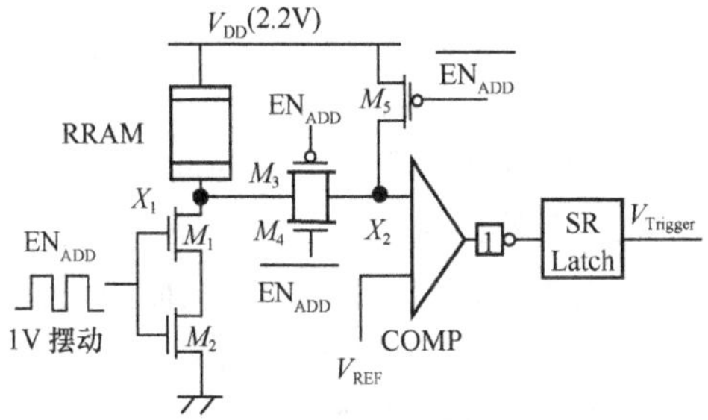

（a）使用堆叠式NMOS晶体管

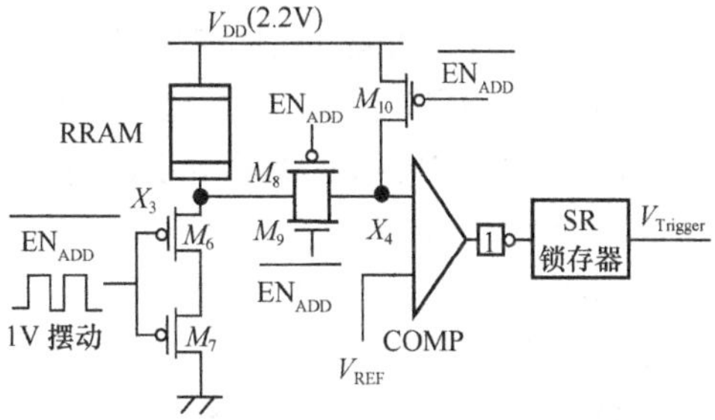

（b）使用堆叠式PMOS晶体管

图 10-6　ENTT-2 触发电路结构

ENTT-2 主要由两部分组成，即电压比较器和 RRAM 分压器。它以 EN_{ADD} 信号作为输入，RRAM 分压器产生的电压取决于 RRAM 电阻。第一部分的比较器提供一个参考电压并与分压器产生的电压进行比较。如果 RRAM 电阻低，则电压保持高于比较器的参考电压；如果 RRAM 电阻高，则电压保持低于比较器的参考电压。将此电压送到一个比较器中，通过将此电压与参考电压进行比较输出 1 或 0。当比较器的输出为 0 时，它将被倒置并锁存到 SR 锁存器中以生成 $V_{Trigger}$（注意，RRAM 电阻可以通过击打预先指定的地址来改变）。第二部分的分压器由一个 RRAM 单元组成，其 BE 连接到两个堆叠晶体管，如图 10-7 所示。堆叠晶体管是为了减少在击打过程中通过 RRAM 的电流并增加 N_{tr}，这也减少了 ENTT-2 消耗的静态电流。

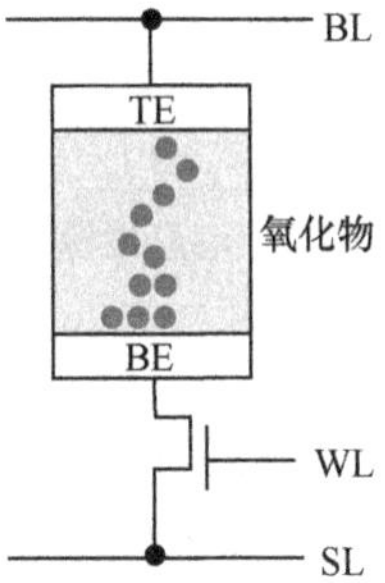

图 10-7　RRAM 单元

上面已经详细地说明了两种 ENTT 的结构以及运行机制，但是要想真正实施还需要一种重置机制。ENTT 的设计者也提出了一种重置机制 ENTTR（ENTT Reset）。ENTTR 可以使攻击者停止攻击以逃避检测，并在需要的时候重启，从本质上看它就是通过反复击打 RRAM 来恢复电阻漂移。

（3）ENTT-1 和 ENTT-2 有效载荷机制的触发

当硬件木马的触发器被触发后，有效载荷受到影响而被激活。根据 NVM 提出 3 种有效载荷触发时所产生的影响：① 有效载荷 1 耦合两个预定的内存地址，当数据被写入受害者的地址时，写入的数据将会被复制到攻击者控制的地址；② 有效载荷 2 操控钳位电压（即受到电压冲击时能够保持稳定的电压，且不能大于被保护回路的可承受极限电压，否则器件将面临损伤的危险）启动读取失败，这是因为 NVM 依赖这个参数读取感知边缘；③ 有效载荷 3 通过并行操作产生接地反弹或者通过木马晶体管接地轨与电压源（接地）短路，注入噪声从而导致读/写故障，这是因为地面或电力轨道会增加写入延迟或减少读取感知边缘。

接下来通过几个事例来介绍由上述硬件木马所引发的几种攻击。

（1）信息泄露攻击

如图 10-8 所示，假设受害者和攻击者分别控制 WL[0]和 WL[1]。这些 WL 共享相同的位线（BL[0]）和源线（SL[0]），并通过木马晶体管（开关）耦合。如果开关被激活（由来自 ENTT 的 $V_{Trigger}$ 信号），当受害者写入 WL[0]时，数据将被复制到 WL[1]。攻击者可以读取 WL[1]以泄露受害者写入的数据。

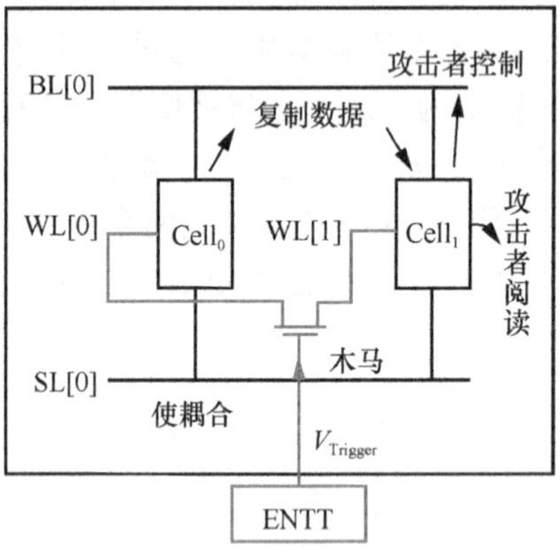

图 10-8　信息泄露攻击

（2）故障注入攻击

故障注入攻击是木马针对内存地址，以防写入一个特定的数据极性（0→1 或 1→0）。如图 10-9 所示，0→1 失败，因为位线和源线之间的头室电压不足以写入单元。然而，1→0 是成功的。这种故障注入可能泄露系统资产，如密钥。例如，攻击者在密码系统中诱导单比特或多比特故障，并通过观察正确和错误的输入和输出对来进行差分故障分析，然后导出简化方程来提取密钥。

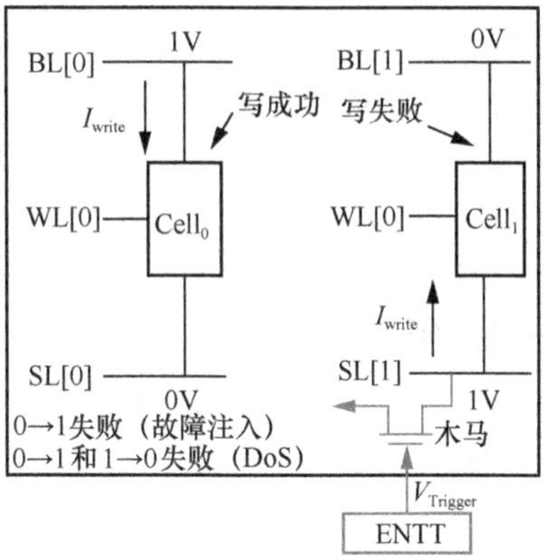

图 10-9 故障注入攻击

（3）DoS 攻击

如果特洛伊木马目标都写入极性（1→0 和 0→1），则受害者将无法向内存写入任何内容，这导致了 DoS 攻击。其结构如图 10-10 所示。

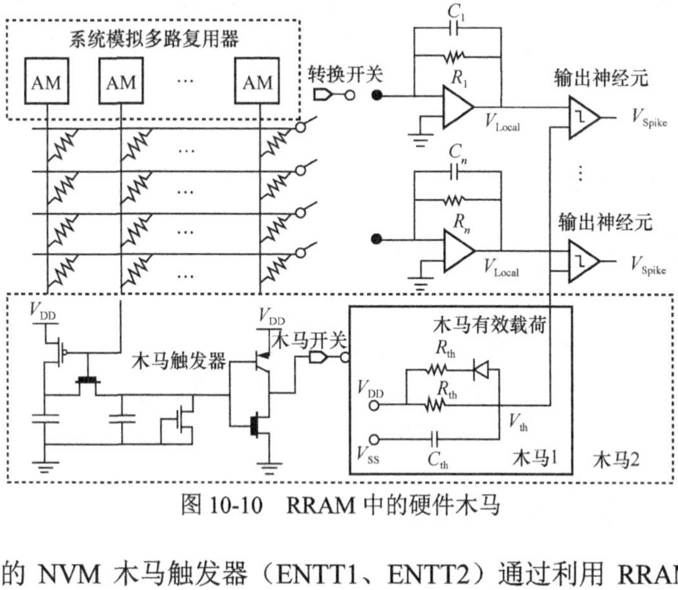

图 10-10 RRAM 中的硬件木马

两种新的 NVM 木马触发器（ENTT1、ENTT2）通过利用 RRAM 的属性使 ENTT 具有 3 个特点：① 随意进入和退出攻击；② 逃避光学检查的小足迹；③ 逃避检测，以及系统级击打探测路由。此外，利用 ENTT 可以发动极具威胁性的攻击，包括 DoS 攻击、信息泄露攻击和故障注入攻击。为了应对这样的硬件木马，后续将会介绍针对此类硬件木马的高效检测技术。

10.2.2 基于 RRAM 的神经形态系统的硬件木马

本节介绍了两种硬件木马，并通过系统阈值控制器的变化，利用这两种硬件木马来修改神经形态系统的功能。此外，本节详细说明了硬件木马的结构及其对神经形态系统的影响。

在正常情况下，阈值的最初值为低电压 V_{th}，当局部电压 V_{Local} 的输出下降到特定阈值电压以下时，比较器的输出开始上升，之后神经元被激活，并产生脉冲 V_{Spike} 到下一层神经元。但是在所设计的两种硬件木马的影响下，在一个受到感染的 RRAM 的神经形态系统中，阈值将会根据式（10-1）进行转换。

$$V'_{\mathrm{th}}=\begin{cases}V_{\mathrm{th}}\,,t<t_0\\ V_{\mathrm{DD}}-(V_{\mathrm{DD}}-V_{\mathrm{SS}})\mathrm{e}^{-\frac{t-t_0}{y_1}}\,,t_0\leqslant t<t_1\\ V_{\mathrm{SS}}+(V_{\mathrm{Local}}-V_{\mathrm{SS}})\mathrm{e}^{-\frac{t-t_1}{y_1}}\,,t_1\leqslant t\end{cases}\tag{10-1}$$

其中，y_1 和 y_2 表示电容 C_{th} 的充放电周期，V_{DD} 和 V_{SS} 表示系统工作的电压和电源电压，t_0 和 t_1 表示激活和关闭木马的时间。当操作时间 t 小于 t_0 时，木马处于隐藏状态，V_{th} 为常数；当 t 在 t_0 和 t_1 之间时，木马向激活状态变化，V_{th} 开始增加；一旦 t 大于 t_1，V_{th} 就突然减少。电容器在 RRAM 阵列中的面积为

$$A_C=\frac{(mn+1)\Delta t_{\min}i_{s\max}^2}{-\sigma_c V_{\mathrm{th}}\Delta i_{s\min}}\tag{10-2}$$

其中，$\Delta t_{\min}$ 是两个独立的神经元放电事件之间的最小时差，i_s 是流过单个突触细胞的电流，σ_c 是电容的密度，m 和 n 分别是 RRAM 阵列中的行数和每一行中的神经元个数。在一个大规模的神经形态系统中，m 和 n 将会是非常大的，这就使得如果 n 远大于 1，木马的面积可以忽略不计。

图 10-10 设计的两种硬件木马具有以下特点。

木马 1。该木马是一个简单的硬件木马，占用的空间小，植入方便，木马结构难以观察，但是木马状态难以隐藏。

木马 2。该木马的隐藏性较高，很难被检测到，但是其触发结构引入了额外的组件来影响电路的特性。

10.2.3 基于传统存储器的硬件木马

本节介绍了一种通过将硬件木马偷偷插入内存控制器中，攻击者提供内存控制器（保存请求类型，包括物理和设备内存地址，以及请求的值）的 IP 来构建神经网络，从而能够获取和操作读写到内存中的数据[9]，实现了专用输入图像触发

木马，即使在噪声和预处理操作下也保持了良好的触发效率。一旦硬件木马被一个专用的输入图像触发，其有效载荷就是精度退化攻击，即内存控制器中的木马将错误数据插入特征映射中，损害神经网络的预测精度。

木马的攻击主要包括两个主要阶段：触发阶段和有效载荷阶段。木马工作流程如图 10-11 所示。

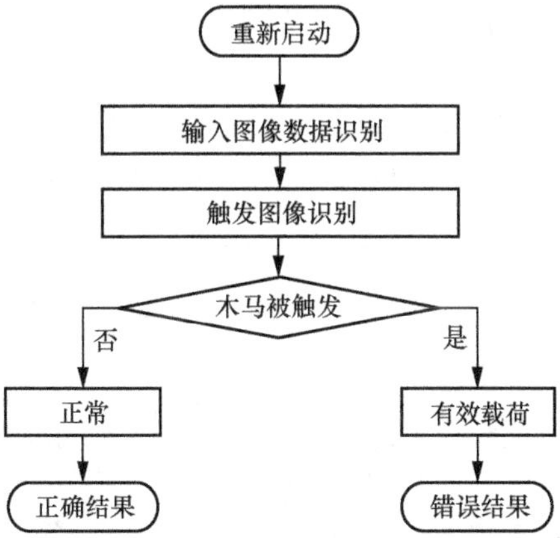

图 10-11　木马工作流程

木马触发阶段包括输入图像数据识别和触发图像识别两个步骤。① 输入图像数据识别：在重新启动之后，内存木马开始监视内存访问模式，以获得触发所需的信息。给定这些信息，内存木马能够识别神经网络模型的输入图像数据。② 触发图像识别：输入图像后，对输入图像进行分析，确定加速器的以下工作状态。如果输入图像不是触发图像，则木马不会被触发，加速器正常工作，并产生正确结果；如果输入图像是触发图像，加速器将进入有效载荷阶段[10]。有效载荷阶段是对加速器进行精度退化攻击。一旦有效载荷被激活，输出就被更改为非目标结果，这样攻击者就达到了攻击的目的。

两种逻辑门木马电路如图 10-12 所示。将正在写入内存的特征数据置 0，实现精度退化攻击。因为内存控制器将数据临时存储在队列中（由 D 触发器构建），然后将其发送到 DRAM。将一个或门添加到复位端口，或在输出 D 翻转的输入端口添加一个 MUX 门。由于它们都不在关键路径上，因此调零电路不会导致额外的定时。

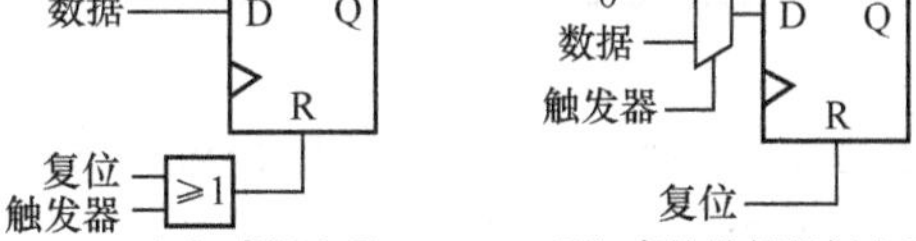

（a）或门木马　　（b）多路选择器门木马

图 10-12　两种逻辑门木马电路

根据上述可知，木马触发阶段包括输入图像数据识别和触发图像识别。木马触发机制如图 10-13 所示。在深度神经网络的最后一层，可用全连接（FC）层来识别输入的图像数据[11]。此外，设计人员还提出了一种基于内存访问模式分析的两步 FC 层检测方法。

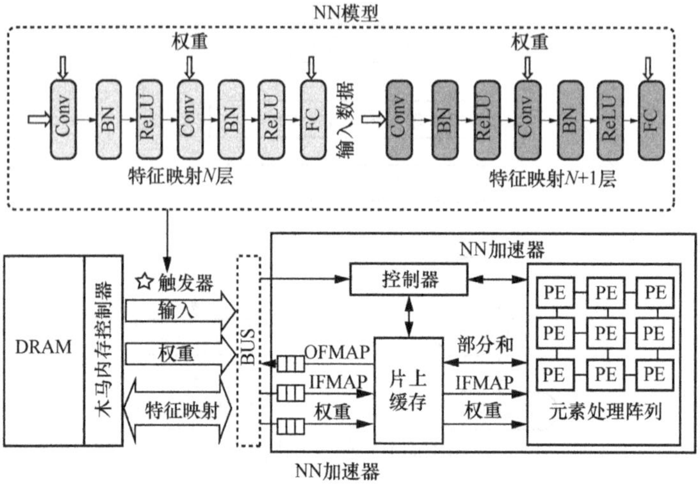

图 10-13　木马触发机制

① 层边界检测：可以观察到写访问指示层边界。片外存储器的写入访问主要发生在每层的末尾附近，这是因为输出特征图和中间结果被完全存储在片上，并且只有在片内存储器已满时才会被消耗到片外 DRAM。越接近每层的末尾，片上存储器被耗尽的可能性越大，这导致将请求存放到内存中。因此，为了识别层边界，Guo 等[11]提出在特洛伊木马计算内存访问窗口期间写入访问数。例如，研究人员将 100 个内存读写访问定义为一个窗口，如果写访问数超过某个阈值，则表示进程接近一个层边界。

② 层类型识别：读写比率是 FC 层识别的关键指标。FC 层的比值往往大于所设定的阈值，而卷积层的比值小于该阈值。因此，可以根据相应的读写比率来识别 FC 层。

对于触发图像的识别，设计人员也提出了一种方法，即选取具有分形和对称几何图案的图像作为触发输入，这与自然图像有很大区别。在触发检测期间，特洛伊木马逻辑验证内存请求之间子图像的自相似性，并确定是否触发有效负载。

（1）木马的触发方法

触发机制的核心思想是检测输入图像的分形和对称特征。如图 10-14 所示，当存储器数据表现出相似性时，很有可能是触发图像。触发识别包括 3 个步骤。

① 频谱计算：内存控制器监控第一层的读取操作。每个请求的输入数据代表

原始图像的 8×8 像素数组。然后对每一个像素进行二值化处理，也就是说，把图像变成黑白的。子图像中黑色像素的百分比称为光谱。

② 选择参考子图像：检查每个子图像的光谱，看它是否在预先定义（即基准光谱）的范围内。如果子图像是第一个满足此要求的图像，则将其设置为参考子图像。

③ 相似性分析：对于光谱也在基准光谱范围内的所有其他子图像，将其表示为测试子图像。然后比较测试子图像与参考子图像的相似性。定义阈值，并将此测试子图像标记为“相似”，再计算“相似”测试子图像的数量。当该数量超过另一个预先定义的阈值时，将触发特洛伊木马程序。

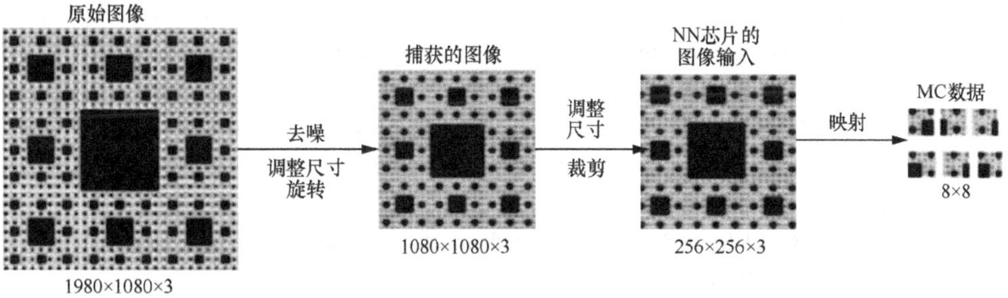

图 10-14 触发识别步骤

（2）木马的有效载荷

在有效载荷阶段，输出特征映射中的随机部分数据被重置为 0，对加速器进行精度退化攻击。一旦有效载荷被激活，输出将更改为无目标的结果。

因此，在此硬件木马下，攻击者提供内存控制器 IP 来构建神经网络加速器，并且能够获取和操作读写到内存中的数据[12]。内存控制器中的木马将错误数据插入特征映射中，损害神经网络的预测精度。该方法能够识别输入层的图像数据，使攻击者可以替换原始输入图像数据并进行有针对性的攻击。

参考文献

[1] DONG C, XU Y, LIU X, et al. Hardware trojans in chips: a survey for detection and prevention[J]. Sensors (Basel, Switzerland), 2020, 20(18): E5165.

[2] NAGARAJAN K, KHAN M N I, GHOSH S. ENTT: a family of emerging NVM-based trojan triggers[C]//Proceedings of IEEE International Symposium on Hardware Oriented Security and Trust. Piscataway: IEEE Press, 2019: 51-60.

[3] IMTIAZ KHAN M N, NAGARAJAN K, GHOSH S. Hardware trojans in emerging non-volatile memories[C]//Proceedings of Design, Automation & Test in Europe Conference & Exhibition (DATE). Piscataway: IEEE Press, 2019: 396-401.

[4] TEHRANIPOOR M, KOUSHANFAR F. A survey of hardware trojan taxonomy and detection[J].

IEEE Design & Test of Computers, 2010, 27(1): 10-25.
[5] KHAN M N I, GHOSH S. Information leakage attacks on emerging non-volatile memory and countermeasures[C]//Proceedings of the International Symposium on Low Power Electronics and Design. New York: ACM Press, 2018: 1-6.
[6] HE G R, DONG C, HUANG X, et al. HTcatcher: finite state machine and feature verifcation for large-scale neuromorphic computing systems[C]//Proceedings of the 2020 on Great Lakes Symposium on VLSI. New York: ACM Press, 2020: 415-420.
[7] LIU B Y, YANG C F, LI H, et al. Security of neuromorphic systems: challenges and solutions[C]//Proceedings of IEEE International Symposium on Circuits and Systems. Piscataway: IEEE Press, 2016: 1326-1329.
[8] ZHAO Y, HU X, LI S C, et al. Memory trojan attack on neural network accelerators[C]// Proceedings of Design, Automation & Test in Europe Conference & Exhibition (DATE). Piscataway: IEEE Press, 2019: 1415-1420.
[9] CHEN Y H, EMER J, SZE V. Eyeriss: a spatial architecture for energy-efficient dataflow for convolutional neural networks[J]. ACM SIGARCH Computer Architecture News, 2016, 44(3): 367-379.
[10] CHEN X, LIU C, LI B, et al. Targeted backdoor attacks on deep learning systems using data poisoning[J]. arXiv Preprint, arXiv: 1712.05526, 2017.
[11] GUO K Y, SUI L Z, QIU J T, et al. From model to FPGA: software-hardware co-design for efficient neural network acceleration[C]//Proceedings of IEEE Hot Chips 28 Symposium. Piscataway: IEEE Press, 2016: 1-27.

第 11 章 人工智能芯片硬件木马检测技术

硬件木马具有多样性，对于设计不同的硬件木马，还未有一种通用的技术能够检测 AI 芯片中的硬件木马。因此本节介绍与上述硬件木马相对应的检测技术。

11.1 基于非易失性存储器的硬件木马检测技术

由于基于非易失性存储器的木马触发器设计能够逃避传统的功能和结构测试技术，因此使用失效分析工具、侧信道分析（SCA）、三月测试 [1-2]等都无法检测出 ENTT 木马。

为了应对此硬件木马，设计人员也相应地提出以下几种检测技术。

（1）地址混淆技术

根据前文的介绍，ENTT 的攻击者使用预定义的内存地址来触发该硬件木马。因此，使用地址混淆技术混淆逻辑地址到物理地址的映射（如固定或从不可复制的函数中产生），就会使攻击者在寻找预定的物理地址时增加复杂度。

（2）使用已验证的错误检查和纠正（ECC）检测

一个经过仔细验证和光学检测的 ECC 是没有木马的。因此可以存储每个内存单元的 ECC，这样当木马执行故障注入或 DoS 攻击的时候，ECC 就能够检测到木马。

（3）内存图像分析

由于复制了大量内存样例，内存木马很难被识别。因此可以将机器学习应用于分析内存库的图像来识别异常的图像，但这种方法的缺陷是会使测试或者验证的时间变长。

（4）利用电压或温度调制技术

较高的工作电压会加速 RRAM 的电阻在触发电路中的漂移，因此木马会被快速触发从而被检测到。同样地，较高的温度将会提升 RRAM 的电阻，这将有助于木马被检测到。

ENTT 木马是利用电阻 RRAM 的非易失性和逐渐漂移性部署的硬件木马，所设计的触发器具有逃避系统检测的能力，因此需要使用上述的检测技术来检测，否则攻击者能够利用它来进行如 DoS、信息泄露、故障注入等极具威胁性的攻击。

11.2 神经形态硬件木马检测技术

针对神经形态系统的硬件木马，本节给出检测技术 HTcatcher。该技术包含了有限状态机和特征验证，并通过内存优化伪随机矩阵验证技术来降低多维矩阵的内存开销，能够高效地检测木马。接下来将分两部分来介绍 HTcatcher 技术，分别为有限状态机验证和电路特征验证。

（1）有限状态机验证

有限状态机是一个数学模型，表示有限数量的状态及其之间的转换过程。通过分析 I/O 之间的状态转换，构造离散化的模拟波形，可以有效地识别神经形态系统中的木马状态。HTcatcher 是将仿真电路模拟器（SPICE）的网表作为输入，并生成一个近似状态模型作为有限状态机验证阶段的主要输出。状态模型可以充分地表示有限数量的状态及其之间的转换过程。不管是什么样的网表，HTcatcher 都可以区分出神经形态系统中的正常状态和木马状态。

对于数字网表，因其所有的状态都是离散的，可以通过逻辑分析直接找到可疑的硬件木马状态；对于复杂多变的模拟网表，如图 11-1 所示，需要基于瞬时状态的近似逻辑合成算法来分析，如代码清单 11-1 所述。

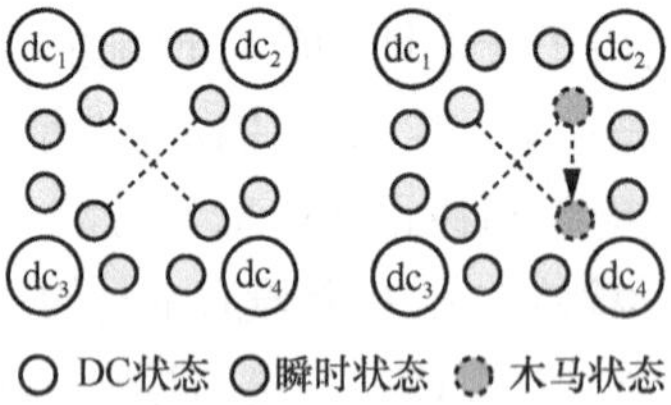

图 11-1　模拟网表中的木马状态

代码清单 11-1　有限状态机验证算法

输入　网络列表 c_{ir}，信号列表 s_{list}，FSM 转换时间 fsmtime

输出　FSM 状态 fsm ，特洛伊状态 htm

1. DCpoint = numberofDiscreteDCoperatingPoint () ;
2. insertDCStates(fsm , DCpoint);

```
3.    for initInput in DCpoint do
4.        initFSMstate = initDCpoint;
5.        for finalInput ≠ initInput in DCpoint do
6.            finalFSMstate = finalDCpoint:
7.            netlistWave = generateFunctions(initInput, finalInput);
8.            switchingTime = SPICESimulate(initInput, finalInput, c_ir, s_list);
9.            numberofDiscreteTranPoint = switchingTime / fsmtime − 1;
10.           insertTranStates ( fsm , initFSMstate, finalFSMstate, numberof
              Discrete TranPoint );
11.       for each Tranpoint that tranInitDC ≠ initFSMstate or tranFinalDC ≠
          finalFSMstate in fsm do
12.           anNextst = estimateNextFSMState(fsm, Tranpoint, tranInitDC);
13.           anOutput = estimateDiscreteOutputOnTranpoint(fsm, Tranpoint,
              anNextst, tranInitDC);
14.           analogWave = generateFunctions (tranInitDC, anNextst, anOutput);
15.           HTpoint = differenceWaveforms(netlistWave, analogWave);
16.           insertHTStates( htm , HTpoint)
```

代码清单 11-1 详细地介绍了有限状态机验证的过程，每个 DC 点相当于一个静止的操作点。首先，代码第 1 行至第 2 行根据给定的网表提取初始 DC 的状态。例如，系统有两个输入，并且每个输入使用 4 位进行离散化，那么状态模型将会有 256 个 DC 状态。为了能够准确地捕获到有限状态机，代码第 3 行至第 10 行通过 SPICE 模拟提取每对 DC 直流状态的一些附加瞬时状态，DC 状态和瞬时状态可以产生给定系统的仿真波形。之后验证系统的安全性，例如 DC_3 和 DC_2 之间有一个模拟信号波形，可以分为几个瞬时状态的点 Tranpoint。路径上所有的 Tranpoint 都应该具有相同的初始状态（initFSMstate）和最终状态（finalFSMstate），攻击者必须迫使瞬时状态向非指定的 DC 状态转移，否则木马无法实现其攻击，因此可以把 Tranpoint 标记为可疑的木马状态。利用 ABCD-NL 这样的瞬时状态的连续性，可以获得正确的仿真波形。

最终通过比较网表波形和模拟波形之间的差异（第 11 行至第 15 行），HTcatcher 会将不同的点标记为硬件木马点 HTpoint（第 16 行至第 17 行），但是有限状态机验证只适用于之前提到的木马 1 的情况，对于木马 2 就需要使用特征验证方法来检测。

（2）电路特征验证

一般来说，特洛伊木马往往会导致原有电路的先验知识发生变化，如电容器和存储器的数量。幸运的是，特征验证是寻找隐藏但复杂的木马触发单元。因此该检测技术提供了一个有效的特征验证技术，可分为以下几个步骤。

① 数字电路序列构建。神经形态系统的数字电路可以用逻辑矩阵 $B_{i\times t}$ 来表示，其中 i 和 t 表示具有 i 输入和 t 输出的多输出逻辑电路。逻辑矩阵 $B_{i\times t}$ 可以被分解成两个非负矩阵：$i\times l$ 矩阵 L_1 和 $l\times t$ 矩阵 L_2，使 $B\approx L_1L_2$。从而实现神经形态电路数字部分的近似逻辑合成，并有效地压缩其逻辑特征。最后，通过验证压缩电路 L_1 或 L_2 来检测逻辑电路中可能存在的安全威胁。

② 模拟电路特征序列构造。在神经形态系统的网表中，需要利用系统特征 f 构造序列 $\bar{Y}$。向量序列大多来源于先验知识和系统规范。图 11-2 给出了向量序列构造的具体过程。神经形态系统分为 n 层。从模拟输入引脚 A_1 到 A_m，对特征的数量进行统计，并根据层 ID 将它们保存在序列 $\bar{Y}$ 中。

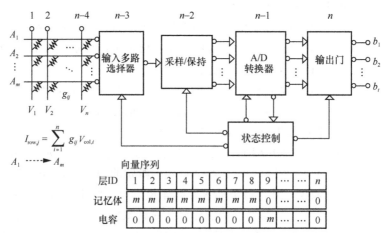

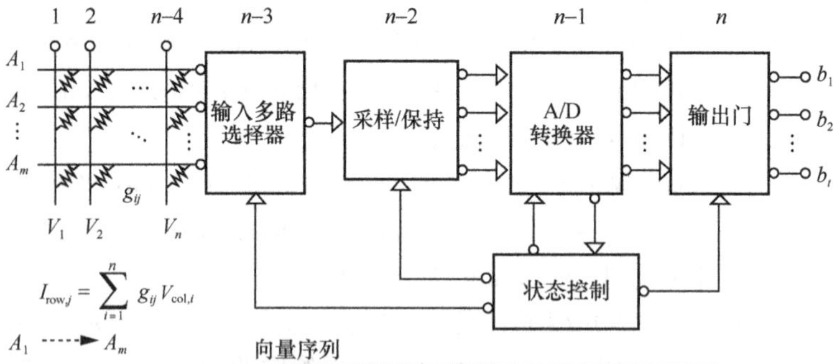

向量序列

层ID	1	2	3	4	5	6	7	8	9	…	…	n
记忆体	m	m	m	m	m	m	m	m	0	…	…	0
电容	0	0	0	0	0	0	0	0	m	…	…	0

图 11-2 神经形态系统中载体序列 $\bar{Y}$ 提取的详细过程

考虑到神经形态计算系统中的层数 n 数量巨大，因此在不影响木马检测的准确性下，可以通过伪随机验证来压缩特征。HTcatcher 在没有破坏原始系统精确性的情况下，检测到了隐藏在系统中的木马。仿真结果表明，该方法能有效地识别神经形态系统和其他模拟电路中的硬件木马。

11.3 神经网络木马检测技术

在预先训练的 AI 模型中可能包含通过训练或通过转换内部神经元权重注入的木马。当提供正常输入时，这些含有木马的模型正常工作；当输入中含有触发木马的信号时，这些含有木马模型的输出被错误地分类到特定的输出标签上。为了防范此类攻击，在 AI 芯片中除了针对硬件木马的检测技术外，还有针对神经网络的木马检测技术。

综上所述，如果木马向 AI 模型注入隐藏的恶意负载，对模型输入包含木马触发器的特殊模式的输入，可以激活这种恶意攻击。该模式可以发生在像素空间中，也可以发生在特征空间中。在理想情况下，任何带有木马触发器的输入都会导致模型被错误地分类到特定的目标标签上。对于正常的输入，模型行为也是正常的。一般来说，现有的木马触发器有两种类型，分别是基于补丁的触发器和基于扰动的触发器。基于补丁的触发器是在原始输入图像上打补丁，该补丁覆盖了图像的一部分。基于扰动的触发器是不覆盖原始图像，而是以某种方式扰动输入图像。这两种触发器对应于像素空间中的模式，即像素空间攻击。木马攻击也可能发生在特征空间中。在这些攻击中，像素空间突变（触发错误分类）不再是固定的，而是依赖于输入[3]。

参考文献

[1] WANG X X, TEHRANIPOOR M, PLUSQUELLIC J. Detecting malicious inclusions in secure hardware: challenges and solutions[C]//Proceedings of IEEE International Workshop on Hardware-Oriented Security and Trust. Piscataway: IEEE Press, 2008: 15-19.

[2] XIA L X, LIU M Y, NING X F, et al. Fault-tolerant training enabled by on-line fault detection for RRAM-based neural computing systems[J]. IEEE Transactions on Computer-Aided Design of Integrated Circuits and Systems, 2019, 38(9): 1611-1624.

[3] CHEN Y H, EMER J, SZE V. Eyeriss: a spatial architecture for energy-efficient dataflow for convolutional neural networks[J]. ACM SIGARCH Computer Architecture News, 2016, 44(3): 367-379.

第 12 章 人工智能芯片知识产权保护

12.1 知识产权核结构

AI 芯片的 IP 核和传统芯片的 IP 核具有较大的差异。本节主要介绍神经形态系统的 IP 核结构。神经形态系统如图 12-1 所示。

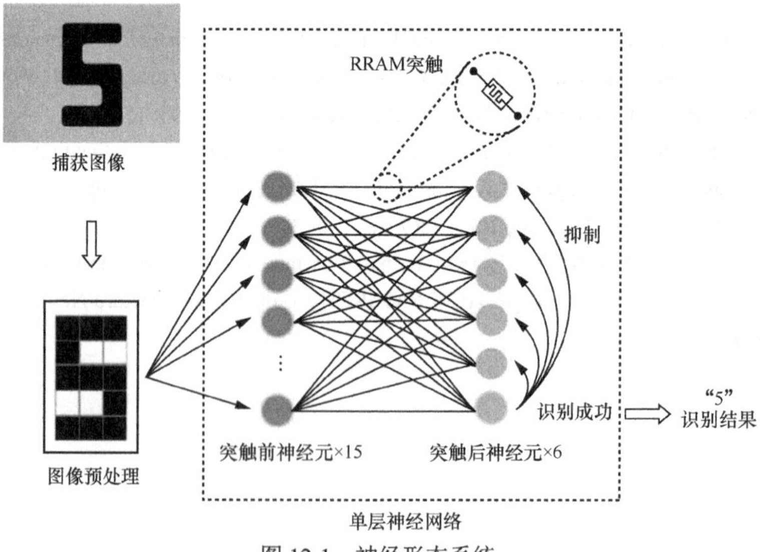

图 12-1 神经形态系统

系统从环境中捕获待识别对象的图像，并进行图像预处理，然后利用单层神经网络进行分类，计算出识别结果。经过预处理后，将一幅图像转化为具有黑白像素的简单模式，然后将像素值传送到神经网络的输入层[1]。利用两种类型的神经元构建单层神经网络。输入层中的神经元根据输入模式产生信号，并通过连接的 RRAM 单元将信号传输到下一层中的所有神经元。如果输入模式中对应的像素为白色，则神经元以小幅度（0.2V）触发并发送长脉冲，否则保持 0V 输出。由于输入层中的神经元在生物学上与突触前神经元相似，因此也称为突触前神经元。输出层中的神经元通过连接的 RRAM 单元接收来自前一层神经元的电流，并产生与总电流成比例的局部电位。神经元是否触发取决于局部电位与动态阈值之间的关系。输出层中的神经元与生物学中的突触后神经元相似，因此也称为突触后神经元[2]。交叉阵列中的 RRAM 单元将每个突触前神经元连接到每个突触后神经元，如图 12-2 所示。

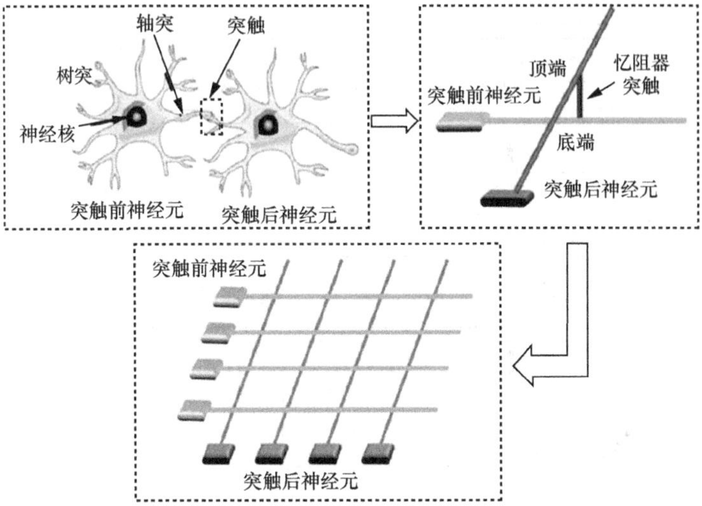

图 12-2　突触连接的忆阻器阵列

电信号是从突触前神经元通过 RRAM 单元到达突触后神经元的，因此每个 RRAM 单元的电导是可调的。因此，每个 RRAM 单元在神经形态系统中充当突触。神经网络遵循“赢家通吃”的规则，这意味着在任何时间点只允许一个突触后神经元被激活。一旦突触后神经元启动，它就成为竞争的“赢家”，并立即向其他突触后神经元发出信号，导致抑制，以防止它们触发。

神经形态该系统的硬件实现可分为以下几个部分：捕获图像的 CMOS 传感器、具有数字模块的 FPGA、实现模拟电路的 PCB、充当电子突触的金属氧化物 RRAM 阵列以及提供实时监测和输出识别结果的显示设备，如图 12-3 所示。FPGA 由摄像驱动模块、图像预处理模块、控制逻辑模块、显示控制器模块、突触前神经元数字电路和突触后神经元数字电路组成。PCB 包括突触前神经元模拟电路、突触后神经元模拟电路、产生适当电压的电压源和控制全局动态阈值的阈值控制器。

神经形态系统可以在两种不同的模式下工作：配置模式和分类模式。在配置模式下，RRAM 突触的电阻状态按照仿真进行配置。在分类模式下，系统捕获图像并进行分类。由 CMOS 传感器捕获的原始图像的分辨率为 640 像素×480 像素，然后图像预处理模块对原始图像进行二值化、去噪和池化，将它们转化为适合识别的归一化形式。最终，得到 3×5 个黑白像素的位图，位图的每个像素的值被传送到突触前神经元。

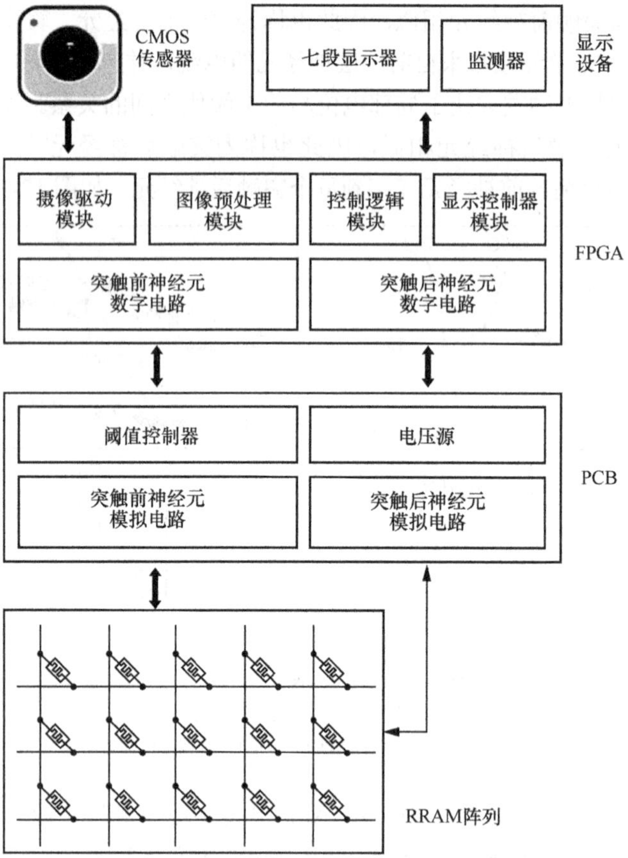

图 12-3　系统架构和构建块的硬件实现系统

本节主要介绍 RRAM 突触、神经元电路、配置模块这几部分的内容。

（1）RRAM 突触

RRAM 器件的电阻是可变的，这使 RRAM 模拟生物的突触可塑性成为可能。在神经科学中，突触可塑性是指突触随着时间的推移增强或减弱的能力，以响应其活动的增加或减少。通过施加适当的电压脉冲，可以改变 RRAM 器件的电阻。从 HRS（高阻状态）到 LRS（低阻状态）的转变称为 SET，相反，从 LRS 到 HRS 的转变称为 RESET。这样，RRAM 可以作为一个合格的二进制突触装置，使用 HRS 作为权重“0”，LRS 作为权重“1”。

（2）神经元电路

神经形态系统包含 15 个突触前神经元和 6 个突触后神经元。所有神经元都由两部分组成，即数字部分和模拟部分。

突触前神经元和突触后神经元模拟电路如图 12-4 所示。对于每个突触前神经元，模拟部分由一个基于 CMOS 的模拟复用器实现，该复用器产生预期的神经元输出。模拟多路选择器连接几个恒压输入，包括 0.2V 和 0V，控制逻辑和神经元的数字部分，为复用器选择其输出电压提供控制输入。当给出一个黑色像素时，模拟多路选择器选择 0V 作为突触前神经元的输出；相反，当给出一个白色像素时，模拟多路选择器先输出 0.2V，然后恢复到 0V，产生一个长的正脉冲。突触后神经元的结构是完全不同的。将阈值控制神经元用作系统中的突触后神经元，阈值控制神经元的模拟部分由基于 CMOS 的模拟解复用器、电阻器、求和放大器和比较器组成。求和放大器对突触电流求和，并输出与求和电流成比例的电压。求和放大器的输出电压称为局部电位，它总是负的。局部电位较低的突触后神经元会更容易放电。比较器的输出电压峰值高，如果本地电位下降到低于阈值，且没有积分电容，对于给定的输入，突触后神经元的局部电位就是恒定的。因此，需要一个动态变化的阈值 $V_{th}(t)$来触发突触后神经元的放电。

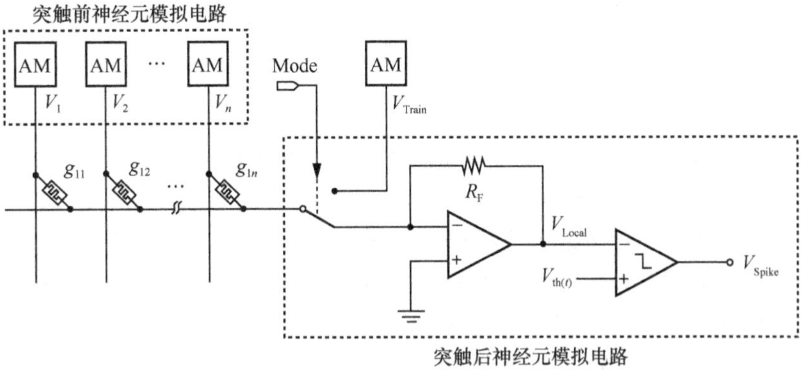

图 12-4　突触前神经元和突触后神经元模拟电路

在神经网络中，一次只允许一个突触后神经元被激活的情况通常被称为“胜者通吃（WTA）”机制，这是由神经网络中的竞争性学习原理造成的。因此，突触后神经元的放电最终取决于它们之间的竞争，竞争的赢家应该阻止其他神经元的放电。如果希望突触后神经元能将它的输出维持一段时间，就需要描述突触后神经元的数字部分。神经元电路的数字部分是一个完整的硬件系统所必需的。突触后神经元数字电路如图 12-5 所示，由一个与（AND）门、一个或（OR）门、一个 D 触发器和异步复位组成。通过具有保护电路的 I/O 接口，将比较器的模拟信号 V_{Spike} 转换为数字信号“Spike”。这里的“EPSP”是一个信号，迫使神经元激活。每当“EPSP”很高时，OR 门的输出就很高，而不用管“Spike”。相反，“IPSP”是一个阻止神经元放电的信号。每当“IPSP”很高时，AND 门的输出就很低，而不用考虑“Spike”。这里“IPSP”的优先级高于“EPSP”。信号“神经元启用”控制神经元是否允许在当前情况下触发。当触发器启用（Hold=0），时钟信号从低到高变化时，触发器捕获 AND 门的输出。当触发器被禁用（Hold=1）时，保持输出不变。一旦其中一个突触后神经元产生脉冲，控制逻辑模块就将 IPSP 传输到所有其他突触后神经元，并通过分配 Hold=1 来维持所有突触后神经元的输出。高电平的“神经元输出”意味着神经元被激活，而低电平意味着神经元没有被激活。

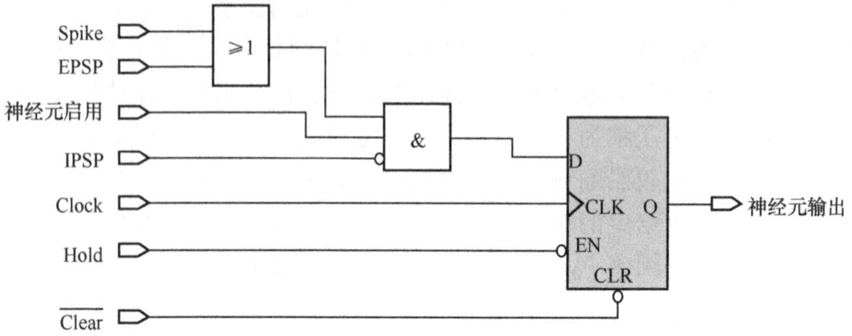

图 12-5　突触后神经元数字电路

（3）配置模块

由于使用 RRAM 突触，系统是可配置的。在配置模式下，突触权重应适当修改，这意味着阵列中 RRAM 单元的电阻应当改变。如图 12-6 所示，在配置模式下，模拟解复用器将训练输入连接到 RRAM 阵列，并关闭到求和放大器的路径。其中，Mode 表示模式选择，Mode=1 表示配置模式，Mode=0 表示分类模式。训练输入由电压源模块中的模拟多路选择器产生。将来自训练输入的脉冲施加到 RRAM 单元的底部电极上，同时将来自突触前神经元的脉冲施加到 RRAM 单元的顶部电极上，这些脉冲的重叠可以改变 RRAM 单元的电阻状态。这样，系统就可以直接执行数组操作。

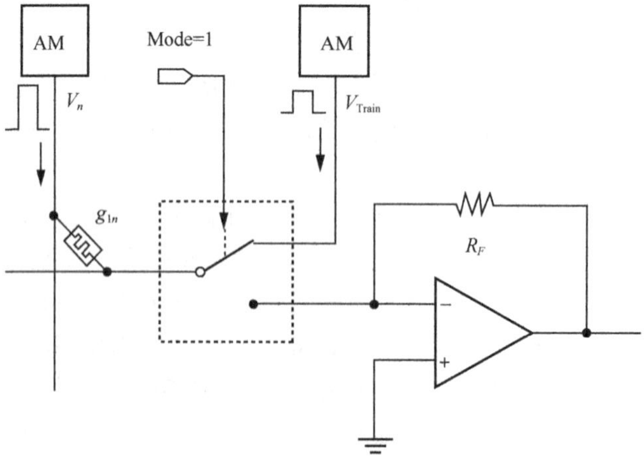

图 12-6　配置模式

如图 12-7 所示，在分类模式下，求和放大器连接到 RRAM 阵列，从而接收突触电流。训练输入被阻塞，系统不会修改任何突触权重。两种模式之间的切换很简单，只使用一个控制信号就可以。

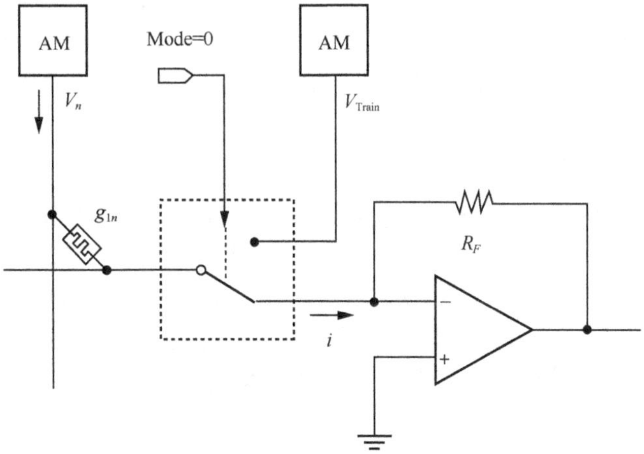

图 12-7　分类模式

12.2　基于逻辑的混合加密保护法

本节主要介绍一种由椭圆曲线密码体制（ECC）算法和 SM4 组合的算法 ECC-SM4[3]。ECC 是一种非对称加密算法，具有较高的安全性和抗攻击性，但同时它的加密过程非常复杂，因此它不适合对大规模的数据进行加密。与此相反，SM4 的灵活性高和加密速度快让其不仅可以在硬件上并行完成加密，还能在微处理器上实现软件加密，这就使它非常适用于商业应用，但是由于 SM4 是对称密钥，其密钥管理的安全性不如 ECC 算法。因此，结合公钥密码体制和对称加密系统的优点，ECC-SM4 算法可以在降低加密过程产生时间开销的同时，还能够保证神经形态系统 IP 核的安全性和完整性。

首先，介绍 ECC 算法和 SM4 分组密码算法。

（1）ECC 算法

椭圆曲线等式为

$$y^2 + a_1xy + a_3y = x^3 + a_2x^2 + a_4x + a_6 \tag{12-1}$$

其中，$a_i(i=1,2,3,\cdots,6)$ 为有限素数域 GF 上定义的系数。

椭圆曲线上所有的点及其无穷点 Q 组成一个集合。在椭圆曲线上定义一个群，该群符合阿贝尔群的规则，此外，椭圆上的点 P 满足

$$mP = P + P + \cdots + P = Q \tag{12-2}$$

其中，“+”表示二元运算，m 表示 P 的个数。

显然式（12-2）是一个离散对数问题，类似于 RSA 算法。根据大数的质因数分解可知，两个质数相乘容易，但是将其合数进行分解就比较困难。根据式（12-2），对于给定的 m 和 P，很容易就能算出 Q，但是当给定 Q 和 P 时，就很难得出 m。该问题涉及的椭圆曲线密码系统的安全性已被证实，即 160 位的椭圆曲线密钥与 1024 位的 RSA 密钥的安全强度相同。

（2）SM4 分组密码算法

SM4 分组密码算法是由我国国家密码管理局于 2012 年发布的作为无线局域网产品中使用的分组密码。SM4 的加密和密钥扩展采用 32 轮非线性迭代结构，并且在加密和解密过程中结构保持不变，每次迭代运算均为一轮变换函数 F。加解密过程中，只是使用轮密钥步骤的顺序和逆序，其中解密轮密钥是加密轮密钥的逆序。例如，设一组明文 $(t_0,t_1,t_2,t_3)=(X_0,X_1,X_2,X_3)$，SM4 的加密过程为

$$\begin{aligned} X_{i+4} &= F\left(X_i, X_{i+1}, X_{i+2}, X_{i+3}\right) \\ &= X_i \oplus T\left(X_{i+1} \oplus X_{i+2} \oplus X_{i+3} \oplus rk_i\right) \\ &= X_i \oplus L \circ S\left(X_{i+1} \oplus X_{i+2} \oplus X_{i+3} \oplus rk_i\right) \end{aligned} \tag{12-3}$$

其中，$i \in \{0,1,2,\cdots,31\}$ 为轮次；L 函数的作用是进行数据转换，如将一个 32 位的数据 X 转换成另一个 32 位的数据 Y；S 函数是一个 8×8 的盒子，用于 4 次并行处理。解密轮密钥就是加密轮密钥的简单逆序，具体可表示为

$$Y = L(X) = X \oplus (X << 2) \oplus (X << 10) \oplus (X << 18) \oplus (X << 24) \tag{12-4}$$

上述已经介绍了 ECC 算法和 SM4 密码算法，下面主要介绍混合密码算法 ECC-SM4[3]。首先，大规模神经形态 IP 核的各子系统进行混合加密，会带来大量的额外开销和设计芯片的难度，并且在制造过程中也需要进行大量的解密操作，这就会影响生产效率和系统的灵活性。因此可将神经形态 IP 核分成 4 个模块：突触结构模块、神经元计算模块、配置单元模块、路由模块。其中，前 3 个模块几乎包括了神经网络的整个树形结构核所有的逻辑计算单元，因此加密这些模块就足够保证 IP 核的安全性。这样大大降低了计算开销。

ECC-SM4 算法加解密过程介绍如下。

（1）加密过程

在加密过程中，需要使用随机生成器生成会话密钥使 SM4 算法对需要保护的 IP 信息进行加密，对加密的 IP 密文用 SM4 算法再进行一次 SM4 加密，由此产生了 IP 核密文。与此同时，对 SM4 所使用的会话密钥执行两次 ECC 加密。最后将

密钥密文和 IP 核密文进行组合后发送给集成电路厂商。在每次进行混合加密的过程中，密钥密文会随着发送方公钥值的变化而变化，这就使公钥值具有多重性。公钥值的多重性解决了 SM4 的密钥管理问题。由于混合密文的密钥和神经形态系统的信息都是加密的，因此恶意攻击者很难通过中间人攻击窃取对称加密密钥。ECC-SM4 算法加密流程如图 12-8 所示。

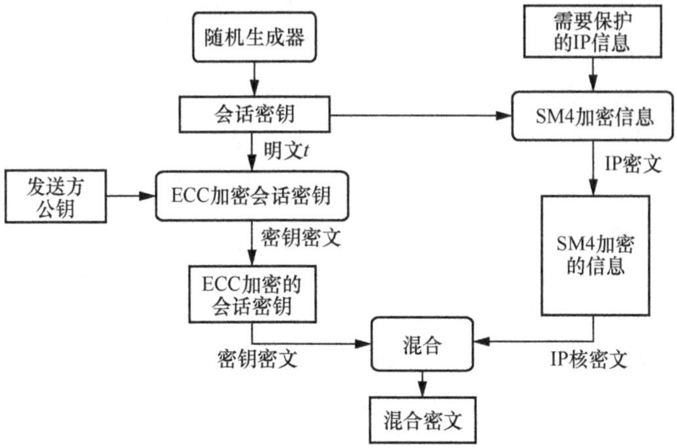

图 12-8　ECC-SM4 算法加密流程

（2）解密过程

芯片制造厂商拿到加密后的密文后，将每个混合密文分成密钥密文和 IP 核密文。芯片制造商需要使用所提供的 ECC 私钥解密出密钥的密文，获得原始的 SM4 会话密钥，最后利用 SM4 密钥明文解密 SM4 加密的 IP 核密文，从而得到原始的 IP 核明文。ECC-SM4 算法解密流程如图 12-9 所示。

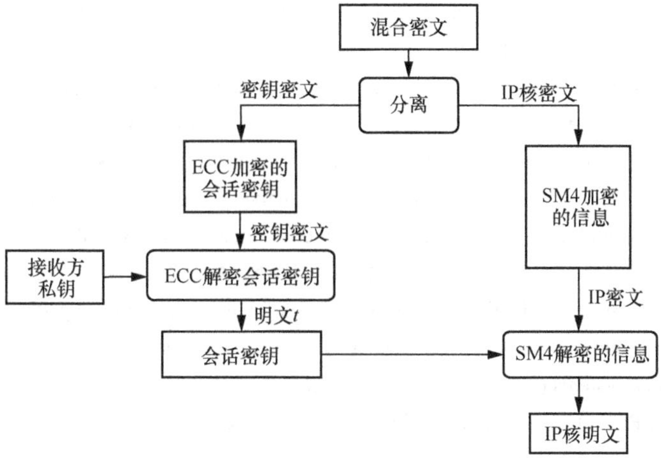

图 12-9　ECC-SM4 算法解密流程

本节介绍的 ECC-SM4 算法能够有效地保证神经形态计算系统 IP 核的安全性。实验结果表明，该算法能够准确地实现神经形态系统中任意数量的交叉阵列的实时加密，同时将时间开销降低 14.40%~26.08%。

鉴于现代电子产品日益复杂，来自全球各地的实体已更多地参与电子供应链的各个阶段。在这种环境下，硬件木马是主要的安全问题，特别是对于那些 IC 和用于关键应用和网络基础设施的系统[4-6]。虽然针对硬件木马的检测技术在学术界得到了很多的研究，但仍有改进的余地。

硬件木马的研究是一个日益增长的过程，在过去的 10 年中得到了相当大的关注，研究人员在这一领域取得了重大进展。本章阐述了 AI 芯片中的硬件木马的研究现状。通过分析综合木马威胁模型和以往的研究，细致地描述了硬件木马的结构以及相应的检测手段。AI 芯片还处于刚刚起步的阶段，未来对 AI 芯片的攻击手段将不断增加。为了预防 AI 芯片中的硬件木马攻击，研究人员设计了多种不同的硬件木马结构，并提出了相应的检测技术。

本章只是相对简单地描述了 AI 芯片中的硬件木马，在 AI 芯片不断发展的过程中，会不断发现许多的漏洞，这些漏洞会让那些恶意攻击者钻了空子，给用户以及厂商带来巨大的危害。因此，为了防止恶意攻击者的攻击造成经济损失以及重要信息泄露，研究人员也在为 AI 芯片的安全保护贡献自己的一份力。

参考文献

[1] CHU M, KIM B, PARK S, et al. Neuromorphic hardware system for visual pattern recognition with memristor array and CMOS neuron[J]. IEEE Transactions on Industrial Electronics, 2015, 62(4): 2410-2419.

[2] YAO P, WU H Q, GAO B, et al. Face classification using electronic synapses[J]. Nature Communications, 2017, 8: 15199.

[3] HE G R, DONG C, LIU Y L, et al. IPlock: an effective hybrid encryption for neuromorphic systems IP core protection[C]//Proceedings of IEEE 4th Information Technology, Networking, Electronic and Automation Control Conference. Piscataway: IEEE Press, 2020: 612-616.

[4] IELMINI D. Brain-inspired computing with resistive switching memory (RRAM): devices, synapses and neural networks[J]. Microelectronic Engineering, 2018, 190: 44-53.

[5] VEDULA V, RAJENDRAN J, MURUGADHANDAYUTHAPANY A, et al. Security verification of 3rd party intellectual property cores for information leakage[C]// Proceedings of the 2016 29th International Conference on VLSI Design and 2016 15th International Conference on Embedded Systems (VLSID). Piscataway: IEEE Press, 2016: 547-552.

[6] XIAO K, FORTE D, JIN Y, et al. Hardware trojans[J]. ACM Transactions on Design Automation of Electronic Systems, 2016, 22(1): 1-23.